# 핵공학의 이해

한종훈, 김대현, 정종석, 이준영, 허남국

도서출판 양서각

# 머리말

핵무기란 핵분열 또는 핵융합 과정에서 발생하는 막대한 에너지를 이용하여 인원살상, 장비·물자 및 시설물 등을 파괴하는 무기를 일컫는다. 1945년 7월, 폭발실험에 성공하고 그해 8월 6일 일본의 히로시마에 투하되면서 그 모습을 세상에 처음 드러낸 핵무기는 제2차 세계대전이 종식되고 냉전체제에 접어들면서 미국과 소련의 양 진영에 의해 수만 발 이상이 제조되었다. 히로시마와 나가사키에서 그 위력을 목격한 구소련·영국·프랑스·중국 등 세계 열강들 또한 핵무기 개발 경쟁에 돌입하면서 핵보유국이 되었고, 인도·파키스탄 등에서도 핵실험을 통해 핵보유국의 지위를 갖게 되었다. 이때 개발되었던 핵무기는 세계를 몇 번이나 멸망시킬 수 있는 수준으로서 위력 증가와 더불어 소형화에 성공하였고, 미사일에 탑재함으로써 지구 반대편까지 원거리 타격도 가능해졌다. 또한 핵융합반응을 통해 폭발위력을 대폭 증가시킨 수소폭탄과 1기의 미사일에 다수의 핵탄두를 탑재하는 다탄두 미사일(Multiple Independently targetable Re-entry Vehicle, MIRV) 등 다양하고 더욱 강력해진 핵무기체계의 개발은 핵무기에 의한 전략적 위협수준을 더욱 높이고 있다.

실제로 1960년대 초 미·소 양국 간에 발생하였던 베를린 위기와 쿠바 미사일 사태는 핵전쟁과 이로 인한 세계 멸망의 가능성을 여실히 보여주었는데, 이 사건을 소재로 하여 만들어진 수많은 영화와 소설 등을 통해 당시의 위태로운 상황을 짐작할 수 있게 한다. 사회 저변까지 확산된 핵무기에 대한 공포는 국제적으로 핵무기 확산을 방지하고 그 수를 줄이며, 이를 위반한 국가나 단체에 대해서는 제재를 가하고자 하는 핵무기에 대한 비확산(non-proliferation) 및 대확산(counter-proliferation) 움직임을 발생시켰다.

그러나, 국제적인 핵무기 비확산 정책에도 불구하고 북한은 여전히 핵무기를 개발하는데 모든 역량을 쏟아 붓고 있다. 6.25전쟁이 끝난 직후부터 '핵무기 방위부'를 설치하는 등 핵무기 연구·개발에 착수하였고, 원자력발전을 통한 핵에너지의 평화적 이용을 표방하면서 실제로는 그로부터 핵무기 원료물질을 생산하고 핵무기 제조시설을 건설하였으며, 2006년 1

차 핵실험을 시작으로 5차례에 걸쳐 핵실험을 진행하였다. 약 300만 명의 북한주민들이 굶어죽는 상황 속에서도 1발에 3,000억~6,000억 원에 달하는 핵무기에 대한 야욕을 끊임없이 불태워왔던 것이다. 심지어 북한의 김정은은 2015년 10월에 실시한 제7차 노동당 대회에서'핵무력을 중추로 하는 나라의 방위력을 철벽으로 다지자'는 언급을 통해 전 세계에 핵보유사실을 천명하며 전 세계를 다시 한번 핵의 공포로 몰아넣고 있다.

그러나 핵이 부정적인 측면만 가지고 있는 것은 아니다. 핵은 핵무기와 같은 군사적인 목적뿐만 아니라 평화적인 목적으로도 사용될 수 있다. 핵무기가 사용되었던 제2차 세계대전 직후에는 핵이란 곧 핵무기, 그로 인한 파괴를 의미하였으나, 핵반응을 통해 발생되는 방대한 양의 에너지를 적절히 이용함으로써 급증하는 전력 수요와 불안정한 석유 수급에 대한 위기를 해결할 수 있게 되었다. 이러한 생각은 1953년 미국의 아이젠하워 대통령이 '핵에너지의 평화적 이용'을 선언함에 따라 이듬해인 1954년에 국제원자력기구가 창설되면서 탄력을 얻게 되었다. 그 결과, 현재 전 세계 30개 국가에서 약 445기의 원자로를 가동 중에 있으며, 그 비중은 앞으로도 계속 확대될 전망이다.

우리나라도 원자력의 평화적 이용 가능성을 일찍부터 예측하여 이에 대한 투자와 연구를 지속하여 왔다. 1978년에 준공된 고리 1호기를 시작으로 현재 25기의 원자로가 가동 중에 있으며, 국내 전체 전기 생산의 약 30%를 원자력 에너지가 차지하고 있다. 원자력발전 기술적 측면에서는 고리 1호기 때에만 하더라도 원전 기술을 전적으로 해외에 의존하였으나 지금은 순수 국내기술로 한국형 원자로를 건설할 정도로 기술적 자립을 이루었으며, 2009년에는 아랍에미리트(UAE)와 원전 수출계약을 체결하는 등 세계 각국으로부터 그 기술을 인정받아 국가 경제에도 크게 기여하고 있다.

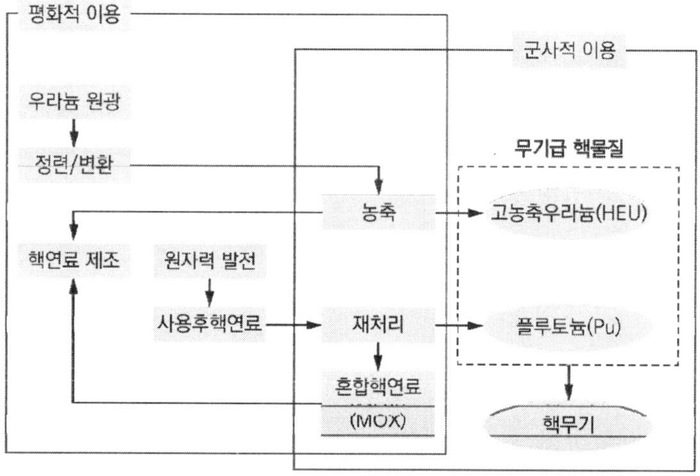


핵반응을 통해 발생하는 방대한 양의 에너지는 어떻게 사용하느냐에 따라 공포의 대상이 될 수도 있고, 우리의 생활 여건을 풍족하고 윤택하게 만들어주는 중요한 자원이 될 수도 있다. 위 그림에서 볼 수 있듯이 핵에는 평화적 이용과 군사적 이용에 있어 공통적이면서 동시에 양면적인 요소가 존재한다. 그러므로 이 책은 핵무기와 원자력발전에 대하여 정확히 이해할 수 있도록 총 5장으로 구성하였다.

제1장에서는 핵에 관한 기본적인 지식과 내용을 다루었고, 제2장에서는 핵무기와 방사능의 위협에 대해 분석하였으며, 제3장에서는 핵위협에 대한 대응책을 제시하였다. 그리고 제4장에서는 원자력의 대표적인 평화적 이용 수단인 원자력발전에 대해 살펴보았으며, 마지막 제5장에서는 원자력 에너지를 지속적으로 사용하기 위해 반드시 해결해야 할 문제인 사용 후 핵연료 처리 분야에 대해 다루었다.

'핵'이라는 단어가 주는 공포감, 또는 잘 알지 못하여 발생되는 거리감으로 인해 우리는 핵 관련 문제의 중요성을 인식하면서도 그것을 이해하려는 시도조차 하지 않는 경우가 많다. 그러나 북한의 핵문제와 화석연료를 대체할 미래 에너지원에 대한 요구가 증가하는 시점에서 핵 및 원자력에 대한 이해는 선택이 아니라 필수이다. 이 책은 이러한 내용을 재미있고 알기 쉽게 구성함으로써 핵에 대해 전혀 알지 못했던 사람도 이해할 수 있고, 최근 핵 관련 이슈에 관심을 가지도록 집필하였다.

## 차 례

# I

# 핵의 구조와 특성

## 1. 서 론

20세기가 시작되며 물질의 구성입자인 핵의 존재가 밝혀졌다. 이는 분자나 원자 간의 배열 변화에만 집중하던 당시 과학자들에게 전혀 다른 새로운 것으로 그때까지의 화학과 물리학의 기본 개념을 근본적으로 변화시키는 계기가 되었다. 화학반응과 핵반응의 대표적인 차이점으로 몇 가지를 꼽을 수 있다. 첫째, 반응에 관여하는 입자에 차이가 있다. 화학반응은 원자 외곽에 위치한 전자들 사이에 일어나는 반응이므로 원소 자체는 변하지 않고 단순히 원자의 재배열만이 일어난다. 그러나 핵반응은 원자 내부에 있는 핵자(중성자, 양성자)들이 반응하며 핵자의 수가 변하므로 이 과정을 통해 한 원소에서 다른 원소로 전환된다.

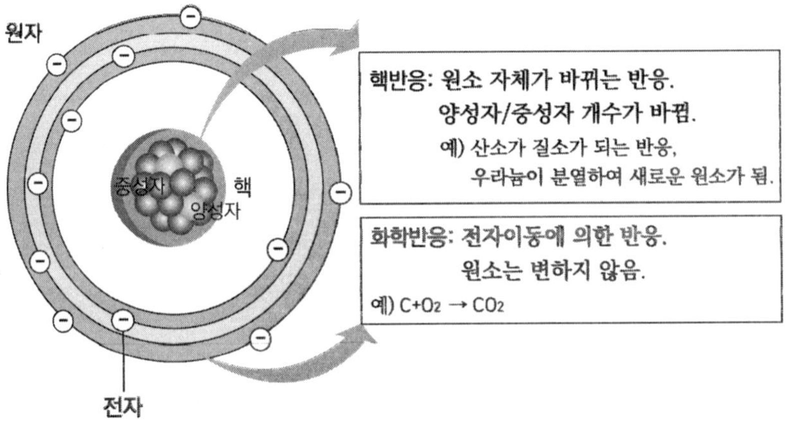


그림 1-1 핵반응과 화학반응의 비교

둘째, 반응속도에 차이가 있다. 화학반응은 온도나 압력, 반응물질의 농도 또는 촉매의 유무에 따라 반응속도가 빨라지거나 느려질 수 있으나 핵반응은 외부적 요소들에 영향을 받지 않는다. 마지막으로 발생하는 에너지량에 차이가 있다. 화학반응을 통해서는 비교적 적은 양의 에너지가 흡수되거나 방출되는 반면 핵반응을 통해서는 막대한 양의 에너지가 방출된다. 핵반응을 통해 막대한 양의 에너지가 발생된다는 점이 알려지면서 핵에 대한 연구가 급속도로 진행되었다.

표 1-1 핵반응과 화학반응의 비교

| 구 분 | 핵 반 응 | 화 학 반 응 |
|---|---|---|
| | 원소의 전환 | 원자 재배열 |
| 관여 입자 | 양성자, 중성자, 전자 및 다른 기본입자 | 전자 |
| 반응속도 | 온도, 압력, 농도, 촉매에 영향을 받지 않음 | 온도, 압력, 농도, 촉매에 영향을 받음 |
| 에 너 지 | 막대한 양의 에너지 방출 | 비교적 작은 양의 에너지 흡수 및 방출 |

그 결과 다방면에 걸쳐 핵에 관한 연구가 실시되어 오늘날 전력생산 뿐만 아니라 환자치료 등 사회전반에서 핵 및 방사선을 평화적으로 이용하고 있다. 그러나 대중에게는 제2차 세계대전을 통해 핵무기는 대중에게 공포의 대상으로 그 모습을 드러내었고, 냉전기간 동안 세계를 몇 번이나 멸망시키고도 남을 만큼의 막대한 양의 핵무기가 생산되어 우리에게 핵에 관한 부정적인 이미지가 생겨나게 되었다. 제 1장에서는 현대사회에서 우리의 일상생활은 물론 생존과도 밀접하게 연관된 핵이란 무엇인지 자세히 알아본다.

## 2. 원자와 원자핵

### 가. 원자와 원자론

원자(Atom)는 물질을 더 이상 쪼갤 수 없다는 의미인 그리스어 'Atomos'에서 유래된 용어로서 그 어원은 고대 그리스 시대까지 거슬러 올라간다. 당시 철학자들은 모든 물질이 '물·불·공기·흙'의 4가지 원소 조합으로 이루어져 있다고 믿었다. 이는 땅에 심어진 씨앗에 물과 바람이 더해져 곡식을 맺고, 불을 이용하여 곡식을 익히는 과정을 통해 세상의 이치를 이해하였기 때문이다. 그러던 중 기원전 4세기경 그리스의 철학자 데모크리토스(Democritus)는 물질을 계속해서 쪼개었을 때 마지막에 남는 더 이상 쪼갤 수 없는 물질을 원자로 제시하며 세상의 모든 것이 여러 종류의 원자들로 이루어져 있고, 이들이 합쳐지거나 분리되면서 자연의 모든 변화가 일어난다고 주장하였다. 그러나 데모크리토스가 주장한 원자설은 당시 철학자들이 주류를 이루던 당시 사회에서 너무나도 파격적이었고, 구체적으로 증명할 방법이 없어 오랜 기간 동안 받아들여지지 않았다.

## 나. 원자와 핵의 발견

기원전 4세기 경 데모크리토스가 제시하였던 원자의 개념은 약 2천년이 지난 1808년 영국의 과학자이자 교사였던 존 돌턴(John Dalton)의 실험에 의해 증명되면서 다시 세상으로 나오게 되었다.

존 돌턴(John Dalton)

돌턴은 두 종류의 물질이 하나 이상의 화합물을 만드는 경우, 각 물질 사이에 정수비가 존재한다는 '배수비례의 법칙'을 발견하였다. 이를 기존에 제시된 이론인 '일정성분비의 법칙'[1] 과 '질량보존의 법칙'[2] 을 설명하는 과정에서 다음과 같은 원자론을 제시하였다. 돌턴의 원자론은 원자보다 더 작은 아원자 입자(Subatomic particle)들의 존재가 알려지며 오류가 있음이 밝혀졌으나 화학이라는 학문 분야를 촉발시킨 현대 원자론의 근간이 되었다.

※ 돌턴의 원자론

① 모든 물질은 원자라는 더 이상 쪼갤 수 없는 작은 입자들로 구성되어 있다.
② 같은 원소의 원자들은 크기, 질량 및 성질이 같으며, 다른 원소들의 크기, 질량 및 성질은 서로 다르다.
③ 원자는 다른 원자로 바뀔 수 없으며 없어지거나 새로운 것이 생겨날 수 없다.
④ 화합물은 성분 원소의 원자들이 일정한 비율로 결합되어 생성된다.

* ①, ②, ③ 항은 현재 맞지 않음
① 원자는 양성자, 중성자 그리고 전자로 구성
② 동위원소는 성질이 같으나 질량은 다름
③ 핵반응에 의해 새로운 원소가 생성될 수 있음

1) 화합물을 구성하는 각 성분원소의 질량비는 항상 일정하다는 법칙. 1799년 프랑스의 화학자 프루스트(Joseph-Louis Proust)가 제안함.

2) 화학반응의 전후에서 반응물질과 생성물질의 총질량은 같다는 법칙. 1774년 프랑스의 화학자 라부아지에(Antoine Laurent de Lavoisier)가 제안함.

### 1) 전자(Electrons)

19세기 과학자들은 전기장과 자기장에 대한 연구를 진행하던 중, 진공에 가깝게 압력을 낮춘 유리관 양쪽에 높은 전압을 걸게 되면 녹색선[3]이 발생한다는 사실을 발견하였다. 이를 흥미롭게 여긴 영국의 톰슨(Joseph Thomson)은 이 녹색선의 정체를 밝히기 위해 다음의 몇 가지 실험을 진행하였다.

그림 1-2 조셉 톰슨과 톰슨의 진공관 실험

① 음극선이 지나는 방향에 물체를 놓았더니 그림자가 생겨났다. 이를 통해 진공관을 지나는 음극선이 직진성을 띤다는 사실을 알게 되었다.
② 음극선의 진행방향에 바람개비를 놓았더니 바람개비가 움직였다. 이를 통해 진공관을 지나는 음극선이 바람개비를 돌릴 만큼 질량을 갖는 다는 사실을 알게 되었다.
③ 빛의 진행방향에 수직으로 자기장을 걸었더니 빛이 양극(+) 방향으로 휘었다. 이것을 통해 이 입자가 음전하를 띠고 있다는 것을 증명하였다.

1897년 톰슨은 실험을 통해 직진성이 있고 질량이 있는 원자보다 작은 입자가 존재한다는 사실을 증명하였고, 음전하를 띠고 있는 이 입자를 전자(Electron)라고 명명하였다. 또한 원자는 전기적으로 중성을 띠고 있다는 점에 착안하여 전자들이 마치 푸딩에 박혀있는 건포도(plum pudding)처럼 양전하를 띠는 원자구름 안에 고루 분포하고 있는 형태의 원자모형을 제안하였다.(그림 1-3)

---

3) 전자는 음전하를 띠므로 음극의 척력과 양극의 인력으로 인해 빈 진공관 사이를 이동한다. 이때 전극 사이의 전위차로 인해 고속으로 가속되어 유리관에 부딪히는데 이때 전자 자체에는 색이 없으나 유리에 있는 원자들을 들뜬 상태로 만들면서 녹색 빛이 방출된다.

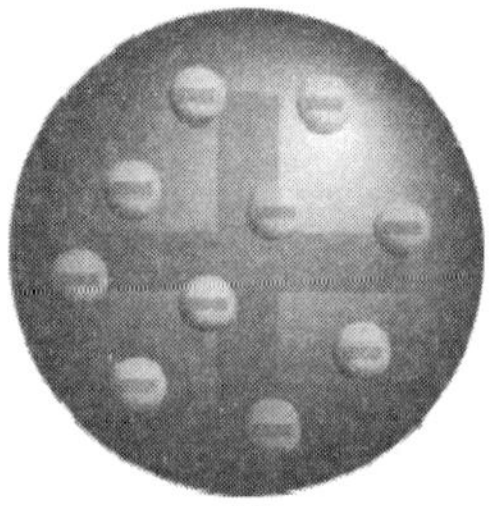

그림 1-3 톰슨의 원자모형

### 2) 양성자와 중성자: 핵자(Protons and Neutrons: Nucleons)

톰슨이 제시한 원자 모형만으로는 원자가 가지고 있는 성질에 대해서 명쾌하게 설명할 수 없었다. 예를 들어, 원자모형이 2차원의 납작한 형태이므로 각 원자들의 크기 차이를 정확하게 설명할 수 없었고, 이로 인해 원자들 간의 질량차이를 설명하는 것이 제한되었다. 이에 톰슨의 제자였던 러더퍼드(Ernest Rutherford)는 원자 내부의 모양에 대해서 의문을 가지고 이를 알아보기 위한 실험을 실시하였다. 현미경으로도 볼 수 없는 원자의 내부 구조를 알아보기 위해 원자에 알파입자를 투사시키는 금박실험을 진행하였다.

어니스트 러더퍼드
(Ernest Rutherford)

러더퍼드는 이 실험에서 가공성이 좋은 금을 $5.0\times10^{-5}$cm 두께(약 원자 3개의 두께)의 얇은 금박(Gold foil)으로 만들고 여기에 양전하를 띠고 있는 알파입자를 투사하였다. 이때 알파입자가 산란되는 모습을 그 주변에 위치한 형광막[4]을 이용하여 관측하였다.(그림 1-4)

4) 알파입자와 충돌 시 빛을 발생시키는 황화아연으로 된 형광막을 설치함.

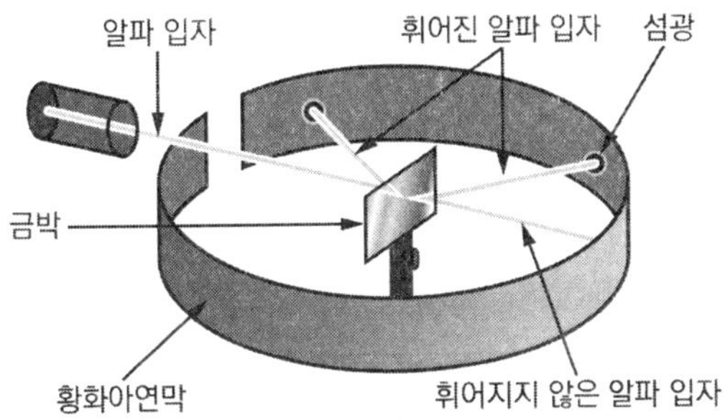


그림 1-4 러더퍼드의 금박 실험

원자 내부의 구조가 톰슨이 제안한 모형과 같다면 전자보다 약 7,200배나 무거운 알파 입자들은 금박을 그대로 통과 하여 반대편 형광막에 충돌하여야 했다. 알파입자는 상대적으로 큰 운동량으로 가지고 있기 때문에 가벼운 전자는 알파입자의 이동에 장애요소가 될 수 없기 때문이다. 이는 마치 공기 중에 총을 쏘았을 때 총탄이 이보다 훨씬 가벼운 공기에 의해 굴절되지 않는 것과 같은 원리이다.

그러나 놀랍게도 그대로 통과할 것이라 예상했던 알파입자들 중 일부가 금박을 통과하지 못하고 크게 굴절되었으며(그림 1-5), 심지어 입자 8천 개당 1개꼴로 투사한 반대 방향으로 튕겨져 나오기도 하였다. 이를 관찰한 러더퍼드는 "마치 화장지에 쏜 15인치 포탄이 뒤로 튕겨 나와 나를 맞춘 것처럼 놀라운 일"이라고 말하며 놀라워했다. 이 발견은 톰슨의 원자모형과 달리 원자 내부에 가벼운 전자 외에 알파입자를 굴절시킬 수 있을 정도의 질량이 큰 물질이 있음을 의미했다. 또한 일부 알파입자가 큰 각도로 굴절되는 것은 원자의 중심에 양전하를 띤 무거운 물질이 있기 때문이라도 결론을 내리고 이를 '핵'이라고 하였다.

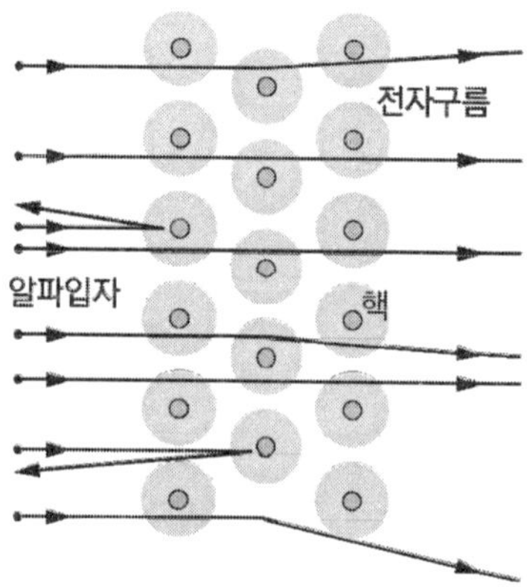


그림 1-5 알파입자의 움직임

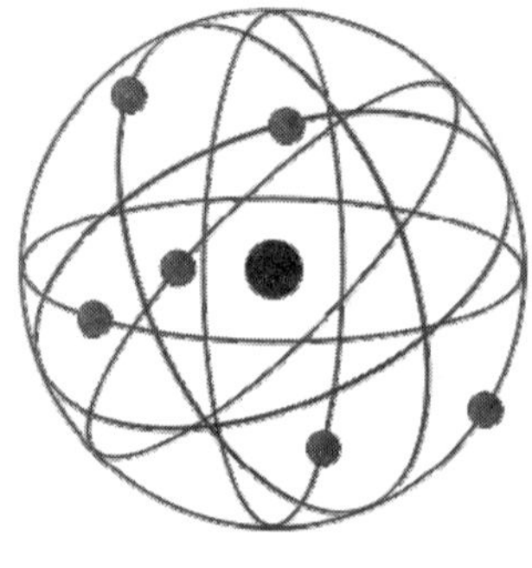

그림 1-6 러더퍼드의 원자 모형

러더퍼드가 제안한 원자모형은 처음으로 핵의 존재와 양성자의 존재를 확인하는데 기여하였으나 여전히 원자의 특성을 설명하는데는 몇 가지 문제점들이 있었다. 첫째, 러더퍼드는 자신의 원자 모형을 설명하며 태양주위를 돌고 있는 행성들의 모습에 비유하였는데, 만유인력에 의해 행성이 태양주위를 공전하듯이 전자도 중심에 있는 핵과 전기력이 작용하여 핵의 주위를 돌고 있다는 것이었다. 그러나 이럴 경우 각각의 전자들 사이에는 서로 밀어내는 척력이 존재하므로 조금이라도 외부의 자극을 받는다면 안정성을 유지하지 못하게 된다. 또한 행성의 공전에 관여하는 만유인력과 달리 전기력으로 맺어진 경우 전하를 가진 전자가 핵의 주위를 돌면서 전자기파를 방출하고, 에너지를 잃게 되면 핵으로 끌려 들어가야 했다. 그 결과 전자 궤도의 크기가 수시로 변하는 등 원자의 크기에 대한 설명이 제한되었을 뿐만 아니라 원자들이 발생시키는 선형 스펙트럼에 대해서도 설명할 수가 없었다. 이러한 문제는 1913년 보어(Niels Hendrik David Bohr)의 양자화 가설을 바탕으로 한 새로운 원자 모형으로 해결되었고[5], 러더퍼드는 1920년 영국왕립학회 강연에서 원자 내부에 전기적으로 중성을 띠며 질량을 갖는 중성자의 존재를 예견하였다.[6]

중성자의 존재는 1932년 러더퍼드의 제자였던 제임스 채드윅에 의하여 밝혀졌다. 1930

5) 핵 주위를 돌고 있는 전자는 일정한 에너지를 가지는 안정한 상태의 에너지 준위에서 존재하며, 전자가 에너지를 얻거나 잃기 위해서는 에너지 준위가 바뀌어야 함.

6) 러더퍼드가 핵의 질량을 연구하던 중 핵의 질량이 양성자의 질량보다 약 2배 정도 많다는 사실을 밝혀냄.

제임스 채드윅
(James Chadwick)

년 독일의 과학자 보테(Bothe)는 베릴륨이나 리튬 등에 알파 입자를 충돌시킬 경우 새로운 형태의 입자가 방출되는 것을 발견하였다. 퀴리(Joliot-Curie) 부부도 베릴륨과 알파입자의 충돌결과로 전하를 띠지 않는 입자가 발생한다는 사실을 발견하였다. 이를 연구한 채드윅은 위의 실험에서 발생하는 입자가 전하를 띠지 않고 질량은 양성자보다 조금 더 무거운 중성자임을 입증하였다. 그 결과 핵의 구조가 양성자와 중성자로 구성된다는 사실이 밝혀졌고, 양자 역학의 발달로 현재의 원자 모형이 정립되었다.

### 3) 기본 입자(Elementary Particles)

많은 과학자들의 노력으로 인해 모든 물질을 구성하는 원자의 존재를 발견하였고, 원자보다 작은 아원자의 세계 속에서 원자를 구성하는 핵과 그 주위에 존재하는 전자의 개념을 정립하였다. 뿐만 아니라 핵을 구성하고 있는 양성자와 중성자의 존재도 증명하였다. 이처럼 사물의 근본을 이루는 것이 무엇인지 알고자 하는 인류의 탐구는 기원전 4세기부터 시작하여 지금까지도 끊이지 않고 계속되고 있다. 특히, 20세기에 들어서면서 물질을 구성하는 최소단위라고 생각하였던 양성자와 중성자가 더 작은 기본입자(소립자)로 구성되어 있다는 것을 발견하게 되었다(그림 1-7). 표 1-2에 과학적 발견과 함께 인류가 발견한 물질의 구성 입자들을 정리하였다.

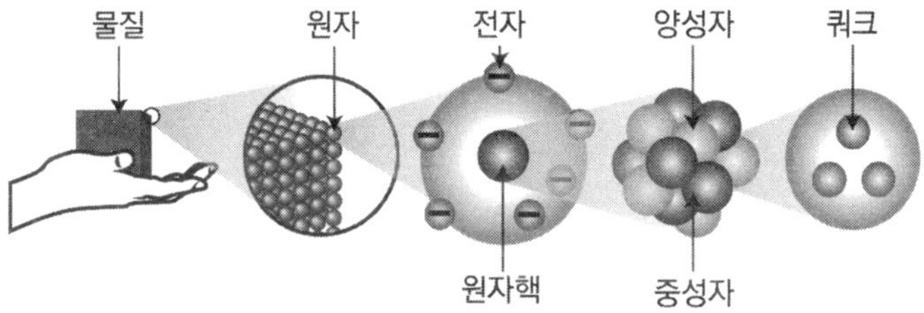


그림 1-7 물질의 구성

표 1-2 물질을 구성하는 입자의 발견

| 시대 | 기원전 | 1805년 | 1897년 | 1932년 | 1969년 이후 |
|---|---|---|---|---|---|
| 과학적 발견 | - | 원자론 등장 | 전자의 발견 | 핵의 발견 | 기본입자 발견 |
| 구성 입자 | 4원소 | 원자 | 전자 | 양성자, 중성자 | 쿼크, 렙톤 |

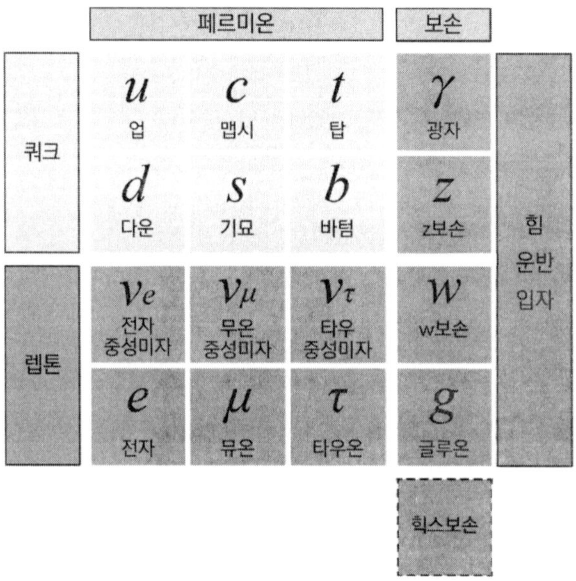


그림 1-8 기본 입자의 표준 모형

소립자는 그 내부에 구조가 없다고 보고 있다. 질량, 스핀(spin) 전하량, 기묘도(Strangeness), 수명(안정성) 등의 특성으로 구별하며 렙톤(Lepton)과 쿼크(Quark)가 대표적이다.

쿼크에는 업(u), 다운(d), 맵시(c), 기묘(s), 탑(t), 바텀(b)의 6종류가 있다. 렙톤에는 전자(Electron), 뉴트리노(Neutrino), 뮤온(Muon), 타우온(Tauon) 입자가 있으며 강력 이외에 전자기력, 약력, 중력이 작용한다. 강력이 작용하는 입자는 중간자(meson)과 중입자(baryon)로 구분한다.

## Question. 기본입자(소립자)의 연구는 어떻게 진행하는가?

물질의 내부를 보려면 어떻게 해야 할까? 먼저 도구를 이용하여 그 물질을 쪼개야 한다. 현미경으로도 보기 힘든 원자와 아원자 입자의 경우 입자가속기를 이용한다.

입자가속기는 입자나 이온을 빛에 가까운 속도로 움직이게 만드는 장치로 입자의 종류에 따라 전자 가속기, 양성자 가속기, 중이온 가속기로 구분한다.

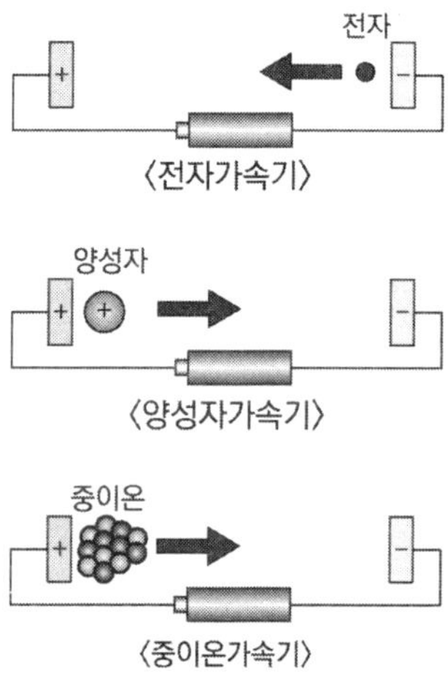


**가속기의 종류**

전자 가속기는 전자를 가속한 후 회전할 때 발생하는 방사광(자외선, X선 등)을 이용하여 미세구조를 분석하는데 사용하며, 양성자 가속기는 수소원자에서 전자를 제거한 후 남아있는 양성자에 자기장을 걸어 가속된 양성자를 이용하여 입자물리 연구 등에 사용한다. 중이온 가속기는 수소보다 무거운 원소(헬륨 등)를 가속시켜 활용하는 것으로 신물질 및 신품종 개발, 반도체 공정, 핵물리 연구 등에 사용한다.

현재 세계에서 가장 크고 유명한 입자가속기는 스위스 제네바에 위치한 유럽 입자물리 연구소(CERN)[7]에 있는 대형 강입자 충돌기(Large Hadron Collider)이다.

줄여서 LHC라고도 불리는 강입자 충돌기는 지하 150 m 깊이에 27km 길이의 원형 터널로 이루어져 있다.

7) Conseil Européen pour la Recherche Nucléaire

지표상에 표시한 터널의 궤적

터널 내부의 모습

위 사진은 터널의 궤적을 지상에 표시한 것으로 실제 터널은 지하에 있으며 전체 지름은 약 8.4 km로 스위스와 프랑스 국경에 걸쳐있다.

규모가 큰 만큼 투입되는 에너지 또한 매우 크므로 충돌시 발생하는 강한 에너지에 의해 블랙홀이나 이상한 물질(Strange matter)이 생성될 수 있다는 우려가 존재한다. 그러나 CERN의 조사결과에 따르면 강입자 충돌기에서 생성될 수 있는 것보다 훨씬 강한 에너지를 가진 우주선(cosmic ray)이 지난 수십억 년에 걸쳐 지구로 유입되었음에도 어떠한 문제들도 일어나지 않았다.

## 다. 원자와 핵의 특성

### 1) 원자의 구성

화학적 방법으로 더 간단한 순물질로 분리할 수 없는 물질을 원소[8]라 하고, 이러한 순물질의 구성 입자를 원자라 한다. 지구상에는 자연적으로 수소부터 우라늄(U) 까지 92종류의 원소가 존재하며, 인공적으로 만들어진 플루토늄(Pu) 등 26종의 원소를 포함하여 모두 118종의 원소가 있다[9]. 각각의 원소들을 구성하는 원자들은 양의 전하(+1)를 띠는 양성자(p)와

8) 수소원자(H)와 산소원자(O) 등이 원소에 포함된다. 2개의 수소원자와 1개의 산소원자로 이루어진 물($H_2O$)은 분자이므로 원소라고 할 수 없다.

9) 인공원소는 원자핵을 서로 충돌시키는 과정에서 생성된다. 2016년 6월 8일 니호니움이 등록되며 118번째

중성을 띠는 중성자(n) 그리고 음의 전하(-1)를 띠는 전자(e)로 구성되어 있다. 이들은 각기 다른 개수의 양성자를 가지고 있으므로 양성자의 개수를 원자의 고유번호로 부여하여 구분한다. 예를 들어 양성자가 1개인 수소는 1번, 양성자가 8개인 산소는 8번, 그리고 92개의 양성자를 가지고 있는 우라늄은 92번으로 원자번호가 부여된다.

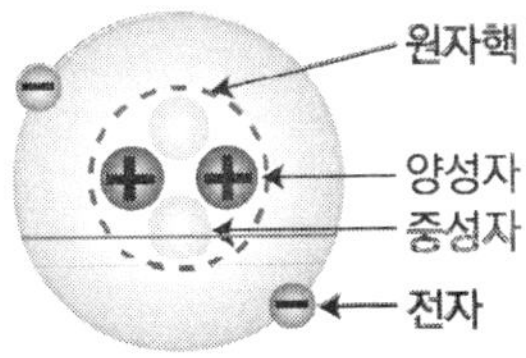


그림 1-9 원자의 구성

표 1-3 원자를 구성하는 입자들의 질량 및 전하

| 입자 | 실제 질량 (g) | 원자질량 (u) | 상대적 질량 | 전하 |
|---|---|---|---|---|
| 양성자(p) | $1.6726 \times 10^{-24}$ | 1.007276 | 1 | +1 |
| 중성자(n) | $1.6749 \times 10^{-24}$ | 1.008665 | 1 | 0 |
| 전자(e) | $9.1094 \times 10^{-28}$ | $5.486 \times 10^{-4}$ | 1/1836 | -1 |

원자번호가 같은 원소라 하더라도 질량이 다른 경우가 있다. 이는 중성자수가 다르기 때문이다. 이처럼 양성자수가 같아 화학적으로는 동일하지만 중성자수가 달라 그 질량이 다른 원소를 동위원소(Isotope)라 한다. 동위원소는 동일한 원자번호를 가지고 있기 때문에 양성자수와 중성자수를 더한 값인 질량수(Mass number)를 통해 구분한다. 예를 들어 양성자의 수가 6개인 탄소 중에서 중성자의 수가 6개인 탄소는 질량수 12(탄소-12), 중성자의 수가 7개인 탄소는 질량수 13(탄소-13)으로 구분한다.

1934년 독일의 하이젠베르그(Heisenberg)는 원자번호와 질량수를 원소기호에 표현하는 방법을 다음과 같이 제시하였다.

---

원소가 되었다.

※ 원자의 표시 방법

$${}^{A}_{Z}X$$

A : 질량수(핵자의 수) = Z + N
Z : 양성자 수(원자번호)
N : 중성자 수

질량수(A)는 특정한 핵 내에 있는 핵자들의 수로 양성자(Z)와 중성자(N)의 합을 말한다. 따라서 원소의 화학적 기호를 X라 하면 이 원소를 기호 ${}^{A}_{Z}X$로 표시한다.

### 2) 질량-에너지 등가

핵반응시 발생하는 에너지는 화학반응시 발생하는 에너지와 비교하여 매우 크다. 이러한 큰 에너지가 과연 원자의 어디에 존재하는가 하는 것이 의문이었다. 1905년 아인슈타인(Albert Einstein)은 특수 상대성이론을 통해 질량과 에너지는 서로 변환될 수 있는 양이므로 별개가 아니라 동등하다고 주장하였다. 즉, 질량이 변화(△m)한 만큼 에너지(E)가 발생한다는 것으로 아래와 같이 질량-에너지 등가식으로 나타내었다.

$$E = \Delta m \cdot c^2$$ [10)]

핵이 분열하거나 융합하게 되면 질량이 변하며 이에 따라 에너지가 발생한다. 우라늄-235 원자 한 개를 예로 핵분열시 발생하는 에너지를 살펴보자.

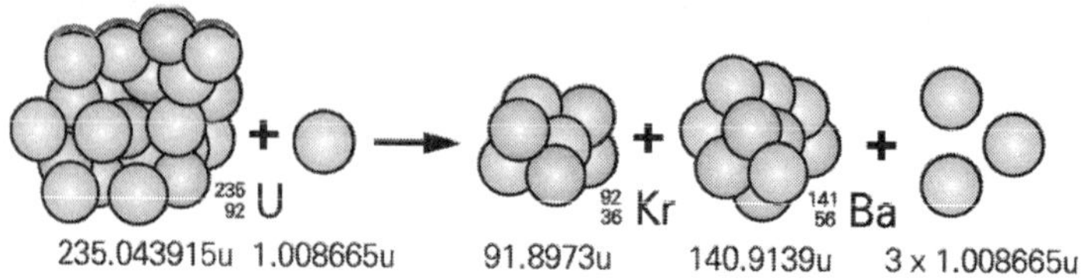


그림 1-10 우라늄 원자의 핵분열

그림 1-10은 우라늄-235가 중성자와 충돌하여 질량수가 92인 크립톤과 질량수 141인

10) 진공상태에서 빛의 속도(2.99792×10$^8$ m/s)

바륨으로 분열하고, 3개의 중성자를 방출 하는 것을 보여주고 있다[11]. 이때 핵분열 전 질량의 합은 236.052580 u이지만 핵분열 후 질량의 합은 235.837195 u로 0.215385 u만큼의 질량이 사라졌음을 알 수 있다. 그러므로 이때 발생하는 에너지는 질량-에너지 등가식($E = \Delta mc^2$)에 의해 다음과 같이 구할 수 있다.

$$
\begin{aligned}
E &= (0.215385\,u) \times (1.6605 \times 10^{-27}\,kg) \times (2.9979 \times 10^{8}\,m/s)^2 \\
&= 3.21453 \times 10^{-11}\,J
\end{aligned}
$$

이처럼 핵반응에 의한 핵의 질량결손으로 발생하는 에너지를 '질량결손에너지'라 한다. 우라늄 원자 한 개가 핵분열 할 때 발생되는 질량결손에너지는 $3.21453 \times 10^{-11}$J로 매우 작게 느껴질 수 있다. 그러나 우라늄 원자 한 개의 질량은 $3.9 \times 10^{-25}$ kg으로 매우 작기 때문에 단 1 kg의 우라늄으로도 석탄 3천 톤을 연소시켰을 때와 동일한 수준의 많은 에너지(3,000만 배의 효과)를 얻을 수 있다.

### 3) 원자의 질량

원자는 우리 눈이나 일반적인 현미경으로 관측할 수 없을 만큼 작고 무게 또한 매우 가볍다. 예를 들어 탄소원자 한 개의 질량은 $1.9926 \times 10^{-26}$ kg이다. 이렇게 작은 질량을 보통의 방법을 이용하여 측정하고 표현하는 것은 쉽지 않다. 따라서 사람이 쉽게 가늠할 수 있는 형태로 나타낼 수 방법을 연구하였다. 지구상에서 비교적 흔한 원소인 탄소-12의 원자량을 기준으로 삼고 원자들의 상대적 무게에 따라 질량을 결정하였다. 이를 위해 원자질량단위(atomic mass unit, u)를 만들었는데 1 u는 결합이 없이 안정한 탄소 원자 질량의 1/12로 실제 질량은 $1.6605 \times 10^{-24}$ g이다.

$$
1u = \frac{\text{탄소}(12)\text{원자 } 1mol \text{ 질량}}{12} = \frac{1\,g}{1\,mol} = \frac{1}{6.022 \times 10^{23}}
$$

---

11) 우라늄-235가 중성자와 충돌시 약 85%의 확률로 질량수가 95와 140 전후인 2개의 원자핵으로 분열되며 2~3개(평균 2.4개)의 중성자를 방출한다.

### Question. 몰(mole)과 아보가드로수(Avogadro's number, $N_A$)

일상생활에서 우리는 어떤 물질을 셀 때 편리하게 하기 위해 단위를 사용한다. 예를 들어 연필 12 자루를 1 다스, 조기 20 마리를 1두름, 달걀 30개를 1판이라 하는 것과 같은 원리이다.

과학에서는 눈에 보이지 않을 만큼 작은 원자의 수를 세는 단위로 몰(mole)을 사용한다. 몰은 물질의 양을 재는 국제표준 단위로, 12 g의 $^{12}C$안에 들어있는 원자의 개수와 같은 수만큼의 개체로 이루어진 물질의 양으로 정의하며 mol로 표시한다.

이때 1 mol 안에 들어있는 입자의 수는 $6.02214 \times 10^{23}$ 개이며, 이를 아보가드로수($N_A$)라 한다. 따라서 어떠한 원자가 아보가드로수만큼 모이면 1 mol이라 하고 그 원자의 원자량이 질량이 된다. 예를 들어 원자량이 1인 수소가 1 mol만큼 모이면 1 g, 원자량이 12인 탄소가 1 mol만큼 모이면 12 g이다.

| 구 분 | 연 필 | 원 자 |
|---|---|---|
| 단 위 | 다 스(dozen) | 몰(mol) |
| 개 수 | 12 | $6.02214 \times 10^{23}$ |

원자의 질량과 에너지는 질량-에너지 등가식($E=mc^2$)에 의해 전자볼트(Electron volt, eV)[12]로 나타내기도 한다. 1 u는 아래와 같이 나타낼 수 있다.

$$
\begin{aligned}
E &= mc^2 \\
E &= (1.6605 \times 10^{-27} kg) \times (2.9979 \times 10^8 m/s)^2 \\
&= 1.492 \times 10^{-10} kg \cdot m^2/s^2
\end{aligned}
$$

1 MeV는 $1.602 \times 10^{-13}$ J 이므로 1 u의 값은 아래와 같다.

$$
\begin{aligned}
1u &= (1.492 \times 10^{-10} kg \cdot m^2/s^2)/(1.602 \times 10^{-13} J/MeV) \\
&= 931.3 MeV
\end{aligned}
$$

12) 1개의 전하를 1 V의 전위차로 가속할 때 얻어지는 에너지

Question. 에너지의 단위 : 줄(Joule, J)

에너지란 일을 할 수 있는 능력을 나타낸다. 즉, 에너지의 크기는 얼마만큼 일을 할 수 있느냐로 나타낼 수 있으며 일의 국제표준 단위는 줄(Joule)로 대문자 J로 나타낸다.

1 J은 1 뉴턴(N)의 힘으로 물체를 1 m 이동하였을 때 한 일이나 이에 필요한 에너지를 뜻한다.

$$1J = 1N \times m$$

1 N은 힘의 국제표준 단위로서, 질량이 1 kg인 물체를 매 초당 초속 1 m씩 가속할 수 있는 힘을 나타낸다.

$$1N = 1kg \times m/s2$$

따라서 1 J은 아래와 같다.

$$\begin{aligned} 1J &= 1kg \times m/s2 \times m \\ &= 1kg \times m2/s2 \end{aligned}$$

## 3. 핵의 안정도

### 가. 핵력

수소를 제외한 모든 원소들은 두 개 이상의 양성자를 가지고 있기 때문에 양성자와 양성자 사이에 전기적 반발력이 존재한다. 따라서 이들을 핵이라는 작은 공간 안에 묶어 두기 위해서는 양성자 사이의 반발력을 이겨낼 수 있는 강한 힘이 필요한 한편 원거리에 있는 전자나 다른 핵에 영향을 주지 않을 만큼 매우 가까운 거리에서만 영향력을 발휘해야 한다. 이 힘이 바로 자연계를 유지하는 4가지 힘[13] 중 하나인 강력에 해당된다.

13) 중력(Gravitational force), 전자기력(Electromagnetic force), 강력(Strong force), 약력(Weak force)

그림 1-11 양성자 사이에 작용하는 강한 핵력(강력)

핵력은 중성자 상호간(n,n), 양성자 상호간(p,p), 중성자와 양성자 간(n,p)에 작용한다. 핵 내에서 두 양성자간의 반발력은 6톤이 되지만 같은 거리에서 그들 간의 인력은 240톤이나 된다. 따라서 두 개의 양성자가 원자핵 반경(약 1 fm)[14]과 비슷한 거리(1~2 fm)[15]까지 접근하면 더 이상 서로 반발하지 않고 오히려 강하게 끌어당긴다. 그러나 강력은 쿼크 사이에서만 작용하므로 핵 주위를 돌고 있는 전자에는 영향을 주지 않는다. 따라서 2 fm 이상의 거리에서는 전자기력만이 존재하게 된다.

## 나. 핵의 결합에너지

핵 내부의 힘은 결합에너지로 표시된다. 핵의 결합에너지는 원자핵을 구성하고 있는 핵자를 전부 떼어내는데 필요한 에너지로 원자핵이 얼마나 안정한지 알 수 있는 유용한 지표로 사용된다.

핵자당 결합에너지($E_{ben}$)[16]는 각 핵자가 서로 분리되어 있는 상태에서의 질량과 서로 결합된 상태에서의 질량의 차, 즉 질량결손(mass defect)이 에너지로 변환된 것이다. 예를 들어 헬륨 원자는 두 개의 양성자와 두 개의 중성자 및 두 개의 전자로 구성되어 있는데 그 각각의 질량과 그들의 합은 다음과 같다.

$$
\begin{array}{ll}
\text{전자} & : 2 \times 0.00055 = 0.00110 \\
\text{양성자} & : 2 \times 1.00728 = 2.01456 \\
\underline{\text{중성자}} & \underline{: 2 \times 1.00867 = 2.01734} \\
\text{계} & : \qquad\qquad\quad 4.03290
\end{array}
$$

14) 1 fm = $10^{-15}$ m

15) 1 fm 이하의 거리에서는 오히려 강한 반발력이 작용한다.

16) $E_{ben}$ : Average binding energy per nucleon(핵자당 평균 결합에너지)

각 핵자들이 분리된 상태에서 질량의 합은 4.0329이지만 핵자가 결합된 상태인 헬륨 원자의 무게는 4.0026밖에 되지 않는다. 따라서 0.0303의 질량결손이 발생한다.

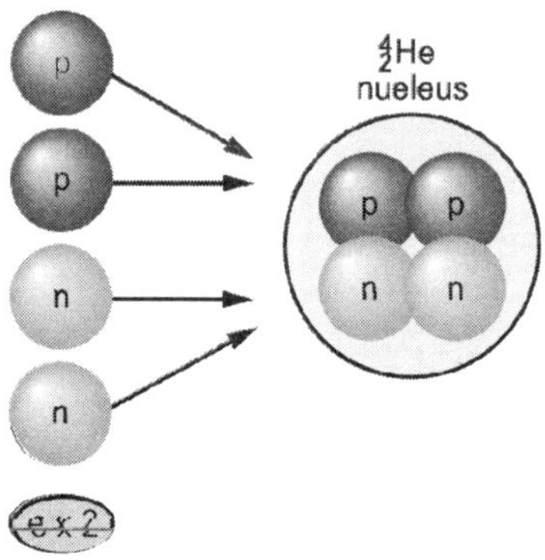


그림 1-12 헬륨의 질량결손

이 양을 질량 에너지 등가식($E=mc^2$)에 따라 에너지로 전환하면 한 개의 헬륨 원자에서의 질량 결손은 $0.0303g/6.02\times10^{23}$ 이므로 이에 해당하는 에너지는 다음과 같다.

$$E=\frac{0.0303}{6.02\times10^{23}}g\times(3\times10^{8}m/s)^{2}$$

이 에너지를 전자볼트 에너지 단위로 환산하면 아래와 같다.

$$E=\frac{4.530\times10^{-12}\mathrm{J}}{1.6022\times10^{-19}\mathrm{J/eV}}=2.827\times10^{7}eV$$

$$=28.27\ \mathrm{MeV}$$

따라서 헬륨의 핵자당 결합에너지는 계산된 에너지량 28.27 MeV를 핵자의 수인 4(양성자2, 중성자2)로 나눈 7.07 MeV이다. 그림 1-13은 핵자수에 따라 핵자당 결합에너지가 어떻게 달라지는지를 나타낸 것이다. 그림에서 보는바와 같이 핵자수가 20까지는 핵자당 결합에너지가 급격하게 증가하다가 철(Fe) 근처(핵자수 40~60)까지는 서서히 증가하여 최대치인 8.8 MeV 정도가 되며 이후부터는 다시 완만하게 감소하는 것을 보여준다. 즉, 핵자수가 너무 작거나 큰 원자는 덜 안정하다는 것을 나타낸다.

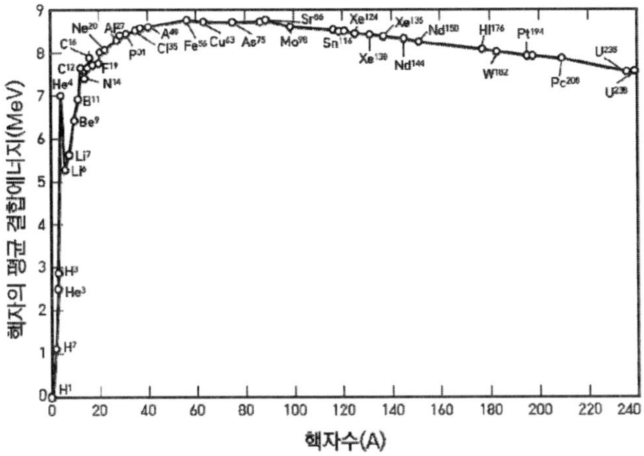


그림 1-13 핵자당 결합에너지

## 다. 핵분열과 핵융합

자연계는 모두 안정한 방향으로 흘러가려는 경향이 있다. 원자 또한 안정한 상태로 존재하려는 속성을 가지고 있어 불안정한 원자는 핵변환을 일으켜 보다 안정한 상태로 변하려 한다. 즉, 질량수가 작은 원자는 핵융합 반응을 통해 큰 원자가 되려하고, 질량수가 큰 원자는 핵분열 반응을 통해 작은 원자가 되어 안정해 지려고 한다.

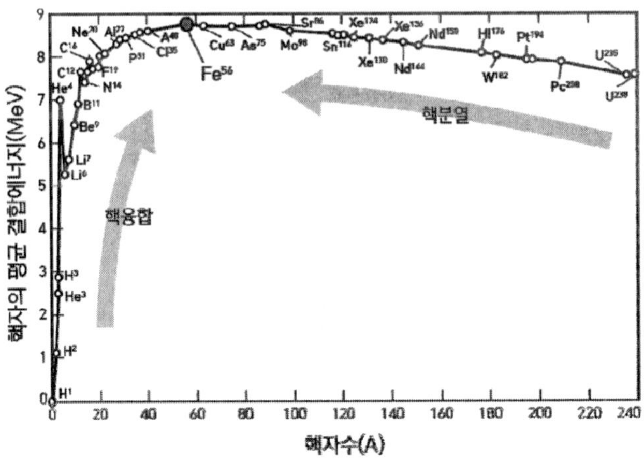


그림 1-14 핵분열과 핵융합

핵의 분열이나 융합시 발생하는 것이 방사선이다. 다음 장에서는 핵으로부터 발생되는 방사선에 대해 자세히 알아보자.

## 4. 방사선

방사선이란 방사성 붕괴 과정에서 높은 에너지를 가지고 방출되는 고속의 입자 또는 전자파를 말하고, 방사성 붕괴란 불안정한 원자핵이 자발적으로 안정한 상태의 다른 원자핵으로 변환되는 과정을 말한다. 이 과정 중 원자핵의 구성요소나 결합상태가 변하게 되므로 붕괴라고 표현한다. 이때 붕괴 이전의 원자를 부모 핵종, 붕괴 후의 원자를 딸 핵종이라고 부른다. 제 4절에서는 방사선과 방사성 붕괴에 대하여 자세히 알아본다.

### 가. 방사선의 종류

방사선의 종류는 방출되는 입자의 종류에 따라 알파(α)선, 베타(β)선, 감마(γ)선, 중성자(n)선으로 구분한다.

#### 1) 알파(α)선

알파선은 우라늄이나 라듐 같은 방사성 물질이 알파 붕괴를 하는 과정에서 방출된다. 양성자 2개, 중성자 2개로 구성된 헬륨 원자핵과 동일한 구조이기 때문에 $He^{2+}$로도 쓰인다(양의 전하를 띤다). 알파 입자는 질량이 무겁고 물질에 쉽게 흡수되므로 공기 중에서 수 센티미터(cm)밖에 나아가지 못하고 종이나 피부로 막을 수 있다. 그러나 이온화능이 가장 크므로 체내에 유입되면 매우 위험하다.

#### 2) 베타(β)선

베타선은 칼륨(K)이나 스트론튬(Sr) 등의 방사성 물질의 베타 붕괴 과정에서 발생하는 고에너지, 고속의 전자(e−) 또는 양전자(e+)[17]를 말한다. 베타입자는 물속에서의 빛의 속도(약 0.75 C)와 같은 속도를 지니므로 세 종류의 방사선(알파, 베타, 감마)중 중간 정도의 투과력(알파선의 약 500

17) 양전자(Positron) : 전자와 질량은 같지만 양의 전하를 가진 입자

배)과 이온화능을 지닌다. 얇은 금속판으로 막을 수 있지만 피부를 투과할 수 있으므로 DNA 분자 구조 등을 변형시켜 암을 유발할 수 있다.

### 3) 감마(γ)선

감마선은 전자기복사의 강력한 형태로, 알파 또는 베타 붕괴 후 들뜬 상태에 있는 원자핵이 낮은 상태로 떨어지면서 광자(Photon)를 방출하는 것이다. 감마선은 전기적으로 중성이며 빛의 속도로 직진하고 높은 에너지를 가지고 있기 때문에 알파선이나 베타선보다 투과력이 강하다. 따라서 피부나 옷, 얇은 금속판 등은 모두 투과할 수 있으나 밀도가 높은 두꺼운 납이나 콘크리트는 투과할 수 없다. 이온화능은 세가지 방사선 중 가장 낮으며 광전효과(Photoelectric effect), 콤프턴 산란(Compton scattering), 쌍생성(Pair production)의 세 가지 과정을 통해 물질과 반응한다.

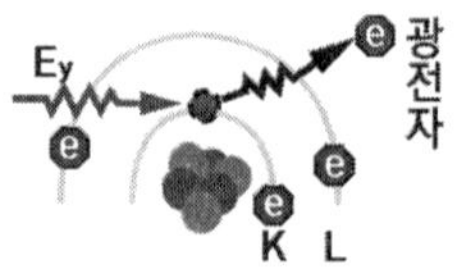

그림 1-15 광전효과

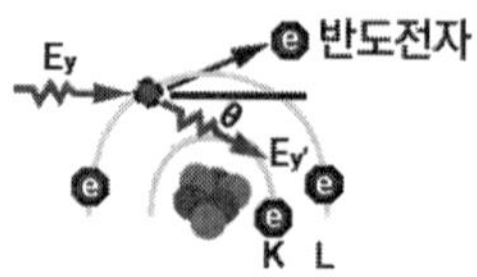

그림 1-16 콤프턴 산란

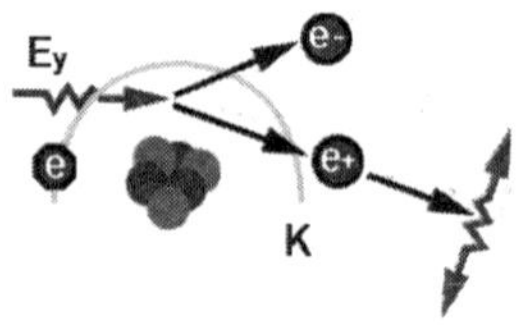

그림 1-17 쌍생성

광전효과란 입사되는 광자가 흡수하는 원자의 궤도전자에 모든 에너지를 전달하는 과정을 말한다. 보통 전자의 결합에너지보다 큰 에너지가 전달되므로 전자는 궤도로부터 이탈하게 된다. 이 과정에서 이탈된 전자를 광전자(photoelectron)라 부른다.

콤프턴 산란이란 입사되는 광자가 원자로부터 가장 먼 전자(최외각전자)에 부분적으로 에너지를 전달하는 과정이다. 이때 광자는 더 낮은 에너지로 산란되고 2차 전리를 일으킬 수 있는 반도전자(recoil electron)를 생성한다.

쌍생성이란 입사되는 광자가 강한 전기장을 형성하는 핵 주위에서 소멸되고 음전자와 양전자를 생성하는 과정이다. 쌍생성이 일어날 확률은 입사되는 광자의 에너지가 클수록 또는 물질의 원자번호가 높을수록 증가하며 여기서 생성된 음전자와 양전자가 각각 2차 전리를 일으킨다.

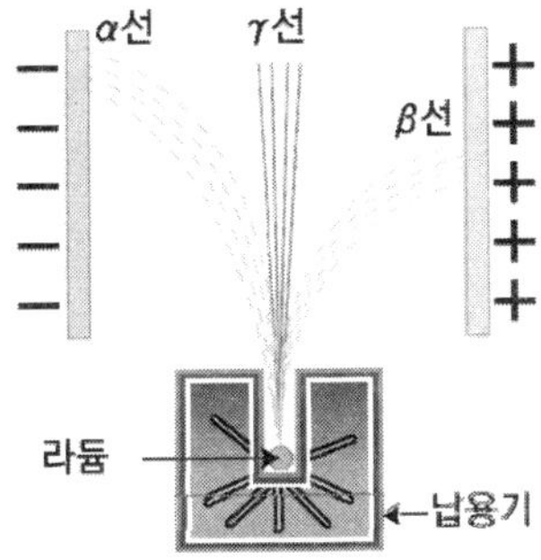


그림 1-18 방사선의 종류와 전하

### 4) 중성자(n)선

중성자선은 핵이 분열하거나 융합할 때 발생되는 중성자의 흐름을 말한다. 중성자선은 알파선이나 베타선같은 입자선이지만 전하를 띠지 않으므로 밀도가 높은 물질을 쉽게 통과할 수 있다. 따라서 방사선 중에서 투과력이 가장 강하다. 중성자선은 원자번호가 큰 원소로 구성된 물질을 통과할 경우 비탄성충돌이 일어나므로 에너지가 감소하지 않는다. 그러나 물이나 파라핀 등 중성자와 질량이 비슷한 수소를 포함한 물질을 통과할 경우에는 탄성충돌에 의해 에너지가 크게 감소하므로 투과할 수 없다. 중성자는 체내에 흡수될 경우 인체를 구성하는 원자들에 흡수되어 방사성 동위원소를 형성하므로 간접 전리입자라고도 불린다. 표 I-4에 방사선의 속성과 질량, 전하를 정리하였다.

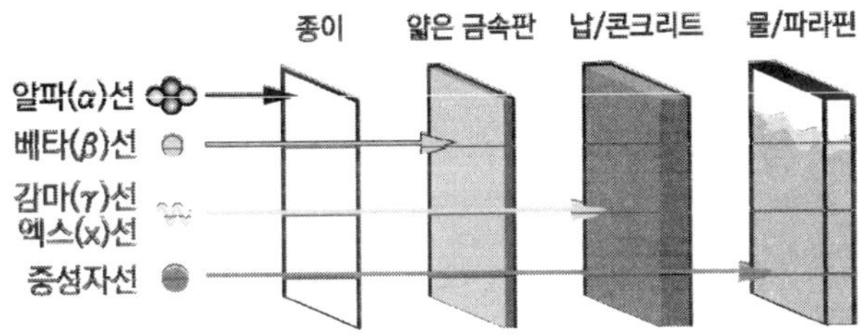


그림 1-19 방사선의 투과력

표 1-4 방사선의 종류

| 방사선 표기 | 속 성 | 질 량(u) | 전 하 |
| --- | --- | --- | --- |
| 알파($\alpha$)선 | He원자핵 | 4.002603 | +2 |
| 베타($\beta$)선 | 전자 | 0.000548 | -1 |
| 감마($\gamma$)선 | 광자 | 0 | 0 |
| 중성(n)자 | 입자 | 1.008664 | 0 |

## 나. 핵변환의 종류

현재까지 발견된 원자핵의 종류는 2,000여 개이다. 이중 안정한 핵은 250여종이고 나머지는 모두 방사성 핵종이다.

표 1-5 안정핵종의 분류

| 질 량 수 | 양성자수 | 중성자수 | 안정핵종수 | 백 분 율 |
| --- | --- | --- | --- | --- |
| 짝 수 | 짝 수 | 짝 수 | 148 | 59% |
| 홀 수 | 짝 수 | 홀 수 | 51 | 20% |
| 홀 수 | 홀 수 | 짝 수 | 49 | 19% |
| 짝 수 | 홀 수 | 홀 수 | 4 | 2% |

표 1-5에 나와 있는바와 같이 안정된 핵종의 수는 양성자와 중성자가 모두 짝수인 경우가 가장 많고 양성자와 중성자가 모두 홀수인 경우는 매우 드물어 오직 4가지 핵(2*H*, 6*Li*, 10*B*, 14*N*)만이 존재한다. 여러 원자핵에 대한 실험을 통하여 양성자 또는 중성자 수가 짝수인 경우 중에서도 다음과 같은 경우 더 안정한 핵종인 것을 알게 되었다.

$$\text{양성자}(Z) = 2,8,20,28,50,82$$
$$\text{중성자}(N) = 2.8,20,28,50,82,126$$

이 수들을 원자핵의 '마법의 수(magic number)'라 한다. 그림 1-20은 핵종의 분포도로 중성자/양성자의 비율(N/Z)을 보여주고 있다. 안정한 핵종들을 나타내는 검은색 선(안정띠)을 보면 일반적으로 가벼운 핵(A<20)들은 거의 같은 수의 중성자와 양성자들을 가지고 있는 반면에(N=Z),

보다 무거운 핵들은 중성자/양성자 비율이 1.2, 1.3로 증가하여 안정한 핵중 가장 큰 원자인 Bi-209에 이르면 중성자/양성자 비율은 1.5 이상이 된다.

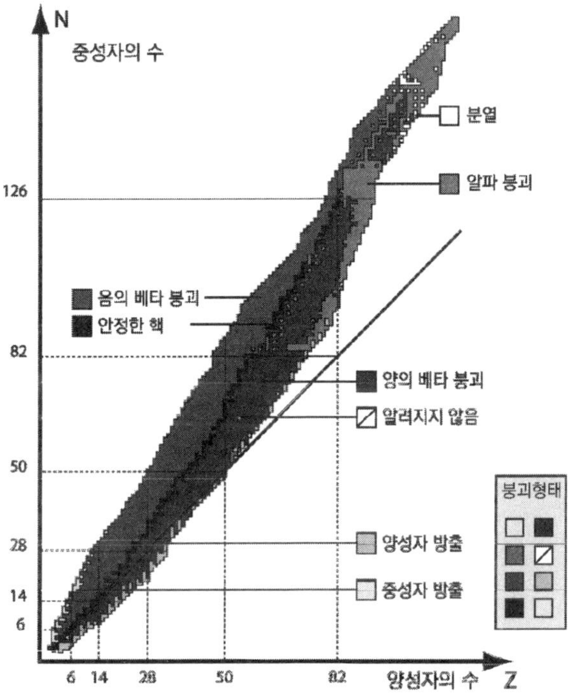


그림 1-20 방사성 핵종 도표

## 1) 알파 붕괴(Alpha decay)

알파 붕괴는 그림 1-20에서 볼 수 있듯이 무거운 원자(핵자수 209개 이상)에서 발생한다. 이는 핵자가 많을 경우 핵자간의 거리가 멀어져서 불안정하기 때문이다.[18] 붕괴 과정에서 양성자 2개, 중성자 2개인 알파 입자를 방출하므로 양성자는 2만큼 감소하여 새로운 원소가 되고, 질량수는 4만큼 감소한다.

$$^{238}_{92}U \rightarrow {}^{234}_{90}Th + {}^{4}_{2}He$$

18) 알파 붕괴가 발생할 수 있는 가장 작은 원자핵은 원자번호 52번 텔루륨(Te)이다.

### 2) 베타 붕괴(Beta decay)

베타 붕괴는 음전자를 방출하는 음의 베타붕괴(β-)와 양전자를 발생시키는 양의 베타 붕괴(β+)가 있다.

음의 베타 붕괴는 핵 내부에 중성자의 수가 과잉 될 경우에 발생하는데 그림 1-20에서 볼 수 있듯이 안정띠의 왼쪽에 위치한 원자핵에서 발생한다. 중성자가 양성자로 변하며(N/Z 비율 감소) 전자와 반중성미자를 방출한다. 이때 질량수는 보존되고 원자번호는 1 증가한다.

$$^{228}_{88}Ra \rightarrow {}^{228}_{89}Ac + e^{-}(\beta -) + \overline{\nu}_e$$

양의 베타 붕괴는 핵 내부에 양성자수의 수가 과잉 될 경우 발생하는데 그림 1-20에 있는 안정띠의 오른쪽에 위치한 원자핵에서 발생한다. 양성자가 중성자로 변하며(N/Z 비율 증가) 양전자와 중성미자를 방출한다. 이때 질량수는 보존되고 원자번호는 1 감소한다.

$$^{27}_{14}Si \rightarrow {}^{27}_{13}Al + e^{+}(\beta +) + \nu_e$$

### 3) 감마선 방출(Gamma ray emission)

감마선 방출은 방사성 붕괴 후에도 원자핵이 들뜬 상태에 있을 때 발생하며 원자핵을 변화시키지 않으므로 붕괴라고 부르지 않는다. 질량과 전하가 없기 때문에 원자핵은 보존되고 에너지 준위만 들뜬 상태에서 낮은 상태로 떨어진다.

$$^{234}_{91}Pa \rightarrow {}^{234}_{91}Pa + \gamma$$

### 4) 전자 포획(Electron capture)

전자 포획은 원자핵 내부에 너무 많은 양성자가 존재하지만 양전자를 방출하기엔 에너지가 충분하지 못할 경우 발생하는 것으로 전자껍질[19]의 전자를 포획하여 양성자가 중성자로 변하며 중성미자가 방출된다. 핵으로부터 가장 가까운 전자껍질인 K나 L 전자껍질의 전자

19) 원자를 구성하는 최외곽전자가 돌면서 만드는 궤도를 말함. K, L, M, N순으로 핵으로부터 가까이 위치한다.

가 포획되기 때문에 K-전자 포획 또는 L-전자 포획이라고도 한다. 이때 질량수는 보존되며 원자번호가 1 감소한다.

$$^{106}_{47}Ag + e^{-} \rightarrow ^{106}_{46}Pd + \nu_e$$

### 5) 중성자 방출(Nuetron emission)

중성자 방출은 핵 내부에 중성자수가 많은 경우에 안정해지기 위하여 중성자를 방출하는 현상을 말한다. 이 과정을 통해서는 중성자만이 방출되기 때문에 원래 원소에서 질량수가 1 감소한 동위원소가 형성된다.

$$^{5}_{2}He \rightarrow ^{4}_{2}He + n$$

### 6) 양성자 방출(Proton emission)

양성자 방출은 핵에서 양성자가 방출되는 현상으로 베타 붕괴 후 들뜬 상태의 원자핵에서 발생되는 베타-지연 양성자 방출과 양성자가 매우 많은 상태에서 안정해지기 위해 양성자가 방출되는 두 가지 경우가 있다. 양성자 방출은 일반적인 동위원소에서는 관찰할 수 없고 단지 입자 가속기를 사용한 핵반응에서만 생성된다. 이때 양성자만이 방출되므로 원자번호가 1 감소한다.

$$^{60}_{27}Co \rightarrow ^{59}_{26}Fe + p$$

## 다. 방사선의 단위

방사선의 양을 측정하기 위해서 방사능 단위와 방사선량 단위를 알아야한다. 방사선량이란 방사선에 조사된 단위질량당 물질에 흡수된 에너지를 뜻하며 공기·물질·인체 등에 대한 흡수 및 영향 여부에 따라 조사선량, 흡수선량, 등가선량 그리고 유효선량으로 구분한다. 방사선의 종류와 단위를 표 1-6에 정리하였다.

표 1-6 방사선의 종류와 단위

| 종 류 | | 현재 단위 | 과거 단위 | 환 산 |
|---|---|---|---|---|
| 방 사 능 | | 베크렐(Bq) | 큐리(Ci) | $1Bq = 2.7 \times 10^{-11} Ci$ |
| 방사선 | 조사선량 | 쿨롱(C) / Kg | 뢴트겐(R) | $1C = 3875.9\ R$ |
| | 흡수선량 | 그레이(Gy) | 라드(rad) | $1Gy = 100\ rad$ |
| | 등가선량 | 시버트(Sv) | 렘(rem) | $1Sv = 100\ rem$ |
| | 유효선량 | 시버트(Sv) | 렘(rem) | $1Sv = 100\ rem$ |

### 1) 방사능 단위

방사성 물질이 방사선을 방출하는 능력을 측정하기 위한 단위로서 1초 동안 붕괴를 일으키는 평균횟수를 의미한다. 국제 표준단위로 Bq(베크렐)을 사용하며, 과거에 사용하였던 1 Ci (큐리)는 $3.7 \times 10^{10}$ Bq이다.

$$1\,Bq = \frac{\text{붕괴횟수}}{1\text{초}}$$

### 2) 조사선량(Radiation dose)

조사선량은 표준온도와 압력의[20]의 조건에서 건조한 공기 단위질량당 흡수되는 방사선의 에너지로서 방사선장[21]의 강도를 나타내는 척도이다. 투과력이 강한 감마선과 X-선에 적용되며, 공기를 이온화시키는 정도로 평가한다. 공기 1 kg 중에 1 C(쿨롱)의 전하를 발생시키는 선량으로 'C / kg'을 국제표준단위로 사용한다. 뢴트겐(R)은 과거에 사용하던 단위로서 1 뢴트겐은 1 kg의 공기 중에 $2.58 \times 10^{-4} C$의 전하를 발생시키는 선량이다.

20) 0℃ 1기압

21) 방사선이 존재하고 있는 공간

### 3) 흡수선량(Absorbed dose)

흡수선량은 방사선을 받은 양을 나타내며 방사선의 종류나 물질의 종류에 관계없이 사용한다. 과거에는 rad(라드)를 단위로 사용하였으나 현재 국제표준단위는 Gy(그레이)를 사용한다. 1 Gy는 1 kg의 물질이 1 J의 에너지를 흡수하는 것을 의미하며, 100 rad와 같다.

$$1\,Gy = 1\,J/kg = 100rad$$

### 4) 등가선량(Dose equivalent)

등가선량은 공기나 물질이 아닌 인체가 받는 영향을 나타내기 위한 것으로, 흡수선량에 방사선의 가중치를 곱하여 계산한다. 방사선가중치(Radiation eighting Factor)는 방사선의 에너지에 따라 인체에 주는 영향과 위험이 다르기 때문에 만들어진 계수이다. 표 1-7을 보면 전리능이 높은 알파입자와 인체에 흡수되어 간접 전리효과를 나타내는 중성자의 경우 가중치가 높고, 전리능이 낮은 감마선(광자)의 경우 가중치가 낮은 것을 알 수 있다. 등가선량의 단위에는 과거 rem(렘)을 사용하였으나 현재는 국제표준단위인 Sv(시버트)를 사용하며 1 Sv는 100 rem과 같다.

**표 1-7 방사선 가중치**

| 방사선 종류 및 에너지 범위 | 방사선 가중치(WR) |
|---|---|
| 광자 | 1 |
| 전자 및 뮤온 | 1 |
| 중성자, 에너지 〈 10 keV | 5 |
| 10 keV - 100 keV | 10 |
| 100 keV - 2 MeV | 20 |
| 2 MeV - 20 MeV | 10 |
| 〉 20 MeV | 5 |
| 반조양자이외의 양자 (에너지 〉2 MeV) | 5 |
| 양성자(2 MeV) | 5 |
| 알파입자 | 20 |

Question. 2 MeV 이상의 에너지를 가진 중성자의 경우 방사선 가중치는 감소하는데 그 이유는 무엇인가?

전하를 가지고 있지 않은 중성자는 인체에 들어오더라도 대부분 통과한다. 그러나 몸속의 여러 원자가 지나가는 중성자를 포획한 경우 방사선 동위원소로 바뀌고, 바뀐 동위원소에서 해로운 방사선이 방출된다. 2 MeV 이상 에너지를 가진 중성자는 너무 빨리 지나가서 중성자를 포획하기 쉽지 않으므로 에너지가 작은(천천히 지나가는) 중성자가 더 잘 포획되고 결과적으로 몸에 더 해롭다.

### 5) 유효선량(Effective dose)

방사선의 영향은 신체 부위에 따라 다르기 때문에 방사선을 전신에 맞은 경우와 특정 부위에만 집중적으로 맞은 경우 신체에 미치는 영향은 큰 차이가 있다. 따라서 등가선량을 인체 전체에 미치는 영향으로 환산한 것이 유효선량이다.

유효선량은 신체를 몇 개의 부위로 나누어 각 부위에 받은 등가선량에 조직 가중치를 곱한 것으로 단위는 등가선량과 동일하게 시버트(Sv)를 사용한다. 그림 1-8은 시버트와 그레이 단위의 차이를 이해하기 쉽도록 비교한 것이다.

표 1-8 신체부위별 조직 가중치

| 조직 또는 장기 | 조직 가중치 | 조직 또는 장기 | 조직 가중치 |
|---|---|---|---|
| 생식선 | 0.20 | 간 | 0.05 |
| 골수(적색) | 0.12 | 식 도 | 0.05 |
| 대 장 | 0.12 | 갑상선 | 0.05 |
| 폐 | 0.12 | 피 부 | 0.01 |
| 위 | 0.12 | 뼈 표면 | 0.01 |
| 방 광 | 0.05 | 기타 조직 | 0.052 |
| 유 방 | 0.05 | | |

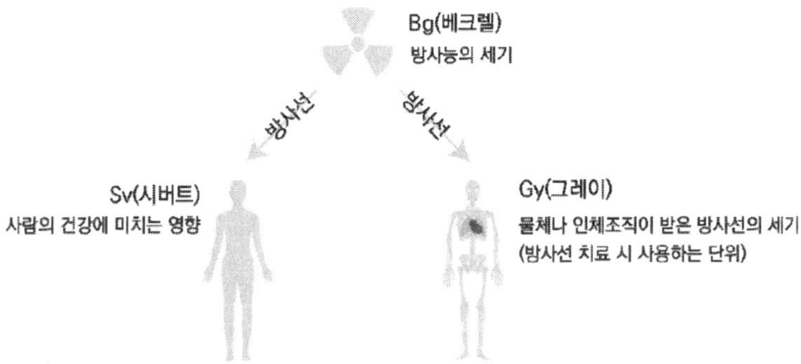


그림 1-21 시버트와 그레이의 비교

### Question. 방사선과 방사능의 차이는 무엇인가?

방사선(Radiation)과 방사능(Radioactivity)은 비슷하여 자칫 혼동하기 쉬운 단어이다. 그러나 둘의 뜻은 다르므로 구분하여 사용하여야 한다. 방사선은 고속으로 움직이는 입자의 흐름을 뜻하고, 방사능은 이러한 방사선을 방출시키는 능력을 뜻하는데 이렇게 방사능을 지닌 물질을 방사성 물질(Radioactive meterial)이라고 부른다.

방사선과 방사능의 차이를 이해하기 위해 전구를 떠올려보자. 전구로부터 발생하는 빛은 방사선에 비유할 수 있으며 이때 빛을 방출시킬 수 있는 능력이 있는 전구는 방사능을 지니는 방사성 물질이라고 할 수 있다.

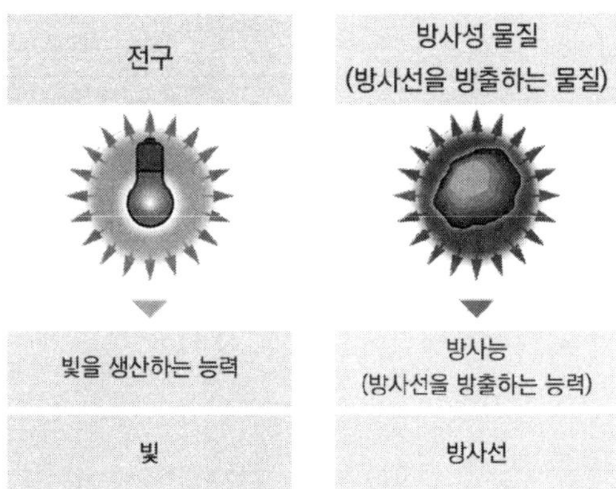


방사능과 방사선 차이

## 라. 방사선의 영향

우리 몸은 여러 원소들로 구성된 세포로 이루어져 있으므로 인체에 방사선을 조사하면 세포를 구성하고 있는 원자나 분자에 영향을 미치면서 조직이나 장기를 변화시킬 수 있다. 예를 들어, 여름철 해변에서 오랜 시간동안 자외선에 노출되면 피부가 검게 되고 표피가 벗겨지는 등의 증상이 나타난다. 이는 자외선(방사선)에 의해 피부 세포의 일부가 파괴되었기 때문이다.

우리는 일상생활 속에서 매일 어느 정도의 방사선을 받고 있다. 방사선은 발생원에 따라 자연적으로 발생되는 자연방사선과 인위적으로 발생되는 인공방사선으로 구분한다. 자연방사선은 지구상에 존재하는 방사성 물질의 자발적인 방사성 붕괴나 우주로부터 들어오는 우주선(Cosmic ray)으로 인해 발생한다. 해발고도 2,500 m의 알프스 산을 등반할 경우 0.026 mSv, 서울에서 미국 샌프란시스코까지 왕복 비행의 경우 0.04 mSv정도의 방사선을 받게 되며 1년 평균 2.4 mSv의 자연방사선을 받는다. 1년간 받는 자연방사선의 종류와 음식물로부터 받는 선량은 그림 1-22와 같다.

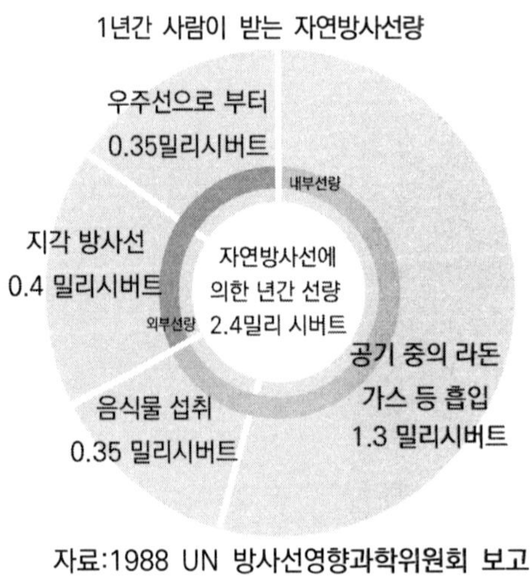


| 신체 내부의 방사성물질의 양 (체중이 60kg인 경우) | | |
|---|---|---|
| 칼리움40 | K-40 | 4000 |
| 탄소14 | C-14 | 2500 |
| 루비디움87 | Rb-87 | 500 |
| 납,폴로니움 210 | Pb,Po-210 | 20 |
| 세슘137 | Cs-137 | 20~60 |

| 식품중 칼리움40(K-40)의 방사능 (단위: 베크렐/kg) | | | |
|---|---|---|---|
| 쌀 | 30 | 분유 | 200 |
| 식빵 | 30 | 시금치 | 200 |
| 쇠고기 | 100 | 버섯류 | 700 |
| 생선 | 100 | 곰피 | 2000 |
| 우유 | 50 | 생미역 | 200 |

그림 1-22 일상생활 속에 포함된 자연방사선량

인공방사선은 의료 검사에 쓰이는 X-선 촬영, 항암치료, 원자력발전 등을 통해 발생한다. X-선 촬영의 경우 1회 촬영으로 0.1~0.3 mSv 정도의 방사선을 받으며, 항암치료의 경우에는 국소부위에 6 Sv까지 받기도 한다. 그림 1-23은 생활 속에서 우리가 받을 수 있는 자연방사선과 인공방사선의 예를 보여준다.

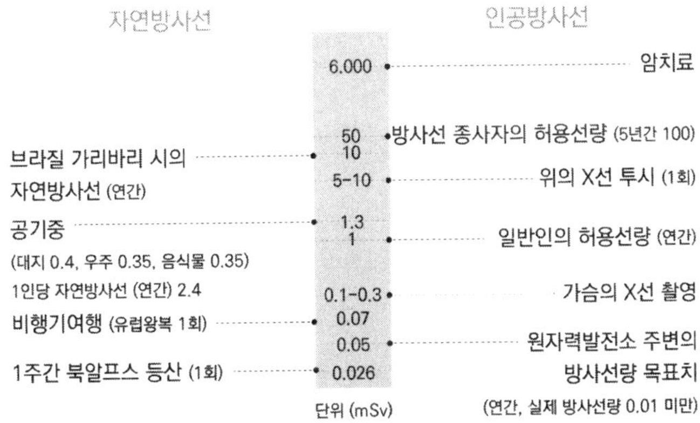


**그림 1-23 자연방사선과 인공방사선**

일반적으로 250 mSv이하의 방사선은 인체피해가 없지만 500 mSv의 방사선을 받게 될 경우 일시적으로 백혈구가 감소한다. 1 Sv이상 받게 되면 수정체 혼탁으로 시력이 저하되기도 하고, 6 Sv이상 받게 될 경우 사망할 수도 있다. 그런데 10 Sv 이상의 방사선을 받는 항암치료 환자는 어떻게 살아남을 수 있는 것일까? 그것은 인체에 방사선이 조사되는 경우 조사 시간이나 인체 부위 등에 따라 다른 영향이 발생하기 때문이다.

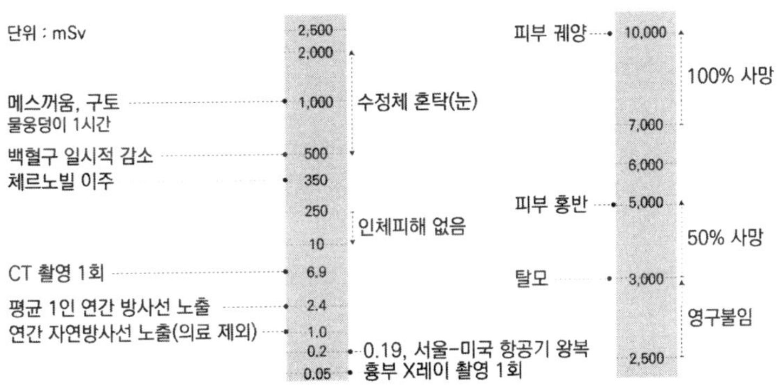


**그림 1-24 방사선의 인체 영향**

방사선의 영향은 발현되는 시간과 유전 여부에 따라서 급성·만성·유전적 영향으로 구분할 수 있다.

표 1-9 방사선 영향의 분류

<table>
<tr><td rowspan="4">방사선의 영향</td><td rowspan="3">신체적 영향</td><td>급성 영향</td><td>피부반점, 탈모, 백혈구 감소, 불임</td><td rowspan="2">결정적 영향</td></tr>
<tr><td rowspan="2">만성 영향</td><td>백내장, 태아에 영향</td></tr>
<tr><td>백혈병, 암</td><td rowspan="2">확률적 영향</td></tr>
<tr><td colspan="2">유전적 영향</td><td>대사 이상, 연골 이상</td></tr>
</table>

## 1) 급성 영향

한 번에 다량의 방사선을 받았을 때 수 시간 내지 수일의 잠복기간을 거쳐 나타나는 영향을 급성 영향이라고 한다. 급성 영향은 방사선을 받는 인체 부위에 따라 상이한 증상이 나타날 수 있다. 예를 들어 3 Sv의 방사선을 전신에 받았을 경우 30일 이내에 50 %가 사망하지만 모발에만 받았을 경우 탈모가 발생한다. 또 7 Sv의 방사선을 전신에 받을 경우 100 % 사망하지만 그보다 높은 10 Sv의 방사선을 피부에만 받을 경우 궤양이 발생한다. 항암치료 중 높은 방사선을 받아도 사망하지 않는 이유가 바로 이것이다. 이와 같이 역치(Threshold) 이상의 방사선에 의해서 발생하는 영향들을 결정적 영향이라고 한다.

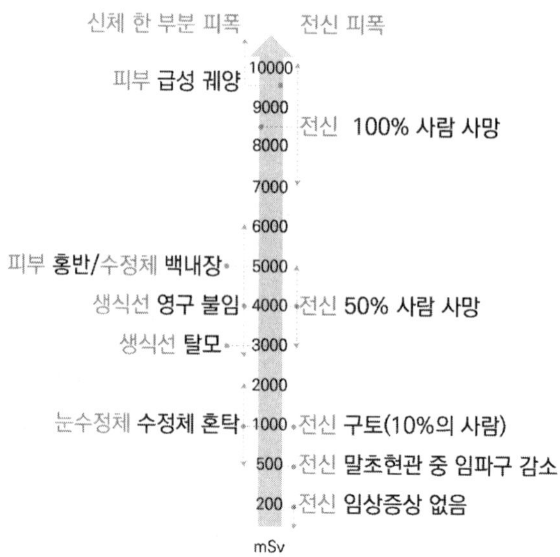

*암과 유전적 영향제외 (ICRP Pub.-60)

그림 1-25 방사선의 급성 영향

### 2) 만성 영향

소량의 선량을 장기간 받았을 때[22] 수개월 이상의 잠복기간을 가진 후 나타나는 영향을 만성 영향이라고 한다. 대표적으로 암과 백내장 등을 예로 들 수 있다. 방사선에 의한 암의 발병 확률은 방사선의 종류·신체조직·나이 등에 따라 다르지만, 국제 방사선 방호위원회에 따르면 약 0.1 Sv의 방사선에 노출될 경우 1만 명 중 5명의 확률로 암이 발병한다고 한다.

### 3) 유전적 영향

방사선에 의한 유전적 영향이 역학적(疫學的)으로 확인된 바는 없다. 그러나 동물 실험 결과나 체르노빌 사고, 히로시마·나가사키 원폭 피해자들에게서 기형아 출산율이 증가한 것으로 보아 연관이 있는 것으로 본다. 국제 방사선 방호위원회에 따르면 0.1 Sv의 방사선에 노출되었을 때 후손에게 나타나는 유전적 영향 발생비율이 증가한다고 한다. 이와 같이 방사선의 영향으로 발생확률이 증가하는 것을 확률적 영향이라고 한다.

## 마. 방사선의 이용

방사선이 우리에게 해로운 영향만을 끼치는 것은 아니다. 방사선을 잘 이용하면 방사선의 투과작용을 이용하여 물체를 파괴하지 않고 내부를 검사하거나(비파괴검사) 신체 내부를 정밀하게 진단 할 수 있다. 뿐만 아니라 새로운 원소를 만들어 내어 신소재를 개발하거나 방사선을 이용하여 새로운 품종을 개량해 낼 수도 있다. 방사선은 우리 생활 속 다양한 분야에서 이용되어 인류에게 도움을 주고 있다(그림 1-27)

22) 동일한 양의 방사선이라도 받는 방사선을 받는 기간에 따라 인체의 회복능력으로 인해 급성 영향과 상이한 결과가 발생한다.

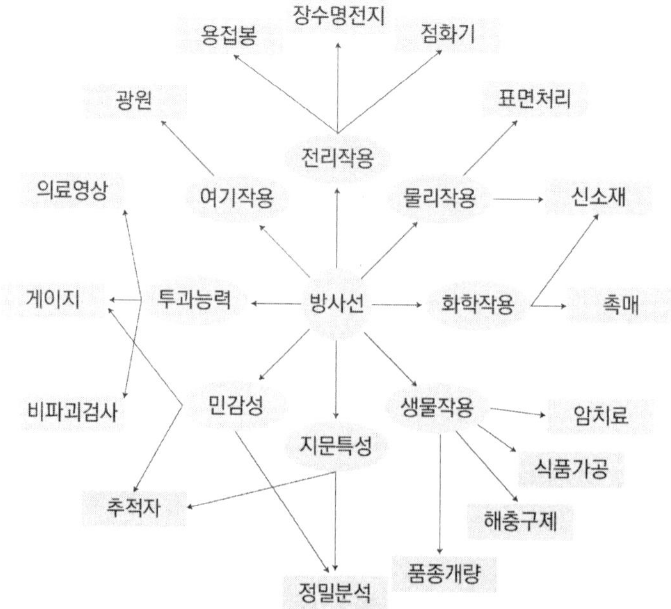


그림 1-26 방사선의 다양한 이용 분야

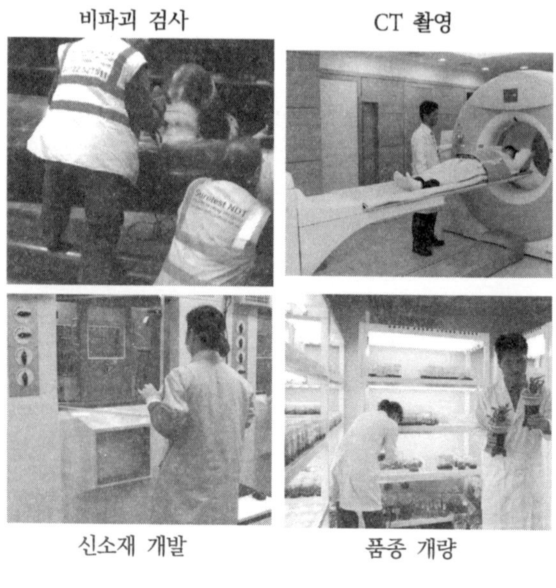


그림 1-27 우리 생활 속 방사선의 이용 사례

# Ⅱ

# 핵 및 방사능 위협

## 1. 핵무기

### 가. 핵무기의 탄생

#### 1) 맨해튼 프로젝트

1939년 8월, 미국 백악관으로 편지 한 통이 배달되었다.[23] 이 편지는 세계적인 물리학자 아인슈타인이 당시 미국의 대통령이었던 프랭클린 D. 루스벨트 앞으로 보낸 것으로, 핵분열 연쇄반응을 통해 엄청난 파괴력을 지닌 새로운 개념의 폭탄이 만들어질 수 있다는 내용과 미국이 독일 나치정권보다 먼저 핵무기를 개발해야 한다는 내용이 담겨 있었다.

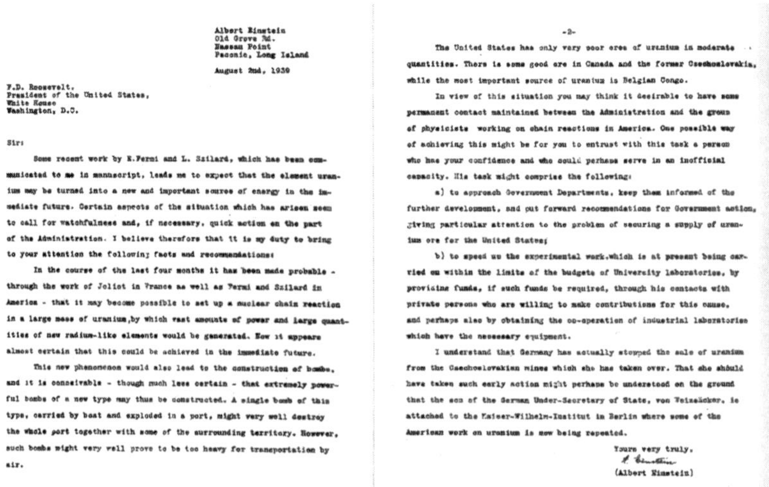

Albert Einstein
Old Grove Rd.
Nassau Point
Peconic, Long Island

August 2nd, 1939

F.D. Roosevelt,
President of the United States,
White House
Washington, D.C.

Sir:

Some recent work by E.Fermi and L. Szilard, which has been communicated to me in manuscript, leads me to expect that the element uranium may be turned into a new and important source of energy in the immediate future. Certain aspects of the situation which has arisen seem to call for watchfulness and, if necessary, quick action on the part of the Administration. I believe therefore that it is my duty to bring to your attention the following facts and recommendations:

In the course of the last four months it has been made probable - through the work of Joliot in France as well as Fermi and Szilard in America - that it may become possible to set up a nuclear chain reaction in a large mass of uranium, by which vast amounts of power and large quantities of new radium-like elements would be generated. Now it appears almost certain that this could be achieved in the immediate future.

This new phenomenon would also lead to the construction of bombs, and it is conceivable - though much less certain - that extremely powerful bombs of a new type may thus be constructed. A single bomb of this type, carried by boat and exploded in a port, might very well destroy the whole port together with some of the surrounding territory. However, such bombs might very well prove to be too heavy for transportation by air.

-2-

The United States has only very poor ores of uranium in moderate quantities. There is some good ore in Canada and the former Czechoslovakia, while the most important source of uranium is Belgian Congo.

In view of this situation you may think it desirable to have some permanent contact maintained between the Administration and the group of physicists working on chain reactions in America. One possible way of achieving this might be for you to entrust with this task a person who has your confidence and who could perhaps serve in an inofficial capacity. His task might comprise the following:

a) to approach Government Departments, keep them informed of the further development, and put forward recommendations for Government action, giving particular attention to the problem of securing a supply of uranium ore for the United States;

b) to speed up the experimental work, which is at present being carried on within the limits of the budgets of University laboratories, by providing funds, if such funds be required, through his contacts with private persons who are willing to make contributions for this cause, and perhaps also by obtaining the co-operation of industrial laboratories which have the necessary equipment.

I understand that Germany has actually stopped the sale of uranium from the Czechoslovakian mines which she has taken over. That she should have taken such early action might perhaps be understood on the ground that the son of the German Under-Secretary of State, von Weizsäcker, is attached to the Kaiser-Wilhelm-Institut in Berlin where some of the American work on uranium is now being repeated.

Yours very truly,
(Albert Einstein)

그림 2-1 아인슈타인의 편지

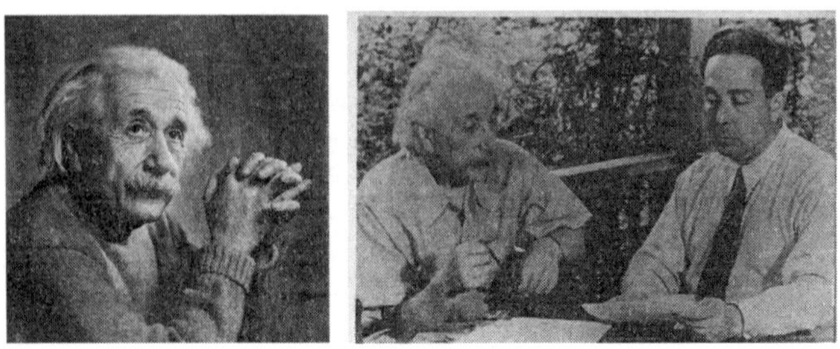

그림 2-2 아인슈타인과 질라드

23) 아인슈타인-질라드 편지로 알려져 있으며, 아인슈타인의 제자였던 질라드 레오(Szilard Leo)가 초안을 작성했고 아인슈타인이 서명하여 루스벨트 대통령에게 전달되었음.

미국 정부는 이 제안을 받아들여 'S-1 우라늄위원회'를 설치하여 핵무기의 개발 가능성을 연구하였고, 미국이 1941년 12월 제2차 세계대전에 참전하면서 본격적으로 핵폭탄 개발 프로그램인'맨해튼 프로젝트(Manhattan Project)'를 추진하기로 결정하였다. '맨해튼'은 프로젝트의 암호명으로, 공식적으로 사용되었던 프로젝트의 이름은 '대체자원 개발(Development of Substitute Materials)'이었다.

미국 주도 하에 영국과 캐나다가 공동으로 참여하였고, 실무책임자로 육군성의 레슬리 그로브즈(Leslie Groves) 소장이 임명되었으며, 연구책임자로는 로버트 오펜하이머(Julius Robert Oppenheimer)가 선정되었다. 역사상 최대 규모의 프로젝트로서 당시 화폐가치로 약 20억 달러의 예산이 투입되었고, 당대 최고의 과학자들을 포함하여 13만 명의 인원이 참여하였다. 또한 매우 엄정한 기밀을 유지하기 위하여 미국·영국·캐나다에 위치한 약 30곳의 다른 시설에서 각 분야별로 연구를 분산하여 진행하였다. 테네시주의 오크리지는 맨해튼 프로젝트의 본부가 있는 곳으로 핵폭탄 원료로 사용되는 우라늄-235를 천연우라늄으로부터 분리하여 농축하는 실험이 진행되었고, 뉴멕시코주의 로스앨러모스에서는 핵폭탄 설계와 관련된 연구들이 이루어졌다. 그리고 워싱턴주 동남부에 위치한 리치랜드의 핸포드 지구에서는 핵연료 재처리를 통해 또 다른 핵폭탄 원료인 플루토늄-239를 제조하는 연구가 진행되었다.

그림 2-3 그로브즈 소장과 오펜하이머

전시 상황이라는 특수성으로 인해 많은 예산과 노력이 투입되었고, 1945년 우라늄-235와 플루토늄-239를 원료로 하는 두 종류의 핵분열폭탄이 만들어졌다. 두 폭탄은 핵원료만 다른 것이 아니라 각각의 핵원료가 갖고 있는 구조적 특성으로 인해 서로 다른 기폭원리를 갖고 있었다. 이 중에서 플루토늄-239를 원료로 하는 핵분열폭탄은 복잡한 구조로 인해 실전에서 사용하기 전에 폭발실험을 필요로 하였다.

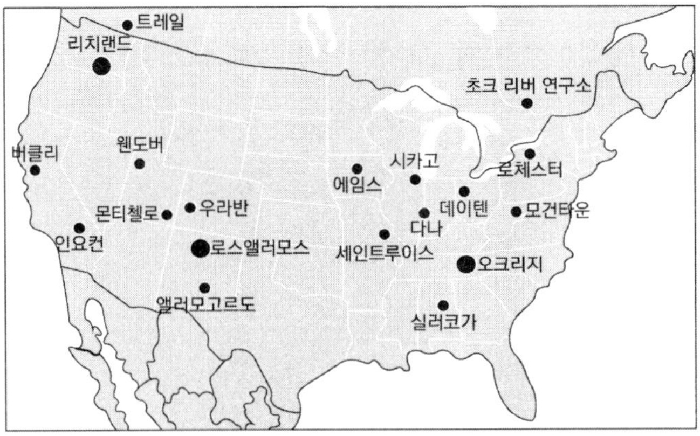


그림 2-4 미국 내 맨해튼 프로젝트 주요 연구 장소

1945년 7월 16일, 뉴멕시코주 앨러모고르도 White Sands 미사일 실험장에서 작전명 '트리니티'인 핵실험이 진행되었다. 30 m 높이의 철탑 꼭대기에 5 톤 무게의 핵분열폭탄이 설치되었고, 맨해튼 프로젝트에 참여했던 주요 관계자들이 지켜보는 가운데 새벽 5시 30분경 세계 최초의 핵폭발 실험이 실시되었다. 이 실험을 지켜보던 한 관계자는 "천 개의 태양보다 더 밝다" 는 말을 했으며, 뉴멕시코주 경찰서에는 새벽 5시경 지평선 위로 해가 솟은 이후에 또 다른 해가 솟았다는 제보가 들어오기도 하였다. 핵폭발의 위력은 2만 톤의 TNT 폭약을 동시에 터뜨린 것과 같은 수준이었고, 폭발로 인해 직경 76 m의 큰 구덩이가 형성되었다. 혹자(或者)는 이 순간을 인간이 신의 영역에 발을 들여놓은 순간이라고 표현하기도 했다. 핵폭발이 일어난 폭심지는 'GZ(Ground Zero)'라고 불리며 이곳에는 '세계 최초로 핵폭발이 일어난 곳(Where the World's First Nuclear Device Was Exploded on July 16, 1945)' 이라고 적혀 있는 비석이 세워졌다.

그림 2-5 트리니티 핵실험 장치와 비석

### 2) 히로시마와 나가사키에서의 핵폭발

#### 가) 히로시마 원폭투하

1945년 8월 6일, 일본 본토로부터 남동쪽 2,400km 거리에 위치한 서태평양 티니안섬의 미 공군 기지에서 핵분열폭탄 1발을 실은 B-29 폭격기가 이륙했다. 에놀라게이(Enola Gay)라고 불리는 이 폭격기는 길이 31m, 폭 43m에 이르는 거대한 기체로 미국의 일본 본토 공격에 앞서 인구 30여만 명이 살고 있는 히로시마에 핵폭탄을 투하하기 위하여 이륙한 것이었다. 오전 8시 15분, 히로시마 지상 9,600m 상공에서 '리틀보이(Little Boy)'라는 코드명이 부여된 길이 3m, 무게 4t의 핵분열폭탄이 투하되었다. 폭탄은 TNT 1만 5천 톤에 상응하는 폭발을 일으켰고, 폭심지로부터 반경 1.6 km 내에 있는 모든 것을 파괴시켰다. 도시의 60 %가 파괴되었고 대화재가 발생하였으며 히로시마 총 인구의 약 30 %가 그 자리에서 즉사하였다. 1946년 미국 트루먼 대통령에게 보고된 문건인 『히로시마와 나가사키에서의 핵폭발 효과(The Effects of the Atomic Bombings of Hiroshima and Nagasaki)』에서는 히로시마에서의 핵폭발이 최단시간 내에 가장 많은 인구가 사망한 사건이며, 사망원인은 피폭(15~20%), 섬광화상(20~30%), 질병 및 부상(50~60%)으로 평가하고 있다. 피해는 여기에서 끝나지 않고 계속되어 그 해 말까지 발생한 사망자의 수는 14만 명에 달하였으며, 이후 5년 동안 피폭으로 인해 발생한 암·백혈병 환자의 사망까지 포함하면 히로시마 인구의 2/3 (20만명)가 넘는 사람들이 핵폭발로 인하여 사망하였다.

그림 2-6 에놀라 게이와 리틀보이

**Question.** 히로시마에 투하되었던 핵분열폭탄 자체의 위력이 도시 전체 인구의 70 % 를 살상시킬 정도로 컸던 것일까?

핵분열폭탄 자체의 위력이 크기도 하였지만, 폭탄에 대한 정보 부족이 피해를 증대시키는데 크게 작용하였다. 핵분열폭탄을 투하하기 위해 에놀라 게이 편대가 티니안섬에서 이륙하기 1시간 전, 히로시마 지역의 기상을 관측하기 위한 항공기가 해당 지역을 비행하였다. 일본의 조기경보 레이더가 이를 발견하고 경보를 발령하여 많은 시민들이 대피하였으나 아무런 일도 벌어지지 않고 비행기는 기상정보만을 획득 한 뒤 돌아갔다. 그 뒤 에놀라 게이와 기상관측 및 핵폭발 결과 확인을 위한 B-29폭격기 편대를 발견하자 공습경보를 발령하였으나 히로시마의 시민들은 이번에도 별일이 없을 것으로 판단하고 대피하지 않았다. 다른 지역의 대도시들이 무차별 폭격으로 파괴되었음에도 불구하고 한 번도 폭격을 받지 않았던 것도 한 몫 하였다. 더욱이 비행편대의 기체 수가 단지 3대뿐이라는 것을 확인한 후에는 공습경보를 해제하기까지 하였다. 결과적으로 다수의 시민들이 핵무기에 무방비로 노출되는 결과를 초래하였다.

핵폭탄은 또한 일반적인 포탄, 미사일과 달리 폭발 후에도 방사성물질에 의한 지속적인 피해가 발생한다. 핵무기의 효과에서 자세히 다루겠지만 핵폭발에 의해 발생한 낙진은 바람을 타고 퍼지면서 광범위한 방사능오염지역을 형성하며, 낙진으로부터 방출되는 방사선은 인체에 유해한 영향을 주고, 심할 경우 사망에 이르게 한다. 당시, 이러한 사실을 몰랐던 많은 사람들이 현장확인 및 구조를 하는 동안 방사선에 피폭되면서 추가적인 피해가 발생하였다.

**Question.** 최초의 핵무기 투하 장소로 왜 히로시마가 선정되었는가?

태평양 전쟁이 막바지였던 1945년 6월, 미국은 일본 큐슈 남단으로부터 약 700 km 떨어진 곳에 위치한 오키나와섬을 점령하였다. 이 과정에서 4만 명 이상의 미군이 희생됨에 따라 그해 11월에 계획했던 본토공격에 앞서 일본에게 강력한 심리적 충격을 줄 필요성이 제기되었다.

1945년 5월 10일부터 2일 동안 로스알라모스 연구소에서 맨해튼 프로젝트의 연구책임자였던 오펜하이머는 핵분열폭탄 투하지역을 선정하기 위한 회의를 실시하였다.

**원폭 주요 목표 도시**

'직경 5km 이상의 큰 도시이어야 하고, 폭탄투하 시 심리적·물질적으로 효과적인 피해를 유발함으로써 일본 내부와 국제적으로도 큰 파장을 일으킬 수 있어야 한다'가 목표를 선정하는 주요 기준으로 고려되었다. 그 결과, 히로시마, 교토, 고쿠라(現 기타규슈), 나가사키 등 5~6개의 도시들이 목표도시로 거론되었고, 히로시마가 교토와 함께 가장 유력한 순위(AA target)로 선정되었다. 도쿄에 위치한 일본 천황의 궁전은 다른 어떤 표적보다 높은 명성을 지니고 있지만 전략적 가치가 낮아 표적에서 제외되었다.[24]

히로시마는 산업도시이면서 육군 보급창과 항구가 있었고, 제2육군사령부 및 육군 5사단이 위치하고 있는 군사적 요충지로 폭탄 투하 시 일본에게 심리적·물리적으로 상당한 피해를 유발할 수 있는 도시였다. 또한 도시 주위에는 언덕이 있어 표적을 조준하기가 용이하고 폭발효과를 크게 증대시킬 수 있는 지형적 특징도 가지고 있었다. 단, 강이 도시 가운데로 흐르고 있어 열로 인한 피해발생은 다소 감소할 것으로 평가되었으나, 당시 미군의 폭격에 의한 피해가 없어 순수한 핵분열폭탄 효과를 측정하기에 용이하다는 장점이 부각되었다.

핵폭탄은 오타강 분류지점에 위치한 'T'형태의 다리(아이오이 다리)를 조준하여 투하하였는데, 이는 공중에서도 식별이 용이한 지형지물이었다. 그러나 실제 폭발은 강한 바람으로 인해 다리로부터 약 200 m 거리에 떨어져 있던 외과병원 600 m 상공에서 이루어졌다.

24) Minutes of the second meeting of the Target Committee, Los Alamos, May 10-11, 1945

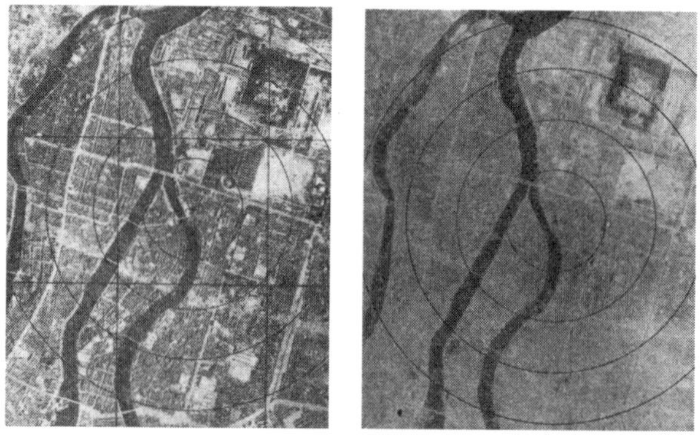

히로시마 원폭 투하 전·후 비교

한편, 교토는 일본의 전(前) 수도로서 전략적 요충지이자 인구 100여만 명이 살고 있는 대도시였고, 많은 일본 국민들의 정신적 중심지였다. 교토에 핵폭탄을 투하할 경우 그 효과는 히로시마처럼 매우 클 것으로 판단되었고, 특히 심리적으로 더 큰 충격을 줄 수 있었을 것이다. 그러나 교토를 목표도시에서 제외한 이유에 대해서는 다양한 의견이 존재한다. 교토에 위치한 많은 문화재를 보호하기 위함이라는 설, 당시 국방장관으로 재임하고 있던 헨리 스팀슨(Henry Lewis Stimson)이 자신의 신혼여행지였던 교토에 대한 애착으로 인해 제외되었다는 설 등이 있다. 그러나 가장 유력한 이유로는 일본 국민들의 정신적 고향인 교토를 파괴할 경우, 미국에 대한 반감이 증가하면서 당시 미국과 대립하고 있던 소련 측에 가담할 가능성을 염려하여 제외한 것으로 보고 있다.

### 나) 나가사키 원폭투하

히로시마의 원폭투하에도 불구하고 일본의 항복을 얻어내지 못한 미국은 두 번째 핵폭탄을 투하하기로 결정하였다. 목표도시로는 당시 가장 큰 병기창이 있었던 고쿠라(現 기타큐슈)가 선정되었고, 투하가 제한될 경우에는 인근지역에 위치하고 있던 나가사키에 폭탄을 투하한다는 계획이 수립되었다. 나가사키는 일본 남서부에 위치한 큰 항구도시로서 대규모 산업단지가 있었고, 각종 군수품·선박 및 무기 등을 생산하는 도시였다.

1945년 8월 9일 아침, B-29 폭격기가 핵분열폭탄인 '팻맨(Fat Man)'을 싣고 목표도시인

고쿠라를 향해 이륙하였다. 팻맨은 둥근형태의 뚱뚱한 폭탄에서 붙여진 코드명이다. 이번 폭격 또한 히로시마 때와 마찬가지로 다른 두 대의 비행기와 함께 편대를 이루어 이동하였고 임무는 동일하였다. 티니안섬에서 이륙한 폭격기가 고쿠라에 도착하였으나 구름이 도시 전체의 70%를 가리고 있어 육안으로 폭탄을 투하하는 것이 제한되었다. 설상가상으로 구름이 걷히기를 기다리며 도시 상공을 선회하던 중 연료가 부족하게 되어 급히 예비목표였던 나가사키로 투하지점을 변경할 수밖에 없었다.

10시 53분, 폭탄을 실은 폭격기가 고쿠라에서 남서쪽으로 160km 거리에 위치한 나가사키에 도착하였다. 그러나 나가사키에서도 구름이 상공을 뒤덮고 있어 시야가 확보되지 못하는 상황에 직면하였다. 육안관측에 의한 폭탄투하가 제한될 경우 폭탄을 바다에 버리거나 레이더를 이용해서 투하를 해야 했다. 11시 1분, 레이더를 이용하여 폭탄을 투하하려고 하는 순간 갑자기 구름이 걷히면서 표적이 눈에 들어왔다. 당시 폭격수였던 커미트 비핸 대위는 서둘러 폭탄을 투하하였고, 43초 후인 11시 2분 경 도시 상공으로 거대한 버섯구름이 피어올랐다. TNT 폭약 2만 톤 규모에 상응하는 폭발력이었다.

폭발로 인해 약 4만 명이 즉사하고 비슷한 수의 부상자가 발생하였다. 연말까지 사망자의 수는 총 5만 명으로 늘어났으며, 이후 5년 동안 피폭에 의해 발생한 암·백혈병 등으로 인해 총 14만 명 이상의 인구가 핵폭발로 인하여 사망하였다.

그림 2-7 팻맨과 버섯구름

**Question. 나가사키에 투하된 폭탄의 위력은 히로시마의 것보다 큰 20 kT 규모임에도 불구하고 피해는 왜 히로시마보다 작았는가?**

폭탄은 본래 목표지점보다 3 km 나 떨어진 곳에 위치한 우라카미 운동장에 투하되었다. 그 일대는 남쪽방향의 항구를 제외하고 모두 산과 구릉으로 둘러싸인 계곡의 지형적 특성을 가지고 있었다. 핵폭발 후 엄청난 세기의 폭풍, 열복사에너지 및 방사선이 발생하였지만, 주변의 산과 구릉에 의해 가로막히면서 폭발지점부근에만 심각한 피해가 발생하고 다른 지역까지 그 효과가 뻗어나가지 못하였다.

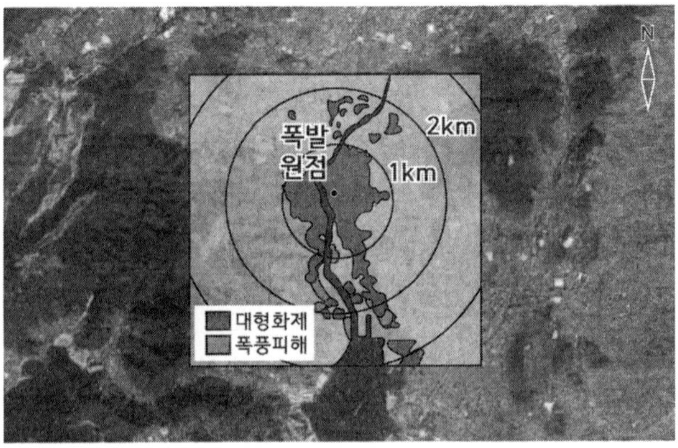


나가사키 원폭 투하지점

히로시마와 나가사키에서의 폭발 효과 비교[25)]

| 구 분 | 히로시마 | 나가사키 |
|---|---|---|
| 폭탄 위력 | 15kT | 20kT |
| 인구밀도(명/km$^2$) | 17,760 | 25,096 |
| 파괴면적(km$^2$) | 12.2 | 4.7 |
| 사망, 실종(명) | 70,000 ~ 80,000 | 35,000 ~ 40,000 |
| 부상(명) | 70,000 | 40,000 |

25) The United States Strategic Bombing Survey, 1946

## 나. 핵무기의 종류와 특성

### 1) 핵분열폭탄

핵분열폭탄은 핵분열 연쇄반응에 의해 발생하는 대량의 에너지를 이용한 폭탄으로 원자폭탄이라고도 하며, 핵물질을 임계질량[26]에 도달시키는 기폭방법에 따라 '포신형(gun-type)'과 '내폭형(implosion-type)'으로 구분한다.

#### 가) 핵분열 연쇄반응

앞서 핵변환에 대해 다루면서 우라늄과 같이 질량이 큰 원자는 핵자당 결합에너지가 작아 불안정하므로 핵분열을 통해 보다 안정한 핵종으로 존재하려 하며, 그 과정에서 감소된 질량과 빛의 속도를 제곱한 값을 곱한 만큼의 에너지($E=mc^2$)가 발생한다는 것을 언급하였다.

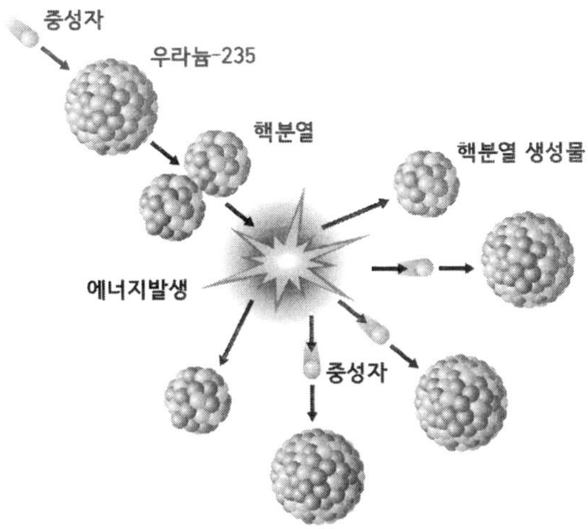


그림 2-8 핵분열 연쇄반응

핵분열 연쇄반응은 우라늄과 같은 핵분열물질에 중성자를 인위적으로 충돌시켜서 일으킬 수 있다. 중성자는 전하를 띠고 있지 않으므로 원자핵 주위를 돌고 있는 전자와 핵에 존재하는 양성자의 방해를 받지 않고 핵까지 접근할 수 있다. 핵력의 영향범위까지 접근한 중

26) 핵분열 연쇄반응을 유지할 수 있는 최소한의 질량.

성자는 핵에 순간적으로 포획되면서 핵을 불안정한 상태로 만들고 이로 인하여 핵분열이 일어나게 된다. 중성자를 포획한 원자핵이 전혀 다른 2개의 원자핵으로 분열하면서 방대한 양의 에너지와 함께 2~3 개의 중성자가 방출되고, 이 과정이 연쇄적으로 일어나면서 핵분열 수는 기하급수적으로 증가하게 된다.

나) 임계질량

임계는 핵분열 연쇄반응이 일정한 비율로 유지되어 일정한 양의 에너지가 지속적으로 발생되는 상태이며, 이때 필요한 핵분열물질의 최소질량을 임계질량이라고 한다. 임계상태는 다음과 같이 핵분열 연쇄반응을 유도하는 유효증배계수(k)로 나타낼 수 있다. 유효증배계수가 1 보다 작을 경우에는 생성되는 것보다 사라지는 중성자의 수가 많아서 핵분열반응이 줄어들게 되고, 1 보다 클 경우에는 연쇄반응이 증가하면서 에너지 발생량이 증가하게 된다.

$$k = f - l$$

* $k$ : 유효증배계수

$f$ : 핵분열 시 생성되는 중성자 평균 개수

$l$ : 사라지는 중성자 평균 개수

표 2-1 미임계, 임계, 초임계의 비교

| 구 분 | 주요 내용 |
|---|---|
| 미임계 | · 핵분열반응 시 생성되는 중성자수가 흡수·방출 등으로 인해 사라지는 중성자 수보다 적어서 핵분열 연쇄반응이 일어나지 못하는 상태<br>· 유효증배계수 〈 1 |
| 임계 | · 핵분열반응 시 생성되는 중성자수가 흡수·방출 등으로 인해 사라지는 중성자 수와 같아서 핵분열 연쇄반응이 일정한 비율로 유지되는 상태<br>· 유효증배계수 = 1 |
| 초임계 | · 핵분열반응 시 생성되는 중성자수가 흡수·방출 등으로 인해 사라지는 중성자 수보다 많아서 핵분열 연쇄반응이 격화되고 출력이 증가한 상태<br>· 유효증배계수 〉 1 |

핵분열폭탄은 미임계상태의 핵분열물질을 초임계 질량으로 급격하게 바꿈으로써 연쇄반응을 일으키고 방대한 양의 에너지를 방출한다. 이를 위해 최초에는 미임계 질량의 상태로

나뉘어져 있다가 기폭장치에 의해 하나로 합쳐지면서 초임계 질량에 도달하여 강력한 폭발을 일으키는 것이다.

### 다) 핵분열폭탄에 사용되는 핵물질

핵분열폭탄에는 우라늄-235($^{235}U$)와 플루토늄-239($^{239}Pu$)가 핵물질로 사용된다. 우라늄-235는 자연계에 존재하는 우라늄의 방사성 동위원소로서 중성자를 흡수하여 핵분열을 일으킬 수 있다. 그러나 천연우라늄에 존재하는 비율이 약 0.7 %밖에 되지 않아 핵분열폭탄으로 사용되기 위해서는 우라늄-235를 농축하는 과정이 필요하다.

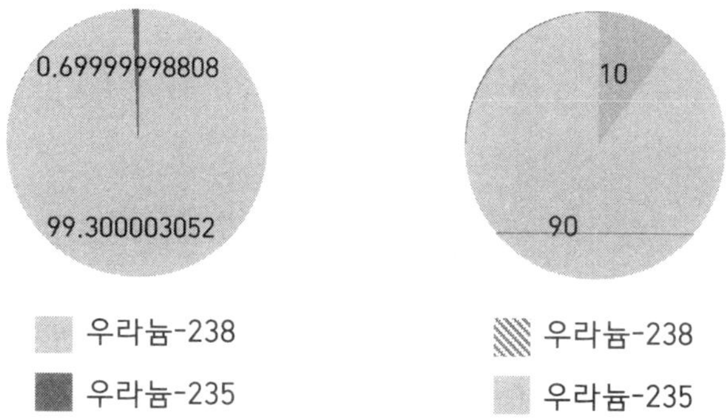


그림 2-9 천연우라늄과 고농축(핵무기용)우라늄의 동위원소비

플루토늄-239는 천연우라늄의 약 99.3%를 차지하는 우라늄-238($^{238}U$) 이 중성자를 흡수하면서 만들어지는 인공핵종으로 자연계에는 존재하지 않는다.

$$^{238}_{92}U + ^{1}_{0}n \rightarrow ^{239}_{92}U^{*} \rightarrow ^{239}_{94}Np \rightarrow ^{239}_{94}Pu + 2\,^{0}_{-1}\beta$$

플루토늄-239 또한 우라늄-235와 마찬가지로 핵분열이 잘되는 특성을 가지고 있으며, 핵폭탄에 사용되기 위해서는 순도가 93 % 이상이어야 한다. 플루토늄-240($^{240}Pu$)은 약 6.5% 포함되어 있는데, 너무 높은 자발핵분열[27]로 인해 임계질량을 크게 낮춰 핵무기의

27) 중성자의 충격 없이 원자핵에서 자발적으로 일어나는 핵분열.
(우라늄-235: 0.2~0.3fissions/s-kg, 플루토늄-239: 10fissions/s-kg, 플루토늄-240: 415,000fissions/s-kg)

폭발효율이 떨어지게 된다. 플루토늄-240은 플루토늄-239의 생산과정에서 자연스럽게 생성되는 일종의 불순물로서 일정 임계질량과 효율을 달성하기 위해서는 플루토늄-240의 비율을 낮추는 것이 중요하다.

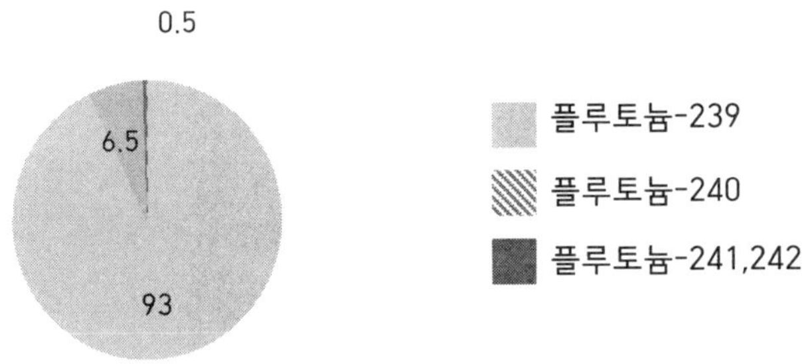


그림 2-10 핵무기용 플루토늄의 동위원소 구성비

## Question. 천연우라늄에서 어떻게 우라늄-235를 농축하는가?

우라늄-235는 천연우라늄의 대부분을 차지하는 우라늄-238과 화학적 성질이 같고 질량수가 다른 동위원소이다. 그런데, 두 물질의 질량 차이가 1.3 %에 불과하여 이를 분리하여 농축하는 데 많은 노력과 비용이 소요된다. 대표적인 농축방법에는 기체확산법, 원심분리법, 레이저분리법 등이 있다.

기체확산법은 맨해튼 프로젝트에서도 사용된 방법으로 가벼운 기체일수록 확산이 더 잘되는 특성을 이용한 것이다. 이를 위해 우라늄을 6개의 불소원자와 결합시켜 기체화합물(6불화우라늄)로 변환한 후 강제로 다공성(多孔性) 격막을 통과하게 한다. 이때 상대적으로 가벼운 우라늄-235의 기체화합물이 더 많이 격막을 통과하여 이동하게 되고, 이 과정을 되풀이함으로써 우라늄-238을 배제하고 우라늄-235를 농축할 수 있다. 기체화합물로 변환하기 위해 불소를 사용하는 이유는 화학적으로 결합이 잘 되고, 자연계에 존재하는 동위원소가 없어 기체화합물들의 질량 차이가 오직 우라늄 동위원소에 의해 결정되기 때문이다. 냉전기간까지 많이 사용되었으나 대규모의 공장시설과 분리되는 양에 비해 요구되는 비용이 막대하여 더 이상 사용되지 않는다.

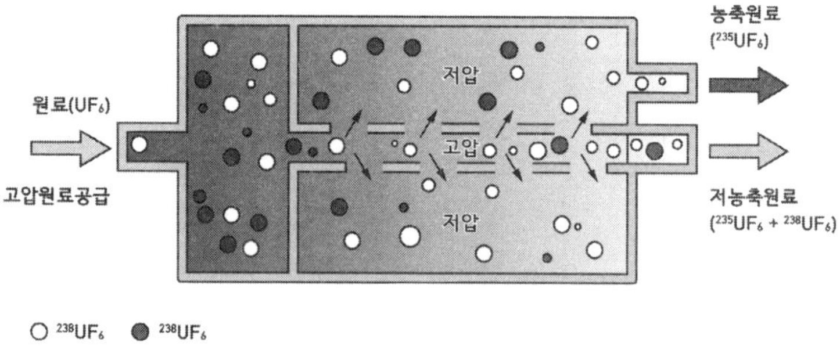


기체확산법의 원리

원심분리법은 원심력을 이용해서 우라늄-235를 분리하는 방법이다. 기체화합물($^{235}UF_6$, $^{238}UF_6$)을 원심분리기 중앙부분에 주입시킨 후 고속으로 회전시키면 강한 원심력에 의하여 무거운 기체는 바깥쪽으로 모이고 가벼운 기체는 중심부에 남아 있게 된다. 중심부에 모여 있는 우라늄-235의 기체화합물을 회수하는 과정을 반복함으로써 농축우라늄(우라늄-235)을 얻을 수 있다. 고속으로 회전하는 원심분리기의 제작이 쉽지 않고 운용을 위해 많은 전력을 필요로 하지만, 작은 공간에서 비교적 효율적인 농축이 가능하다는 장점이 있다. 북한이 2010년 2,000대의 원심분리기를 공개한 것은 자체적으로 고농축우라늄의 생산이 가능하다는 것을 보여줌으로써 핵무기 개발 의지와 가능성을 피력한 것이라고 할 수 있다.

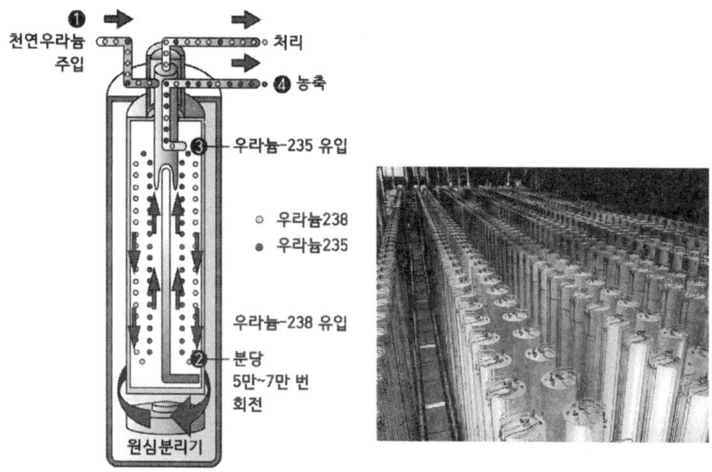


원심분리법의 원리 및 원심분리기

레이저분리법은 레이저로 우라늄-235를 선택적으로 이온화하여 분리하는 방법이다. 원자의 질량이 다를 경우 그 원자에 속한 전자의 활성에너지 차이가 발생하게 되는데, 레이저를 이용하여 우라늄-235의 전자만을 분리할 수 있다. 여기에 전자기장을 걸어주면 이온화된 우라늄-235만 정제하여 농축할 수 있다. 레이저 농축법은 대규모의 시설이나 전력을 필요로 하지 않고, 4일 이내에 약 20 kg의 우라늄-235를 농축시킬 수 있을 정도로 그 효율성이 뛰어나다. 그러나 이를 위해서는 매우 높은 수준의 정밀 레이저 기술이 필요하여 현재는 세계 각국에서 레이저분리법을 실용화하기 위한 연구가 진행되고 있다.

## Question. 핵분열폭탄에 사용되는 플루토늄은 어떻게 생산되는가?

플루토늄-239는 우라늄-238이 중성자와 반응하면서 만들어지는 인공핵종으로서, 원자력발전소에서 우라늄이 연료로 사용된 후 배출되는'사용후 핵연료'를 재처리28)함으로써 얻을 수 있다. 재처리 기술은 여러 가지 방법이 개발되어 있으나 주로 사용되는 방법은 PUREX(Plutonium and Uranium Recovery by Extraction)공법29)이다. 플루토늄과 우라늄은 화학적 성질이 다른 원소이므로 우라늄 농축과정과 달리 재처리 과정에서는 화학반응을 통해 플루토늄을 추출한다. 공정순서는 다음과 같다.

① '사용후 핵연료' 집합체(연료봉)를 1.5~5cm의 조각으로 절단
② 절단된 조각을 용해조에 넣고 고온·고농도의 질산용액으로 용해
③ 용해액을 여과하여 불용성 물질 제거
④ 여과액에서 우라늄과 플루토늄 혼합용액 추출
⑤ 혼합용액에서 우라늄과 플루토늄 분리 및 정제
⑥ 산화·환원 과정을 통해 금속형태의 플루토늄 생산

재처리를 통한 플루토늄-239의 생산효율은 원자로의 유형과 가동시간에 따라 달라진다. 플루토늄-239는 우라늄-238로부터 만들어지므로 천연우라늄을 사용하는 흑연감속로나 중수로의 경우 우라늄-238의 비율이 높아 고순도의 플루토늄-239를 생산할 수 있지만, 우라늄-235가 2 ~ 5 % 농축된 우라늄을 사용하는 경

수로는 60% 순도의 플루토늄-239만이 생산되므로 핵무기 제조용으로는 적합하지 않다.

또한 가동시간이 길어지면 플루토늄-240의 비율이 증가하므로 고순도의 플루토늄-239를 얻기 위해서는 핵연료를 자주 교체하면서 재처리를 하여야 한다. 북한이 보유하고 있는 영변의 5MWe 원자로는'흑연감속로'[30]로서 전력 생산효율은 낮지만 고순도의 플루토늄을 생산하기 유리한 이점을 지니고 있다. 재처리에 대한 내용은 5장에서 자세히 살펴보겠다.

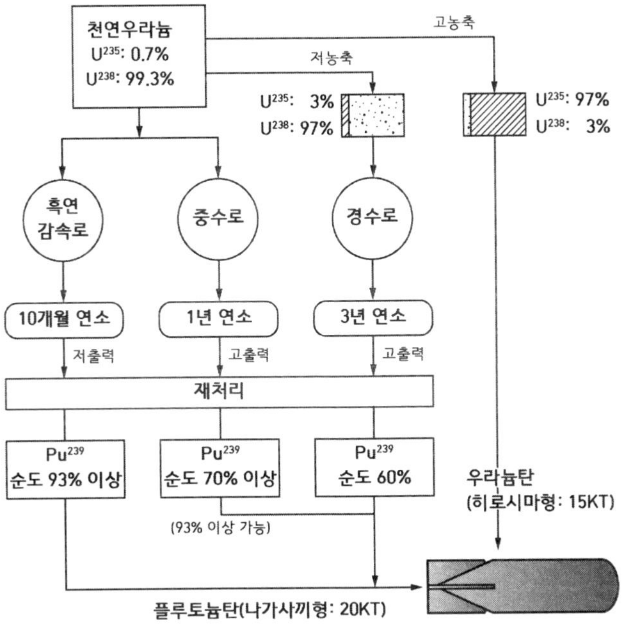


원자로 유형에 따른 플루토늄-239 재처리 효율

28) '사용후 핵연료'에 있는 유효성분($^{239}Pu$, $^{235}U$ 등)을 다시 활용하기 위해 분리하는 작업

29) 용매추출법. '사용후 핵연료'에서 플루토늄과 우라늄을 녹여서 추출해내는 공법

30) 흑연을 감속재로 사용하는 원자로

## Question. 핵분열 연쇄반응의 최초 중성자는 어떻게 제공되는가?

핵분열 연쇄반응을 시작하기 위해서는 핵분열 물질에 중성자를 인위적으로 충돌시켜야 한다. 핵분열폭탄은 '중성자 발생장치(neutron genetrator)'를 통해 최초 중성자를 제공한다.

핵무기 개발 초기에는 'urchin'이라고 불리는 중성자 발생장치를 사용하였다. 이 장치는 폴로늄-210($^{210}Po$)과 베릴륨(Be) 두 물질이 얇은 금속막에 의해 분리되어 있다가 폭발순간 박막이 찢어지면서 반응이 일어나 중성자가 발생된다. 폴로늄(Po)이나 라듐(Ra)과 같은 원자는 핵의 크기가 너무 커서 불안정하므로 붕괴과정($\alpha$ 붕괴)을 통해 안정된 상태로 변환하려는 성질이 있는데 이 과정에서 $\alpha$ 입자가 방출되고, 방출된 $\alpha$ 입자가 베릴륨(Be)과 충돌하면서 핵분열 연쇄반응을 위한 중성자를 발생시키는 것이다.

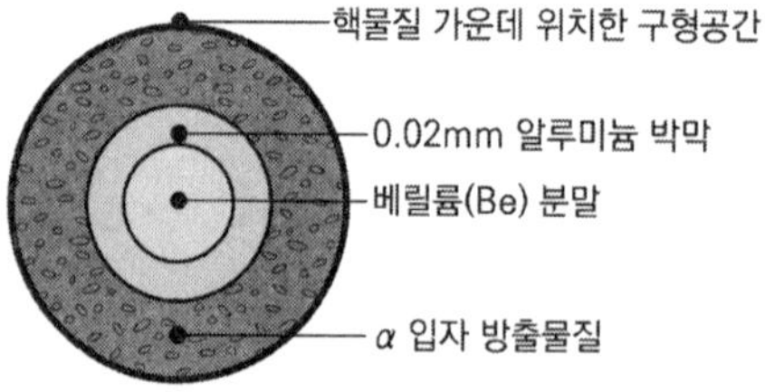

중성자 발생장치의 구조

$$^{210}_{84}Po \rightarrow ^{206}_{82}Pb + ^{4}_{2}\alpha$$

$$^{9}_{4}Be + ^{4}_{2}\alpha \rightarrow ^{12}_{6}C + ^{1}_{0}n$$

### 라) 포신형 폭탄과 내폭형 폭탄

핵무기는 자연에 떠돌아 다니는 중성자와 반응하여 원하지 않게 폭발할 수 있기 때문에 평소에는 임계질량 이하의 여러 개의 조각으로 분리시켜 놓았다가 필요시에 순간적으로 조각을 합치면서 임계질량에 도달시켜 핵폭발을 일으키도록 제조되어 있다. 핵물질 조각을 합쳐 임계질량에 도달시키는 방법에는 '포신형(gun-type)'과 '내폭형(implosion-type)'이 있다.

#### (1) 포신형(gun-type) 핵폭탄

포신형은 임계질량 이하의 핵물질을 두 개로 분리시킨 상태에서 재래식 폭약을 이용하여 두 조각을 결합시킴으로써 임계질량에 도달하게 하는 방법이다. 이 모습이 마치 포탄이 발사되는 것과 같다고 하여 포신형이라고 이름 붙여졌다. 포신형에는 고농축시킨 우라늄(High-Enriched Uranium, HEU)이 핵물질로 사용된다.

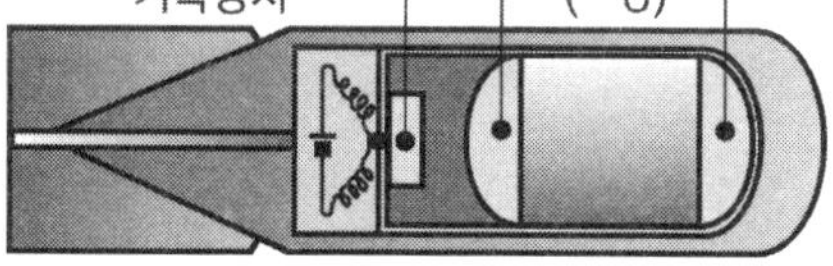


그림 2-11 포신형(gun-type) 핵폭탄의 원리

포신형 핵폭탄은 구조가 단순하여 핵폭발 실험을 별도로 실시할 필요가 없는 대신 몇 가지 단점이 있다. 첫째로, 핵물질이 결합되는 속도가 느려 핵폭발 위력이 감소될 수 있다. 일반적으로 핵분열 연쇄반응은 100만분의 1초 이내에 일어나는데, 이 시간동안 결합을 위해 추진된 핵물질의 이동거리는 기껏해야 0.3 mm에 불과하다. 이는 결국 핵물질의 완전한 결합이 일어나기 전에 핵분열에 의한 조기폭발을 일으켜 폭발위력의 감소로 이어질 수 있다는 것이다. 대표적인 포신형 폭탄인 '리틀보이(히로시마 투하)'의 경우 핵분열 연쇄반응 시의 중성자 효율이 1.4%에 불과하여 내폭형 폭탄인 '팻맨(나가사키 투하)'의 20 kT보다 작은 15 kT의 폭발력을 보였다.

둘째로는, 임계질량이 큰 우라늄-235를 사용하기 때문에 핵의 소형화가 어렵다. 리틀보이의 경우 우라늄-235가 80% 농축된 우라늄 65 kg이 사용되었다. 충분히 두꺼운 반사재[31]로 둘러싼다고 하더라도 고농축우라늄 15 ~ 25 kg이 필요하다. 특히, 핵분열 효율을 높이기 위하여 사용되는 반사재 등의 부수장치 증가는 핵폭탄의 대형화를 수반하게 된다.

마지막으로, 낮은 안정성을 들 수 있다. 두 개의 핵물질 조각이 합쳐지면 임계질량에 도달하면서 폭발이 일어나기 때문에 단순한 사고에 의해서도 큰 불상사가 발생할 수 있다. 이러한 이유로 인해 미국은 내폭형 폭탄기술이 정립된 후에는 포신형 폭탄을 폐기하기 시작하였으며, 영국과 구소련은 포신형 폭탄을 제조하려는 시도조차 하지 않았다. 현재 전 세계적으로 포신형 폭탄을 운용하고 있는 나라는 더 이상 없는 것으로 알려져 있다.

31) 핵분열 연쇄반응 간 중성자를 폭탄 밖으로 이탈하지 않도록 하여 핵분열 효율을 높이는 장치

표 2-2 우라늄-235와 플루토늄-239의 임계질량 비교(순도 100%)[32]

| 구 분 | 우라늄-235 | 플루토늄-239 |
|---|---|---|
| 임계질량 (kg) | 52 | 10 |

플루토늄-239 또한 맨해튼 프로젝트에서 'Thin Man' 이라는 코드명으로 포신형 폭탄에 사용될 수 있는지 연구되었으나 결국 실패로 끝났다. 플루토늄-239를 생성하는 과정에서 동위원소인 플루토늄-240이 발생할 수밖에 없는데, 플루토늄-240의 높은 자발핵분열로 인해 다량의 중성자가 발생되면서 핵분열반응이 조기에 일어났던 것이다. 조기폭발을 피하기 위해서는 910 m/s 이상의 결합속도가 필요하고(우라늄-235의 경우 300m/s), 이를 위해서는 길이 5.5m 이상의 핵물질 이동거리가 필요하였다. 그러나 이 정도 길이의 폭탄을 탑재할 폭격기가 제한되었고, 공중에서 투하하였을 때 공기역학적 불안정성으로 인해 탄착지점 예측이 어려워져서 'Thin Man' 계획은 중단되고 내폭형 폭탄인 '팻맨(Fat Man)'을 개발하는 것으로 목표를 전환하였다. 'Thin Man' 이라는 코드명은 사진에서 보는 바와 같이 얇고 긴 탄체의 모습으로 인해 붙여졌다.

표 2-3 핵물질별 자발핵분열 비교[33]

| 구 분 | 우라늄-235 | 플루토늄-239 | 플루토늄-240 |
|---|---|---|---|
| 자발핵분열 수 (fissions/s-kg) | 0.2 ~ 0.3 | 10표 2-3. 핵물질별 자발핵분열 비교[34] | 415,000 |

그림 2-12 Thin Man (플루토늄-239 포신형 핵폭탄)

32) Nuclear Weapons Design & Materials

33) Nuclear Weapons Design & Materials

34) Nuclear Weapons Design & Materials

(2) 내폭형(implosion-type) 핵폭탄

내폭형 방식은 처음에는 많이 주목받지 못하였다. 그러나 플루토늄을 핵물질로 하는 포신형 폭탄 제조 계획인 'Thin Man'의 실패 이후 내폭형 방식을 이용한 핵분열폭탄을 만드는데 관심이 집중되기 시작했다.

내폭형 폭탄의 구조는 중성자 발생장치를 중심으로 임계질량 미만의 핵물질 조각들을 마치 귤 조각처럼 감싸고 그 주변을 다시 폭약으로 둘러싼 모습이다.

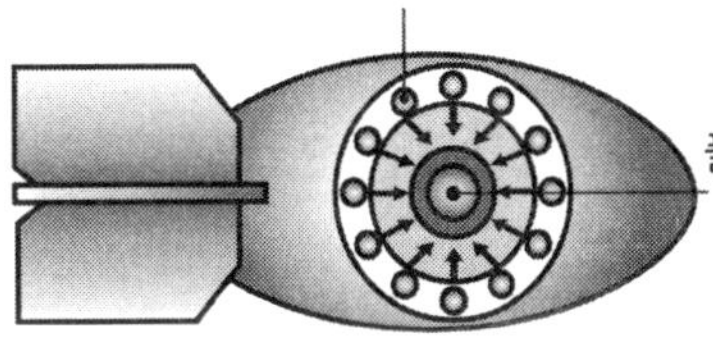


그림 2-13 내폭형(implosion-type) 핵폭탄 원리

핵물질 조각들을 둘러싸고 있는 외곽의 폭약을 폭발시키면 핵물질이 안쪽으로 매우 빠르게 압축되면서 임계질량에 도달하게 된다. 폭탄 중심부(pit)를 압축시키면서 핵물질을 결합시킨 것은 단순히 질량을 증가시킨 것이 아니라 밀도를 증가시키는 것이다. 밀도의 증가는 결국 핵분열을 유발하는 유효 중성자의 수를 증가시킨 것과 동일하므로 포신형 방식의 폭탄에 비하여 내폭형 폭탄은 높은 폭발효율을 보인다. 실제로 나가사키에 투하되었던 '팻맨'의 경우 핵분열 시의 중성자 효율이 '리틀보이' 보다 10배 가량 높은 14%에 달했다. 내폭형 방식은 경제성과 핵무기의 소형화 측면에서도 장점을 지니고 있다. 내폭형 방식은 포신형 방식과 달리 고농축 우라늄 뿐만 아니라 플루토늄을 핵물질로 사용할 수 있다.

플루토늄은 인공 핵종으로서 '사용후 핵연료'를 재처리하여 얻을 수 있는데, 이 과정은 광산에서 우라늄을 채광해서 고농축 시키는 것보다 경제적으로 훨씬 유리하다. 또한 임계질량이 작은 플루토늄의 사용은 적은 양의 핵물질을 사용함으로써 핵무기의 소형화에도 유리한 조건을 제공한다. 더욱이, 밀도 증가를 통해 폭발을 일으키기 때문에 고농축 우라늄을 사용할 경우에도 포신형 방식보다 훨씬 적은 양의 핵물질로도 폭발이 가능하다. 실제로 '리틀보이'에 사용되었던 고농축 우라늄을 내폭형으로 제작할 경우 단지 15 kg 만이 필요하다.

그러나 내폭형 방식은 기술적으로 보다 정교함을 필요로 한다. 폭약이 폭발하게 되면 마치 렌즈가 빛을 한 점으로 모으듯이 폭발력이 중심으로 향하면서 핵물질을 압축시키게 되는데, 폭탄 중심부가 대칭을 이루면서 동시에 충분히 압축되어야 원하는 폭발효율을 얻을 수 있다. 이를 위해서는 높은 순도의 폭약을 이용해야 하고, 폭약의 폭발력에 따라 충분한 양의 폭약사용을 정밀하게 설계할 수 있는 기술이 요구된다.

### 2) 핵융합폭탄

핵분열폭탄 제조에 대한 이론적 기반이 완성될 무렵, 핵융합을 통해 핵분열보다 큰 에너지가 발생할 수 있다는 사실이 발견되었다. 핵융합 물질의 질량은 핵분열하는 우라늄 총질량의 약 1/50에 불과하지만 질량 감소는 4배 이상으로, 단위 질량당 에너지 발생량은 우라늄-235에 의한 핵분열 에너지의 약 200배에 달한다. '수소폭탄의 아버지' 라고 불리는 에드워드 텔러(Edward Teller)는 이러한 핵융합폭탄의 개발 가능성을 제시하였지만 실현 가능성이 없다는 점을 이유로 맨해튼 프로젝트의 책임연구관이었던 오펜하이머를 비롯한 많은 과학자들의 반대에 부딪혔다. 그러나 에드워드 텔러는 동료 과학자였던 스타니스와프 울람(Stanislaw Ulam)과 함께 지속적인 연구를 실시하여 핵융합폭탄을 설계하였고, 1952년 11월 1일 '아이비 마이크(Ivy Mike)'라는 코드명으로 핵융합폭탄 폭발실험에 성공하였다. 히로시마에 투하되었던 '리틀보이' 보다 약 700배나 되는 10.4 MT의 폭발력을 보인 것이다. 이때 사용되었던 폭발개념인 '텔러-울람 디자인(Teller-Ulam configuration)' 은 핵분열로 얻어진 높은 에너지가 핵융합반응을 일으키고 증폭시키는 방식으로, 핵확산금지조약에서 인정한 핵보유국(미국, 영국, 프랑스, 러시아, 중국)의 모든 핵융합폭탄이 이 원리를 적용하여 제작된 것으로 알려져 있다.

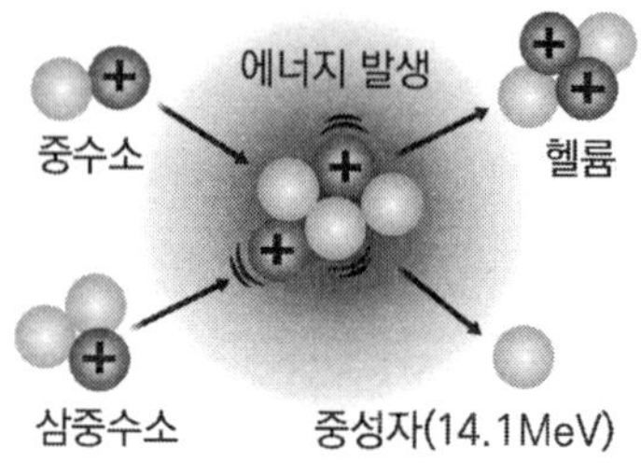


그림 2-14 핵융합 반응

## Question. 핵원료성 물질인 우라늄-238이 2단계 장치의 핵융합반응 시 발생하는 중성자에 의해 핵분열반응이 일어나는 이유는?

핵분열성 물질인 우라늄-235 나 플루토늄-239 은 중성자에 의해 핵분열 연쇄반응이 발생한다. 반면, 우라늄-238 은 핵원료성 물질로 중성자를 흡수하여 베타붕괴를 통해 플루토늄-239로 변환된다. 그러나 우라늄-238도 높은 에너지를 가진 고속중성자와 충돌하면 핵분열 반응이 일어날 수 있다. 중수소와 삼중수소가 핵융합하는 과정에서 평균 14.1 MeV 의 높은 에너지를 갖는 고속중성자가 발생하는데, 이러한 고속중성자는 비탄성산란이 되는 특성으로 인해 에너지를 잃게 되면서 우라늄-238 을 1 ~ 2회 정도만 핵분열 시킬 수 있다. 그러나 핵융합폭탄의 2단계 장치의 핵융합반응에서 방대한 양의 고속중성자가 발생하게 되면[35] 중성자 1개당 1 ~ 2회의 핵분열이 발생하더라도 마치 핵분열 연쇄반응을 일으키는 것과 유사한 반응이 일어나게 되는 것이다.

우라늄-235와 플루토늄-239의 핵분열 과정에서는 평균 2 MeV 의 에너지를 지닌 중성자가 발생하는데, 이 중성자는 우라늄-238의 핵분열을 충분히 일으키지 못한다. 우라늄-238은 6.5 MeV 의 에너지를 갖는 중성자에 의해 35 %, 10 MeV 의 중성자에 의해서는 45 %의 핵분열 효율을 갖는 반면, 1 MeV 의 에너지를 갖는 중성자는 단지 0.5 % 이하의 핵분열을 일으킨다. 그러므로 핵분열폭탄의 연료로 우라늄-235를 90 % 이상 농축시킨 고농축우라늄(HEU)를 사용하는 것이다.

## Question. 핵융합폭탄도 방사성낙진을 발생시키는가?

그렇다. 중수소와 삼중수소가 결합하여 핵융합반응이 일어나려면 1 억 ℃ 이상의 고온과 고압이 필요하다. 이 정도의 고온과 고압의 조건을 형성하기 위해서 기폭장치로 핵분열폭탄이 사용이 된다. 또한 폭발력을 높이는 다단계의 에너지 전달 과정인 '핵분열→핵융합→핵분열' 과정이 반복되는데, 핵융합반응에서는 순수하게

35) 우라늄-235는 핵분열 시 평균 2.4개의 중성자를 발생함. 중수소와 삼중수소는 핵분열 시 1개의 중성자를 발생시키지만, 단위질량당 발생시키는 중성자 수는 우라늄-235 핵분열 시의 약 20배임. 질량수 2인 중수소와 질량수 3인 삼중수소를 우라늄-235의 질량만큼 핵융합 시킬 경우 47개의 중성자가 발생함.

열과 압력만 발생하지만 핵분열반응으로 인해 방사성낙진이 발생하게 되는 것이다. 특히, 마지막 핵분열 효과는 폭탄의 핵출력 뿐만 아니라 방사성낙진의 양을 대폭 증가시킨다. 실제로 1951년 3월, 태평양 마셜제도의 비키니 섬에서 실시되었던 핵융합폭탄 실험 후에 폭발원점으로부터 약 200 km 떨어져 있는 롱겔라프 환상 산호섬에 살던 주민들이 방사성낙진으로 인해 긴급 이주를 하여야 했다.

### 3) 증폭(Boosted) 핵분열폭탄

증폭 핵분열폭탄은 핵분열 효율을 높이기 위해 핵융합 연료를 첨가한 폭탄으로, 핵융합 물질인 중수소와 삼중수소의 혼합물이 내폭형 핵분열장치의 중심에 위치하는 구조를 가지고 있다. 핵분열에 의해 충분한 열과 압력이 발생하면서 첨가한 핵융합 물질이 반응을 일으키면, 막대한 양의 중성자들이 방출되면서 핵분열을 촉진하고 증대시킨다. 그 결과, 증폭 핵분열폭탄의 핵분열 효율은 일반 핵분열폭탄보다 2배 증가하게 된다. 핵융합을 통해 방출되는 에너지의 양은 총 에너지량의 1 % 정도 밖에 되지 않지만, 융합반응 시 발생되는 다량의 중성자로 인해 핵분열 효율을 획기적으로 증대시키는 것이다.

증폭 핵분열폭탄은 핵분열 효율이 높기 때문에 핵무기를 소형화하는데 유리하다. 그러나 삼중수소의 생산비용이 높고, 반감기가 약 12년으로 매우 짧아서 주기적으로 이를 보충해야 하는 결정적인 단점이 있다.

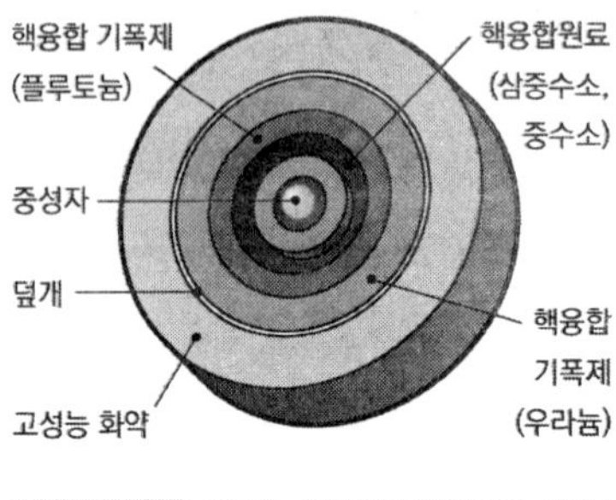


그림 2-15 증폭 핵분열폭탄의 구조

### 4) 중성자폭탄

중성자폭탄은 다량의 중성자를 발생시켜 방사능 피해를 많이 유발하기 때문에 강화 방사능무기(Enhanced Radiation Weapon, ER)라고도 한다. 폭발원리는 핵융합폭탄과 동일하지만 반사재로 중성자를 흡수하는 우라늄-238 대신에 크롬이나 니켈을 사용하고, 그 두께 또한 최대한 얇게 함으로써 폭발과정에서 중성자가 외부로 쉽게 유출되도록 제조되었다. 즉, 핵융합반응에 의해서 생성된 중성자가 핵무기 내부에 흡수되는 것이 아니라 외부로 방출되면서 피해를 유발하는 폭탄이다. 이로 인해 핵융합 반응이 일어남에도 불구하고 폭발력은 많이 낮아진다.

동일한 폭발력을 지닌 핵분열폭탄과 비교하였을 때 중성자폭탄의 방사선량은 약 10배에 달한다. 핵분열폭탄의 경우 폭발 후 최초 1분 동안 방출되는 중성자와 감마선(γ-선)이 차지하는 에너지량이 전체 에너지의 약 5%에 불과한 반면, 중성자폭탄은 최대 45%까지 차지한다. 방출되는 중성자들의 평균 에너지도 14 MeV 수준으로 핵분열폭탄의 1 ~ 2 MeV 보다 훨씬 높다.

표 2-3 중성자폭탄과 핵분열폭탄의 에너지 비율[36]

| 구 분 | 중성자폭탄 | 핵분열폭탄 |
|---|---|---|
| 폭 풍 | 30% | 50% |
| 열복사에너지 | 20% | 35% |
| 초기방사선 | 45% | 5% |
| 잔류방사선 | 5% | 10% |

1 kT의 중성자폭탄이 폭발했을 경우 다량의 중성자가 방출되면서, 폭발원점으로부터 1.4 km 이내에서 외부활동 중인 사람의 약 50%가 수 주 이내에 사망하게 된다. 상대적으로 효과가 작기는 하지만 폭풍이나 열복사에너지에 의한 피해도 발생하여 원점에서 600 m 떨어진 사람에게 3도 화상을 일으키고, 5 psi[37] 이상의 폭풍 및 충격파를 발생시켜 목조건물 등을 붕괴시킬 수 있다. 중성자는 폭탄의 폭발력이 클 경우에는 폭풍이나 열복사에너지에 의한 것보다 그 영향범위가 작다. 그 이유는 중성자가 대기(특히, 수증기)에 의해

36) Sci/Tch Neutron bomb: Why "clean" is deadly

37) Pound per Square Inch. 압력의 단위로서 1평방 인치에 가해지는 파운드 중량.

흡수되면서 거리가 증가함에 따라 그 효과가 급격히 떨어지기 때문이다. 따라서 중성자폭탄의 위력은 일반적으로 최대 10 kT 이내로 제한한다.

### 5) Salted bomb

중성자폭탄이 초기방사선 효과를 강화한 핵융합폭탄이라면, 'Salted bomb'은 잔류방사선(낙진) 효과를 강화한 핵융합폭탄이다. 여기서 사용된 'Salted'는 '지구의 종말을 가져 온다'는 의미인 'salt the earth'에서 유래되었다. 1950년 헝가리 출신의 미국 물리학자인 질라드(Leo Szilard)에 의해 처음 그 개념이 제시되었는데, 폭탄을 제조하려는 목적이 아니라 핵폭탄에 의해 정말로 지구의 종말이 올 수 있다는 것을 보여주기 위한 것이었다. 아직까지 'Salted bomb'은 이론적인 폭탄으로, 공식적으로 실험이 진행되거나 제조되지는 않은 것으로 알려져 있다.

폭발원리는 핵융합폭탄과 동일하지만 반사재로 우라늄-238 대신 코발트-59 ($^{59}Co$, 중성자와 충돌 시 쉽게 방사성 동위원소로 변하는 물질)를 사용한다. 폭발과정에서 중성자가 코발트-59를 방사성 동위원소인 코발트-60 ($^{60}Co$)으로 변화시키고, 이때 발생된 코발트-60이 광범위한 지역에서 감마선을 방출하면서 오랜 기간 동안(반감기 약 5년) 심각한 방사능 피해를 발생시킨다. 코발트 이외에도 방사성 동위원소가 자연계에 풍부하고 감마선을 강하게 생성하는 금(Au), 탄탈럼(Ta), 아연(Zn), 나트륨(Na) 등의 금속물질이 사용될 수 있다.

## 다. 핵무기의 위력과 효과

핵무기가 폭발하면 방대한 에너지를 방출하면서 핵무기의 3대 효과인 폭풍, 열복사에너지, 그리고 방사선을 발생시킨다. 이로 인해 인체와 물체에 직접적인 피해를 유발하고, 전자기 펄스와 지진 등을 유발하여 피해를 증대시키기도 한다.

### 1) 폭풍 (Blast)

폭풍효과는 크게 충격파(shock wave)와 강력한 바람(blast winds)으로 발생하며, 핵무기의 위력 및 주변 환경에 따라 차이가 발생하지만 일반적으로 전체 폭발에너지의 약 50%를 차지한다. 핵폭발에 의한 파괴의 대부분은 폭풍효과로 인해 발생한다.

핵폭발 시 발생하는 고온의 열은 주변의 기체를 팽창시키면서 폭발원점으로부터 바깥쪽으로 강력한 충격파를 발생시킨다. 충격파의 막대한 압력으로 인해 사람의 고막, 폐, 복강(abdominal cavity) 등이 파열되고, 건물과 장비들이 파괴되기도 한다.

표 2-4 충격파에 의한 피해 효과[38]

| 충격파 크기 | 피해 효과 |
|---|---|
| 3psi (0.2기압) | 고막 파열 |
| 8psi (0.5기압) | 목조 건물 파괴 |
| 10psi (0.7기압) | 폐, 복강 파열 |

충격파에 뒤이어 풍속 300 m/s 이상의 강력한 바람이 불면서 약화된 건물들을 무너뜨리고 파편들을 비산시킨다. 이 풍속은 대형 태풍의 최대풍속보다 10배나 크며, 충격파의 영향과 합쳐지면서 방대한 범위에 추가 피해를 유발한다. 20 kT 규모의 핵폭발이 일어날 경우 대형 태풍의 100배 위력인 초속 3 km 수준의 폭풍이 발생한다.

> 우리나라를 지나는 대형 태풍의 중심 최대풍속은 30 m/s 정도임. 2002년 8월 30일부터 9월 1일까지 우리나라를 통과하면서 역대 최고의 재산피해(약 5조원)를 낳았던 루사(RUSA)의 경우 중심 최대풍속이 41 m/s 이었음. 25 m/s 의 강풍은 수목을 뿌리째 뽑고, 35 m/s 의 강풍은 사람을 공중으로 띄움. 50 m/s 이상의 강풍이 불 경우에는 달리는 열차가 전복될 수 있음.

20 kT 의 핵무기가 폭발할 때 폭발원점으로부터 800 m 이내에 있는 사람은 폭풍효과로 폐·복강 등이 파열되고, 2 km 이내에 있는 대부분의 건물이 파괴된다. 1 MT 일 경우에는 6 km 반경 내에 있는 대부분의 건물이 파괴되며, 17 km 밖의 건물들에도 상당한 피해를 발생시킨다.

38) Effects of Operation Castle(1954)

표 2-5 핵무기 위력별 폭풍에 의한 피해 효과 범위

| 구 분 | 폭풍 피해 효과 범위(km) | | | |
|---|---|---|---|---|
| | 1 kT | 20 kT | 1 MT | 20 MT |
| 완전 파괴 (완파) | 0.6 | 2.0 | 6.2 | 17 |
| 상당한 피해 (반파) | 1.7 | 4.7 | 17 | 47 |

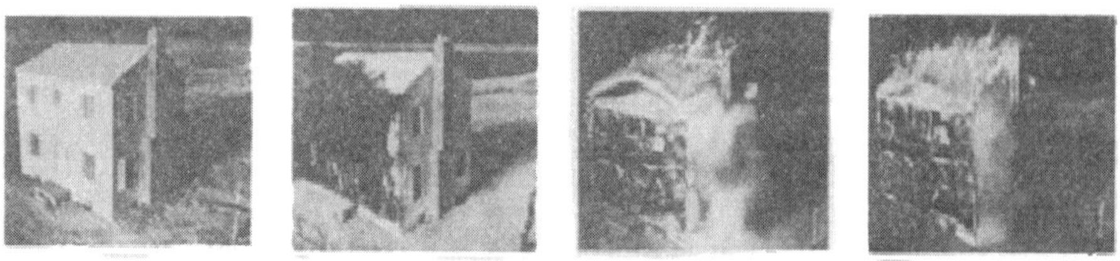

폭발 0.3초 후 (섬광발생)　폭발 0.6초 후 (가옥전면 연소)　폭발 1.2초 후 (지붕연소, 현관붕괴)　폭발 1.8초 후 (건물붕괴)

그림 2-16 20kT 핵무기 폭발시 건물파괴 과정

폭풍효과는 고온의 열에 의해 공기가 팽창하면서 발생하기 때문에 공기의 밀도가 작을수록 그 효과가 감소한다. 즉, 지표보다 공기밀도가 100배 낮은 고도 30 km에서 핵폭발이 발생하였을 경우 폭풍효과는 지표에서 폭발할 때보다 훨씬 감소한다. 그러나 일정고도까지는 폭풍이 지면에 반사되는 폭풍과 '보강간섭[39](constructive inteference)'이 발생하면서 그 효과가 증대된다. 보강간섭이 최대가 되는 고도에서 폭발할 경우 가장 큰 피해가 초래되며 이를 '최적 폭발고도(optimum burst altitude)'라고 한다.

표 2-6 핵무기 위력별 최적 폭발고도(optimum burst altitude)[40]

| 구 분 | 핵무기 위력 | | |
|---|---|---|---|
| | 1 kT | 100 kT | 10 MT |
| 최적 폭발고도(km) | 0.2 | 1.0 | 4.7 |

39) 동일한 진폭과 진동수를 가진 두 파동이 겹치면서 진폭이 커지는 현상

40) Nuclear Explosions: Weapons, Improvised Nuclear Devices

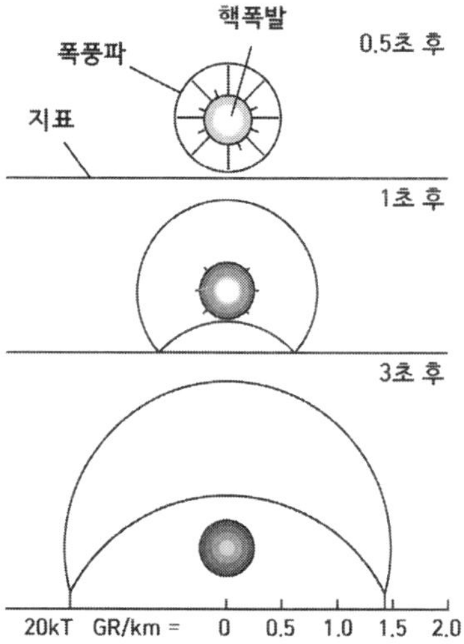


그림 2-17 폭풍의 보강간섭 과정

## 2) 열복사(Thermal Radiation)

핵폭발이 일어나면 가시광선, 적외선 및 자외선 등과 함께 수천만 ℃에 달하는 고온의 에너지가 방출된다. 열복사에너지라 불리는 이 폭발효과에 노출된 사람들은 사망하거나 심한 화상을 입게 되며, 산림이나 도시지역에는 화재가 발생한다. 또한 강력한 섬광을 보호장비 없이 육안으로 본 경우에는 망막이 영구적으로 손상되어 장시간 동안 실명하게 된다.

열복사에너지에 의한 피해범위는 핵폭발 위력 및 주변 환경조건에 따라 다르지만 습도가 낮은 맑은 날씨일 경우 폭풍에 의한 것보다 더 넓게 형성된다. 이는 폭풍의 위력이 거리의 세제곱에 반비례하여($I \propto 1/r^3$) 줄어들지만, 열복사에너지는 거리의 제곱에 반비례($I \propto 1/r^2$)하여 그 위력이 감소하기 때문이다. 또한 핵폭발이 일어나면 열복사에너지에 이어서 폭풍의 영향을 받으므로 시설물이나 산림지대에 화재가 급속히 확산되며, 가스관 및 주유소 등의 폭발로 인해 그 효과는 더욱 커지게 된다.

표 2-7 핵무기 위력별 열복사에너지에 의한 피해 범위

| 구 분 | | 피해 효과 범위(km) | | | |
|---|---|---|---|---|---|
| | | 1 kT | 20 kT | 1 MT | 20 MT |
| 대형 화재 | | 0.5 | 2.0 | 10 | 30 |
| 인원 화상 | 3도 화상 | 0.6 | 2.5 | 12 | 38 |
| | 2도 화상 | 0.8 | 4.0 | 15 | 44 |
| | 1도 화상 | 1.1 | 5.0 | 19 | 53 |

20 kT의 핵무기가 폭발할 경우 폭발 지점으로부터 2 km 이내에 대형화재가 발생하여 많은 사람들이 사망하고, 5 km 떨어진 곳의 사람에게도 화상을 입힌다. 또한 30 km 거리에 있는 사람도 화구(fireball)를 바라볼 경우 수십 분 동안 실명 증상이 나타난다.

표 2-8 화상 정도에 따른 증상

| 구 분 | | 주요 증상 | |
|---|---|---|---|
| 3도 화상 | | ·표피, 진피의 전층과 피하지방층까지 손상 | ·화상부위 조직괴사, 심한 부종<br>·신경말단 손상으로 인해 통증 없음 |
| 2도 화상 | 심재성 | ·표재성보다 손상 깊이가 더 큰 상태 | ·통증을 느끼지 못하고 압력만 느낌 |
| | 표재성 | ·표피 전부와 진피의 일부가 손상 | ·물집 생성, 피하조직의 부종 동반 |
| 1도 화상 | | ·표피층만 손상 | ·화상 부위 홍반 생성, 약간의 통증과 부종 발생 |

그림 2-18 영화 그날 이후의 한 장면

### 3) 초기 핵방사선 (Initial Radiation)

초기 핵방사선은 핵폭발 후 1분 이내에 방출되는 방사선으로 중성자, 감마선, 알파 및 베타입자 등이 이에 해당한다. 이중에서 알파 및 베타입자는 비산거리가 수 cm ~ 수 m에 불과하고 투과력이 낮아 직접적으로 피부에 닿거나 호흡기로 흡입되는 경우에만 피해를 준다. 반면, 중성자와 감마선은 투과력이 높고 폭발 위력에 따라 그 영향범위가 수 km까지 달하여 초기 핵방사선 효과의 대부분을 차지한다. 사람은 방사선에 과다하게 노출되면 생체 조직이 파괴되거나 변형되면서 멀미, 구토 등의 이상증세가 나타나고 심할 경우 사망에 이르게 된다. 초기 핵방사선은 폭풍이나 열복사에너지와 달리 핵무기의 위력이 증가하여도 그 영향범위가 크게 증가하지 않는다. 그 결과, 50kT 이상 규모의 핵폭발 시에는 초기방사선에 의한 효과는 종종 무시된다.

표 2-9 핵무기 위력별 초기방사선(중성자, 감마선)에 의한 피해 거리

| 구 분 | 피해 효과 거리 (km) | | | |
|---|---|---|---|---|
| | 1 kT | 20 kT | 1 MT | 20 MT |
| 사망 | 0.8 | 1.4 | 2.3 | 4.7 |
| 치명적 손상 (급성방사선증후군) | 1.2 | 1.8 | 2.9 | 5.4 |

표 2-10 피폭선량에 따른 주요 급성 방사선 증후군

| 구 분 | 주요 증상 |
|---|---|
| 뇌혈관 증후군 | · 30Gy 이상의 방사선에 피폭될 때 발생<br>· 피폭 수분 ~ 1시간 이내 전구증상[41] 발생, 잠복기 없음<br>· 몸 떨림, 발작, 운동장애 발생<br>· 수시간 ~ 2일 이내 대뇌부종 또는 사망 |
| 위장관 증후군 | · 6 ~ 30Gy 의 방사선에 피폭될 때 가장 많이 발생<br>· 1시간 이내 전구증상 발생, 4 ~ 5일의 잠복기<br>· 심한 메스꺼움, 구토, 설사, 세포 사망<br>· 소화관의 괴사로 인한 균혈증과 패혈증 발생<br>· 10Gy 이상 피폭 시 뇌혈관 증상 발생 |
| 조혈기 증후군 | · 1 ~ 6Gy 의 방사선에 피폭될 때 가장 많이 발생<br>· 피폭 1 ~ 6시간 후 약한 전구증상 발생, 4 ~ 5주의 잠복기<br>· 적혈구, 백혈구, 혈소판 감소<br>· 점상출혈, 점막출혈, 암 발생 증가 |

#### 4) 잔류 핵방사선 (Residual Radiation)

잔류 핵방사선은 핵폭발 1분 후부터 영향을 주는 방사선으로 감응 방사선과 낙진으로 구분된다. 핵폭발 시 방출되는 중성자가 주변의 망간, 나트륨, 알루미늄 등의 원소에 포획되면 이 원소들은 불안정한 상태가 되어 방사선을 방출하게 되는데, 이를 감응 방사선(induced radiation)이라고 한다. 10 kT 위력의 핵무기가 폭발할 경우 폭발원점을 중심으로 반경 약 1 km 까지 감응 방사선 오염지역이 형성된다.

낙진(落塵, fallout)은 일종의 방사성 먼지 알갱이로서, 핵폭발 후 하늘로부터 떨어져 내리기 때문에 이와 같이 이름 붙여졌다. 핵폭발이 일어나면 수천만℃ 이상의 고온이 발생하면서 지표의 흙, 물, 핵분열 생성물과 기타 물질들을 증발시킨다. 증발된 물질들은 공기와 함께 공중으로 상승하다가 냉각되면서 응축되어 직경이 수 nm ~ 수 mm 크기의 낙진 입자를 형성한다. 이 입자들은 방사성물질을 포함하고 있으면서 바람을 타고 광범위한 지역으로 확산된 후 낙하되어 지속적으로 방사선을 방출하기 때문에 '죽음의 재' 라고도 불린다.

낙진은 폭풍이나 열복사에너지에 의해 영향을 받는 범위보다 훨씬 광범위한 지역에 걸쳐 방사성 오염지역을 형성한다. 특히, 핵폭발이 지표와 접촉하여 일어났을 경우 직경 100 nm ~ 수 mm 크기의 낙진에 의해 상당한 피해가 초래된다. 크고 무거운 낙진 입자는 폭발원점으로부터 가까운 곳에 떨어져 오염지역을 형성하고, 작은 입자는 높은 고도로 상승하였다가 확산되면서 원거리 지역까지 영향을 미친다. 20 kT의 핵무기가 지표면에서 폭발할 경우 폭발원점으로부터 아랫바람 쪽으로 약 15 km 이내의 지역에는 심각한 오염지역이 형성된다. 이 지역에 위치한 사람들은 4시간 이내에 125 cGy 이상의 방사선에 노출되는데, 이 노출량은 약 5 %의 인원이 즉각적으로 구토, 멀미 등의 증상을 느끼고 심할 경우 혼수상태 및 기억착란 등의 증상을 유발할 수 있다. 폭발원점으로부터 15 km ~ 30 km 지역에는 4시간 내에 75 cGy 이상, 125 cGy 미만의 방사선에 노출되어 약 2.5 %의 인원이 위와 같은 증상을 일으킨다. 더욱 무서운 점은 낙진은 장시간 잔류하면서 지속적으로 방사선을 방출하기 때문에 인체에 대한 노출량이 누적될 경우 사망에 이를 수 있다.

41) 질병 또는 질환의 징후를 나타내는 증상

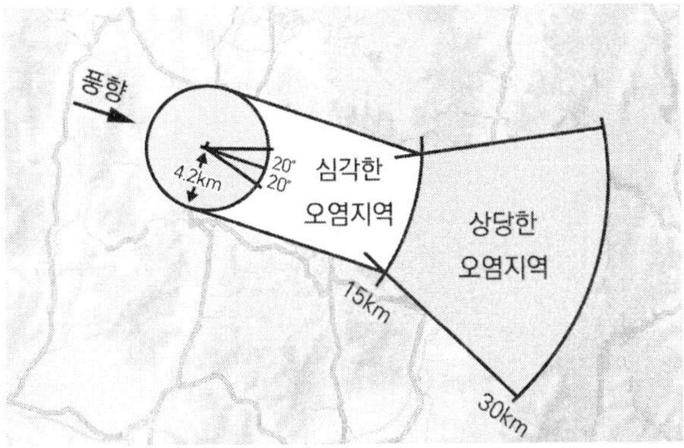


그림 2-19 20kT 핵폭발시 낙진에 의해 형성되는 오염지역 범위

핵폭발이 공중에서 일어났을 경우에는 흙과 같은 큰 입자들이 없어 고온에 의해 증발된 물질들이 응축되면서 생성된 10 nm ~ 20 nm 크기의 작은 입자가 형성된다. 이 입자들은 성층권 영역에서 길게는 수년 동안 확산되면서 지구 전역에 걸쳐 영향을 미치게 된다. 핵폭발 시 발생되는 대표적인 방사성 원소인 스트론튬-90($^{90}Sr$)과 세슘-137($^{137}Cs$)의 반감기가 약 30년인 것을 감안하면, 낮은 농도의 낙진이라도 호흡이나 음식물을 통해 인체 내에 들어올 경우 심각한 문제가 발생할 수 있다.42)

### 5) 전자기 펄스(Electromagnetic pulse, EMP)

전자기 펄스는 강력한 전기장과 자기장을 지닌 순간적인 전자기적 충격파로서, 안테나와 같은 금속물질을 통해 전자회로에 과다한 전류를 흐르게 하여 전자 장비를 파괴시킨다.

핵폭발 시 발생하는 감마선과 X선은 '콤프턴 산란(Compton scattering)'43)을 통해 주위 원소들로부터 고에너지의 전자를 방출시키는데, 이 자유전자들이 지구의 자기장과 반응하여 순간적으로 광범위한 영역에 전자기 펄스를 발생시킨다. 1962년, 미국이 태평양 상공 400 km의 고도에서 실시한 1.4 MT 위력의 핵폭발 실험에서 전자기 펄스로 인해 1,400 km 이상

42) 세슘-137의 '물리적 반감기'는 약 30년이지만, '생물학적 반감기'는 109일로 급격히 줄어듬. '생물학적 반감기'는 방사성물질이 체내로 유입된 후 신진대사 과정을 통해 방사능 수준이 절반으로 감소되는데 걸리는 시간을 의미함.

43) 감마선과 같은 입사광자가 전자와 상호작용하여 에너지를 잃는 비탄성 산란 과정. 콤프턴 산란 결과 입사광자의 에너지는 감소하고 전자가 원자 밖으로 방출됨.

떨어진 하와이 지역의 가로등이 꺼지고 통신시설과 각종 전자장비가 오작동되거나 정지하는 사태가 발생하였다.

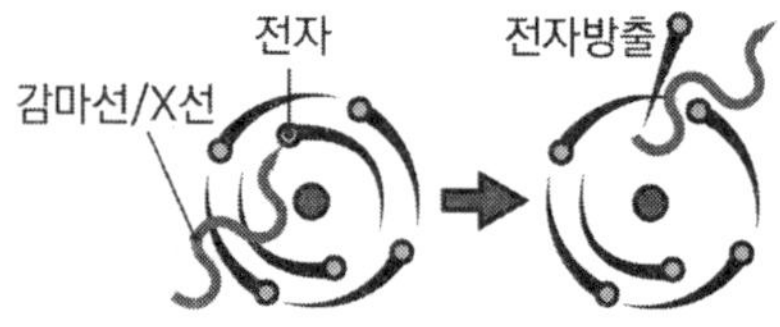


그림 2-20 콤프턴 산란

※ 전자기 펄스의 구분: 핵폭발 시 발생하는 전자기 펄스는 E1, E2, E3의 다중 펄스(multipulse)로 이루어져 있음.

① E1 pulse: 콤프턴 산란에 의해 발생하는 자유전자가 지구 자기장과 반응하여 광범위한 영역에 작용하는 강력한 전자기 펄스. 백만분의 1초 동안 지속됨. 전자회로에 과다한 전류를 흐르게 하여 전자 장비를 파괴시킴.

② E2 pulse: 콤프턴 산란을 일으킨 감마선과 핵폭발 시 방출되는 중성자로부터 생성된 감마선에 의해 발생하는 전자기 펄스. 번개와 유사하지만 강도는 낮음. E1 pulse에 바로 이어서 발생하며 1/106초 ~ 1초 동안 지속됨.

③ E3 pulse:E1, E2 pulse와는 달리 매우 느리고 오랫동안(수십 초 ~ 수백 초) 지속됨. 핵폭발에 의해 지구 자기장이 찌그러져서 발생함. 태양폭발(solar flare)에 의한 충격파가 지구 자기장을 강타할 때 발생하는 지자기 폭풍(geomagnetic - storm)과 유사함.

## Question. 핵겨울(nuclear winter)이란 무엇인가?

핵전쟁 시 나타날 것으로 예상되는 저온현상으로, 1983년 우주 물리학자인 칼 세이건(Carl Sagan) 교수 등 미국의 과학자들이 화성에서 발생한 기상변화[44]를 토대로 제기한 이론이다. 핵전쟁으로 인하여 대량의 핵폭발이 발생하면 폭발지점 부근의 모든 것들이 증발되면서 거대한 핵구름이 형성된다. 또한 광범위한 지역에 걸쳐 대화재가 발생하면서 검은 연기와 먼지가 성층권까지 상승하게 된다. 이 검은 구름은 지구에 도달하는 태양 에너지를 차단시켜 지구에는 낮이 사라지고 표면의 온도는 영하로 급격히 떨어지는 것이다.

2014년 미국 국립대기연구센터(National Center for Atmospheric Research, NCAR)에서 핵전쟁

모의실험을 진행한 결과 히로시마 원폭 100개가 폭발할 경우 550톤에 달하는 검은 재가 대기를 뒤덮으면서 핵겨울이 발생하였다. 수일 이내에 지구 평균 기온이 1.5℃ 떨어졌고, 오존층이 파괴되면서 지구에 도달하는 자외선량이 최대 80% 증가했다. 뿐만 아니라 이와 같은 핵겨울 현상은 25년 이상 지속되는 것으로 분석되었다.

## Question. 핵폭발 형태(고도)에 따라 핵무기의 효과는 어떻게 달라지는가?

폭풍, 열복사에너지, 방사선 등 핵무기에 의한 효과는 핵폭발이 일어나는 고도에 따라 다르게 나타난다. 핵폭발 형태는 고도에 따라 크게 고공 폭발, 공중 폭발, 표면 폭발, 표면하 폭발로 구분한다.

**핵무기 폭발형태별 주요 특징**

| 폭발 형태 | 주요 특징 |
|---|---|
| 고공 폭발 | · 고도 30km 이상에서 폭발, 구형(球形의) 화구 형성<br>· 강력한 전자기 펄스(EMP)를 방출시켜 전자기기 파괴<br>· 공중 폭발에 비해 폭풍, 열복사에너지 및 초기방사선 효과 감소 |
| 공중 폭발 | · 고도 30km 이하에서 폭발, 화구의 하단이 지표면과 접촉하지 않음<br>· 폭풍, 열복사에너지, 초기 핵방사선 효과 극대화<br>· 폭발원점 부근에 감응방사선 오염지역 형성(낙진 발생 미약) |
| 표면 폭발 | · 지표 또는 지표 근처에서 폭발, 화구가 지표면과 접촉<br>· 잔류 핵방사선 효과 극대화<br>· 공중 폭발에 비해 폭풍, 열복사에너지 및 초기 핵방사선 효과 감소 |
| 표면하 폭발 | · 지표면 아래에서 폭발, 화구의 중심이 지표면 아래에서 형성<br>· 큰 구덩이 형성, 지하구조물 파괴에 용이<br>· 폭발원점 내부 및 주변지역에 심각한 방사능 오염지역 형성<br>화구의 일부가 지표면 밖에 형성 시 낙진 발생 |

44) 1971년 화성을 탐사하는 우주선 마리너 9호로부터 전송된 데이터를 분석한 결과 화성에서 발생한 맹렬한 폭풍으로 인해 상공으로 다량의 모래 먼지가 상공으로 올라간 후 화성의 온도가 급격히 떨어진 사실이 확인됨.

## Question. 세계 최대의 폭발력을 지닌 핵무기는?

인류역사상 가장 큰 폭발력을 지닌 핵무기는 1961년 구 소련에서 개발한 '차르봄바(Tsar Bomba)'[45]이다. 차르봄바는 폭탄의 황제라는 의미이며 히로시마에 투하된 원자폭탄보다 3,000~3,800배 이상 강한 50~58 MT[46]의 폭발력을 지니고 있다. 길이 8 m, 직경 2 m이며 27 톤 중량의 거대한 폭탄이다. 특이한 점으로 지나친 폭발위력을 제한하고 낙진으로 인한 피해를 방지하기 위해 반사재로 사용하는 우라늄-238 대신 핵분열이 불가능한 납을 사용하였다. 우라늄-238을 사용하였을 경우 100 MT 가량의 폭발력을 보였을 것으로 전문가들은 판단한다.

**차르봄바와 노바야제믈랴 제도**[47]

폭발실험은 1961년 10월 30일 북극해에 있는 구소련의 노바야제믈랴 제도에서 진행되었다. Tu-95V 전략폭격기로 운반한 후 10.5 km의 고도에서 투하하고, 지상 4.2 km의 높이에서 폭발하도록 설계되었다. 폭탄 투하 후 전폭기의 탈출시간을 보장하기 위하여 폭탄에는 800 kg의 낙하산이 부착되었다. 폭발 시 직경 8 km의 화구(fireball)가 발생하였고, 이는 폭발지점으로부터 1,000 km 떨어진 곳에서도 관측될 정도로 거대하였다. 버섯모양의 핵구름은 에베레스트 산보다 7배 이상 높은 64 km 높이까지 형성되었다.[48] 폭발로 인해 생긴 폭풍은 55 km

떨어진 마을의 모든 건물을 파괴시켰고, 방대한 양의 열복사에너지는 100 km 떨어진 곳의 사람에게 3도 화상을 입혔다. 심지어 900 km 떨어진 건물의 유리창이 깨지는 경우도 발생하였다. 그러나 거대한 크기와 중량으로 인해 탄도미사일에 탑재하는 것이 불가능하고 전략폭격기를 이용할 경우에도 속도와 운반거리에 제한을 주며, 폭발력의 많은 부분이 우주공간으로 빠져나가는 등 그 효율성이 다소 떨어지는 것으로 판단되었다.

## 라. 핵무기 투발수단

핵무기를 보유하고 있어도 이를 목표지점까지 운반할 수단이 없다면 전략무기로서의 기능을 하기 어렵다. 현재까지 폭격기, 미사일, 포탄 등 다양한 투발수단이 개발되어 사용되고 있는데, 이중 전략폭격기(strategic bomber), 대륙간 탄도미사일(intercontinential ballistic missile, ICBM), 잠수함 발사 탄도미사일(submarine-launched ballistic missiles, SLBM)을 '핵전력 3요소(nuclear triad)' 라고 한다.

### 1) 전략폭격기 (strategic bomber)

1945년 세계 최초로 인류에게 사용되었던 히로시마와 나가사키의 핵폭탄은 B-29 전략폭격기에서 투하된 것이었다. 전략폭격기는 대륙 사이를 왕복할 수 있을 정도로 장거리 항속이 가능하고, 대량의 핵폭탄을 탑재할 수 있는 장점이 있다. 전략폭격기에는 자유낙하 핵폭탄(gravity bomb), 핵탄두가 탑재된 공중발사 순항유도탄(air launched cruise missile, ALCM) 등이 사용된다.

45) 차르봄바는 별칭으로 실제 명칭은 AN602 수소폭탄임. Project 7000, RDS-220, Big Ivan 등 다양한 이름으로 불리워졌음. 미국 CIA에서는 차르봄바 폭발실험을 'JOE 111'이라고 이름붙임.

46) 미국 원자력위원회는 1961년 당시 폭발위력을 55 ~ 60MT 으로 평가하였고, 러시아는 1992년에 폭발위력을 50MT 으로 발표하였다.

47) A Review of Nuclear Testing by the Soviet Union at Novaya Zemlya, 1955-1990.

48) 핵구름은 중간권 영역까지 닿았으며, 핵구름의 운폭은 95km, 핵구름 기둥의 직경은 40km 임.

※ 공중발사 순항유도탄(ALCM)

공중에서 발사되는 순항유도탄으로, 무인 비행기처럼 날개와 제트엔진을 사용해서 비행하는 유도탄임. 아음속(亞音速)이지만 저고도로 비행하기 때문에 레이더로 포착하기 어려움. 장거리 표적에 대한 정밀도를 높이기 위해 관성 항법장치, 지형 대조방식(TERCOM), GPS 항법, 영상 대조방식(DSMAC) 등의 유도장치가 사용됨.

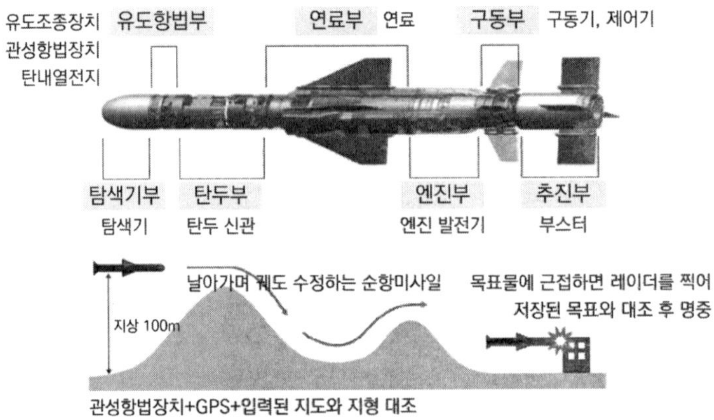


**순항미사일 구조**

① 관성 항법장치

비행 중 자신의 위치와 방향을 계산하여 기(旣)저장된 경로 및 위치와 비교하면서 오차를 수정하는 방식. 이를 보완하기 위해 지형 대조방식, GPS 항법, 영상 대조방식 등이 사용됨.

② 지형 대조방식(terrain contour matching, TERCOM)

표적까지의 지형에 대한 고도 차이를 데이터베이스화하여 수km 간격의 격자로 구획해서 유도탄에 저장. 비행 중 유도탄에 장착된 레이더 고도계가 측정한 지형의 고도와 저장되어 있는 지형(고도) 데이터를 대조하면서 궤도를 수정하는 방식.

③ GPS 항법

유도탄에 탑재된 GPS 수신기가 위성으로부터 위치정보를 받아 자신의 수평위치(위도, 경도) 및 고도를 계산하여 기(旣)입력된 위치정보와 비교하여 수정하는 방식.

④ 영상 대조방식(digital scene matching area correlation, DSMAC)

유도탄에 저장되어 있는 표적의 영상과 유도탄이 촬영한 영상을 비교하여 표적에 대한 명중률을 높이는 방식. 빛의 밝기 정도에 따라 데이터를 1과 0으로 구분하여 표적을 분석함.

### 2) 탄도미사일 (ballistic missile, BM)

탄도미사일은 로켓을 동력으로 하여 포물선 형태의 탄도궤적[49]을 이루면서 표적까지 날아가는 미사일로서, 사거리에 따라 단거리 탄도미사일(short-range BM, SRBM)로부터 준중거리·중거리 및 대륙간 탄도미사일(interconti-nental ballistic missile, ICBM)로 구분된다. 이밖에 잠수함에서 발사가 가능하도록 개량한 탄도미사일을 잠수함 발사 탄도미사일(submarine-launched ballistic missile, SLBM), 하나의 탄도미사일에 여러 개의 핵탄두를 탑재하여 다수의 표적을 파괴하는 다탄두 미사일(multiple independently targetable re-entry vehicle) 등이 개발되어 있다.

표 2-10 사거리에 따른 탄도미사일 분류[50]

| 탄도미사일 종류 | 사거리 | 분류 근거 |
|---|---|---|
| 단거리 탄도미사일 (short-range BM, SRBM) | 800km 이하 | ·英 국제안보연구소(CDISS)<br>·전략무기감축협정(START) |
| | 1,000km 이하 | ·美 과학자 협회(FAS)<br>·카네기 연구소(CEIP) |
| 준중거리 탄도미사일 (medium-range BM, MRBM) | 800 ~ 2,400km | ·英 국제안보연구소(CDISS) |
| | 800 ~ 2,400km | ·전략무기감축협정(START) |
| | 1,000 ~ 2,500km | ·美 과학자 협회(FAS) |
| | 1,000 ~ 3,000km | ·카네기 연구소(CEIP) |
| 중거리 탄도미사일 (intermediate-range BM, IRBM) | 2,400 ~ 5,500km | ·英 국제안보연구소(CDISS) |
| | 2,500 ~ 5,500km | ·전략무기감축협정(START) |
| | 2,500 ~ 3,500km | ·美 과학자 협회(FAS) |
| | 3,000 ~ 5,500km | ·카네기 연구소(CEIP) |
| 대륙간 탄도미사일 (intercontinental ballistic missile, ICBM) | 5,500km 이상 | ·英 국제안보연구소(CDISS)<br>·전략무기감축협정(START)<br>·카네기 연구소(CEIP) |
| ※ 전술 단거리 탄도미사일 (battlefield short-range BM, BSRBM) | 150km 이하 | ·英 국제안보연구소(CDISS) |
| ※ 전구 탄도미사일 (theater ballistic missile, TBM) | 3,500km 이하 | ·'97년, 미-러 ABM 조약 상설협의회에서 결정 |

49) 미사일과 같은 물체가 외적인 힘(중력, 공기저항)에 의해 영향을 받으면서 이동하는 곡선 궤도

50) 대량살상무기(WMDd) 문답백과, 국방부

탄도미사일은 크게 3단계의 비행단계를 거쳐 표적까지 날아간다.

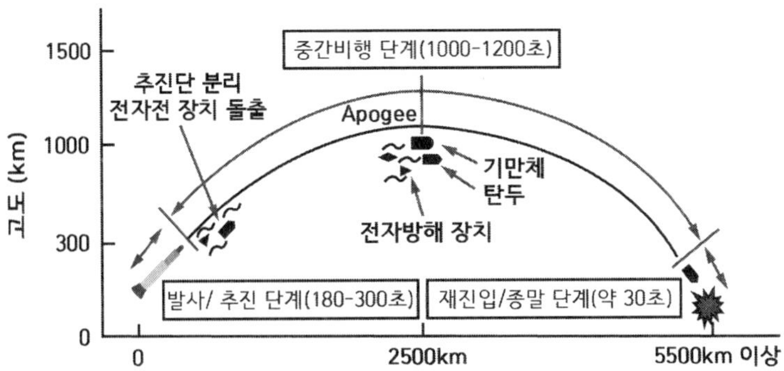


그림 2-21 대륙간 탄도미사일의 비행 과정

① 발사 및 추진단계(Boost phase)

탄도미사일이 발사된 후부터 추진제에 의한 가속이 이루어지는 단계임. 일반적으로 150~400km 고도에서 추진제의 연소가 종료되며, 3~5분이 소요됨. 추진제 연소에 의한 자외선 방출 등 흔적이 커서 단계의 마지막 부분에서 적을 기만하기 위한 전자방해장치 등이 분출됨.

② 중간 비행단계(Midcourse phase)

추진제의 연소가 끝나고 대기권에 재진입할 때까지의 단계. 미사일이 포물선의 탄도궤적을 이루며 자유비행하며, 사거리가 300km 이상인 탄도미사일의 경우 공기밀도가 매우 작은 외기권을 비행함. 분리된 추진체와 전자방해장치 등이 함께 비행하고, 대륙간 탄도미사일의 경우 약 20분이 소요됨.

③ 종말단계(Terminal phase)

미사일이 대기권으로 재진입하는 단계. 대륙간 탄도미사일의 경우 2분 정도 소요되며, 최대 7km/s의 속도를 가짐. 대기와의 마찰에 의해 300~4,400℃의 높은 열이 발생하여 탄두를 제외한 다른 물질들은 모두 연소됨.

Question. 탄도미사일(ballistic missile) 과 순항미사일(cruise missile)의 차이는?

탄도미사일은 추진제에 의해 가속된 후 높은 포물선 궤도를 따라 목표까지 자유비행하며, 순항미사일은 양력을 발생시키는 날개를 가지고 있고 공기항력에 의한 감속효과를 극복하기 위하여 자체 추진력으로 대부분의 경로를 비행한다.

탄도미사일과 순항유도탄 비교

| 구 분 | 탄도미사일 | 순항유도탄 |
|---|---|---|
| 침투 방식 | ·포물선형 탄도, 고속침투<br>·외기권 비행(고도 300km 이상) | ·저고도 비행<br>·고아음속 또는 저초음속 침투 |
| 사거리 | ·단·중·장거리<br>※대륙간 탄도미사일 : 5,500km 이상 | ·단·중거리 (3,000km 이내) |
| 비행 시간 | ·수 분~수십 분 | ·수십 분 이상 |
| 추진 기관 | ·로켓엔진<br>- 고체 및 액체 추진기관<br>- 연료 및 산화제 내장 | ·공기 흡입식 엔진<br>- 연료만 탑재<br>- 대기를 산화제로 사용 |
| 정확도 | ·순항미사일보다 정확도 낮음 | ·유도장치에 의한 정밀타격 가능 |
| 용 도 | ·전략적, 정치적 위협 | ·핵심표적 선별 타격 |

Question. 대륙간 탄도미사일(ICBM) 과 우주발사체(로켓)의 차이는?

우주발사체는 탑재물을 지구로부터 우주 공간으로 옮기는 로켓으로 대륙간 탄도미사일과 형태, 구성요소 및 적용기술 등이 상당히 유사하다. 세계 최초의 우주발사체인 스푸트니크호의 경우 대륙간 탄도미사일에 핵탄두 대신 인공위성을 탑재한 모습을 지니고 있었다. 이에 따라 미사일 확산 방지를 위한 각종 국제회의에서는 두 발사체를 구분하여 규제 조항을 선정하는데 어려움을 겪고 있다.

두 발사체를 엄밀히 구분하는 것은 어렵지만, 서로 다른 목표를 추구함에 따라 나타나는 차이점이 몇 가지 존재한다. 대륙간 탄도미사일은 적의 공격을 받기 전에 빨리 쏘아 올려 목표지점에 도달시키는 능력이 매우 중요하다.

따라서 밀도가 높고 연소속도가 빨라 단시간 내에 많은 양의 추력[51]을 얻을 수 있는 고체추진제(solid propellent)를 주로 사용한다. 또한 고체추진제 및 추진기관은 구조가 단순하고 안정된 상태로 장기간 저장이 용이한 장점을 지니고 있다. 액체추진제(liquid propellent)는 보관이 어려워 발사 직전에 연료를 주입해야 하고, 그 주입 과정이 길고 복잡하여 유사시 신속히 발사해야 하는 탄도미사일에 적용하기에는 제한사항이 많다[52]. 우주발사체는 일반적으로 위성 궤도에 올릴 수 있는 유효중량(payload)을 최대로 늘리기 위해 추력과 비추력[53]을 극대화 시키는데 중점을 둔다. 지구의 중력장을 이탈하고, 궤도를 수정하여 진입하기 위해서는 높은 추력과 비추력이 필요하다. 이를 위해 연소시간이 길고 추력조절 및 재연소가 가능한 액체추진제를 주로 사용한다. 고체추진제는 높은 추력을 얻는 데에는 유리하지만 액체추진제에 비해 상대적으로 비추력이 낮고 한번 점화되면 연소중지 및 재점화가 불가능한 단점을 지니고 있다. 발사 이후의 궤적 또한 다르다. 두 발사체 모두 수직으로 발사되는 것은 동일하지만, 대륙간 탄도미사일의 경우 목표지점까지 긴 사거리를 내기 위하여 곧바로 30도의 각도로 누워서 날아간다.

**대륙간 탄도미사일과 우주발사체 비교[54]**

| 구 분 | 대륙간 탄도미사일 | 우주발사체 |
|---|---|---|
| 최종목표 | · 탄두의 목표지점 도달 | · 위성체 궤도진입 |
| 구성요소 | · 기체, 추진기관, 유도조종장치<br>· 핵탄두 탑재 | · 기체, 추진기관, 유도조종장치<br>· 위성체 탑재 |
| 추진기관 | · 고체추진제를 주로 사용 | · 액체추진제를 주로 사용 |
| 최저속도 | · 8,000 km/hr | · 29,000 km/hr |
| 발사각도 | · 수직발사 후 30도 각도로 비행 | · 수직발사 |

※ 우주발사체를 탄도미사일로 전환할 경우 추가되는 기술
· 탄두 설계 및 장착 기술
· 탄두의 목표지점 투하를 위한 항법/유도장치 기술
· 탄두 재진입 시 마찰열 감소를 위한 삭마제[55] 설계 기술

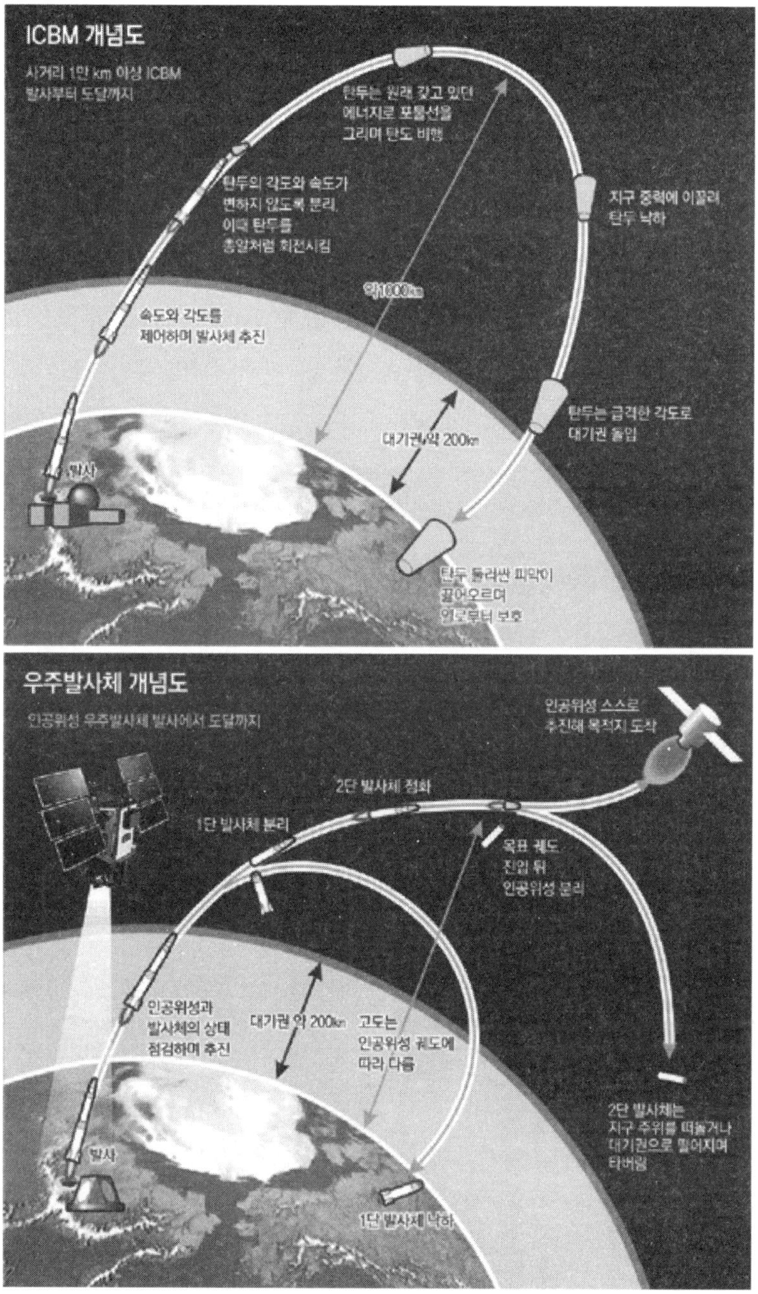


대륙간 탄도미사일과 우주발사체 비교

### 3) 다탄두 미사일(multiple independently targetable re-entry vehicle, MIRV)

다탄두 미사일(이하 MIRV로 표기)는 1기의 미사일에 복수(複數)의 탄두를 탑재하여 각각의 탄두가 서로 다른 목표를 공격할 수 있도록 고안된 장치로서, 미국이 구소련의 대탄도미사일 시스템을 무능화시킬 목적으로 개발하였다. 이후, 핵 선진국들은 핵무기의 질적 향상을 추구하면서 많은 수의 핵미사일을 MIRV화 하였다.

MIRV는 소형의 핵탄두가 여러 지역에서 폭발을 일으킴에 따라 하나의 핵탄두를 탑재하고 있는 대륙간 탄도미사일과 비교할 경우 유효중량(payload) 대비 더 큰 피해를 발생시킬 수 있다. 이는 결국 목표 달성을 위해 필요한 미사일 및 제반시설의 수를 줄일 수 있는 효과도 얻을 수 있다. 또한 MIRV는 상대의 탄도미사일 요격시스템의 효율성을 확연히 떨어뜨리는 이점이 있다. 대기권 밖에서 빠른 속도로 진입하는 탄도미사일을 요격하기 위해서는 아주 정밀한 요격시스템이 필요하다. 결국 고가의 비용을 수반하여 동시다발적으로 떨어지는 여러 개의 핵탄두에 대응하는 것은 비용 대비 그 효과가 매우 낮으며, 특히 핵탄두를 탐지하기 어렵도록 기만장치를 함께 사용할 경우에는 완벽한 요격이 거의 불가능하게 된다.

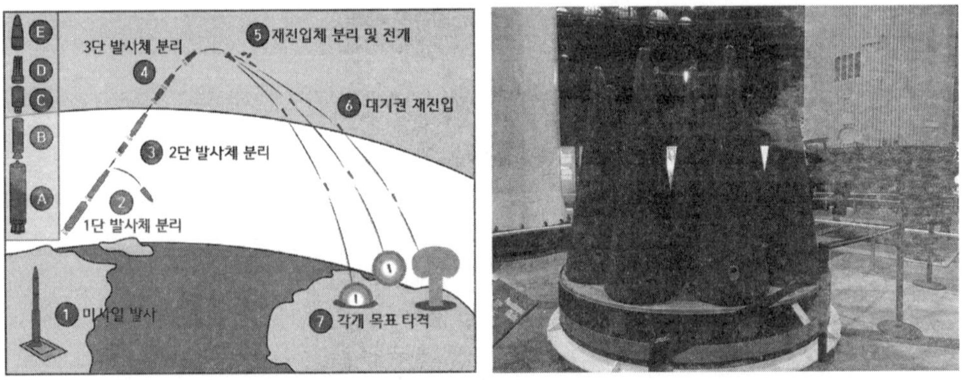


그림 2-22 MIRV 비행과정과 재진입체

51) 발사체를 진행방향으로 밀고 나아가는 힘. 발사체가 얼마나 많은 탑재체(유효중량)를 목표까지 운반할 수 있는지 나타냄

52) 구소련은 액체추진제를 주로 사용하였음. 평상시 액체 추진제를 미사일에 넣은 채로 보관.

53) 1kg의 추진제가 1초 동안 소비될 때 발생하는 추력. 비추력이 클수록 발사체의 효율이 높음.

54) 대량살상무기(WMDd) 문답백과, 국방부

55) 표층을 제거하는 물질. 우주선이 대기권 안으로 들어올 때 발생하는 열에너지를 소산시킴.

**Question. 재진입체(re-entry vehicle)란 무엇인가?**

중간 비행단계(midcourse phase)를 마친 미사일이 대기권으로 재진입할 수 있도록 제작된 장치로서, 대기권에 돌입 시 공기와의 표면 마찰에 의해 발생하는 수백~수천℃의 고열에 견딜 수 있도록 특수물질로 만들어져 있다. 기체(機體)는 일반적으로 내열성과 경량화를 증가시키기 위하여 벌집구조의 알루미늄 합금으로 제조되고, 열분해성 탄소에폭시 합성수지 등으로 표면이 코팅되어 있다.

### 4) 잠수함발사 탄도미사일(Submarine-Launched Ballistic Missile, SLBM)

잠수함발사 탄도미사일(SLBM)은 잠수함에서 발사될 수 있는 탄도미사일을 말한다. 지상에서 발사되는 다른 탄도미사일과는 다르게 수중 20~50 m에서 발사되므로 케이스에 담긴 채로 잠수함의 수직발사대에서 수면위로 사출된다. 부력에 의해 떠오른 미사일은 수면 부근에서 미사일을 보호하던 케이스가 분해된다. 이후 수면으로부터 약 10 m 까지 상승하게 되면 엔진이 점화되어 목표를 향해 날아간다. 지상에 노출되어 있는 지상발사형 탄도미사일들과 달리 잠수함에 탑재되어 있으므로 은밀성과 적의 공격으로부터 생존성이 높다.

SLBM이 지니는 가장 큰 전략적 의미는 2차 타격[56](Second Strike) 능력이라 할 수 있다. 지상의 사일로에 있는 핵전력은 적의 미사일이나 공습으로 파괴될 가능성이 높지만, 심해에서 잠항하는 SLBM은 적의 위협으로부터 생존할 확률이 매우 높다.

이러한 이유로 북한은 SLBM의 개발에 박차를 가하고 있다. 2014년 8월에 공개된 북한 신포항의 위성사진에서 고래급(신포급) 잠수함의 탄도미사일 발사 시험 장면이 포착되었다(그림 2-23). 2015년 5월에는 김정은이 참관한 가운데 따라서 적의 핵공격으로 지상의 핵전력이 모두 무력화 되었을 때에도 생존하여 적에게 핵보복공격을 가할 수 있는 것이다. 따라서 잠수함발사 탄도미사일은 적국의 핵공격을 억지하기 위한 최후의 수단으로서 상호확증파괴를 가능하게 하는 매우 큰 전략적 가치를 갖는다.

56) 핵공격에 대한 보복 개념은 적의 핵 투발 징후 포착시 보복하는 1차 타격, 적의 핵무기 공격으로부터 살아남은 뒤 보복하는 2차 타격으로 구분한다.

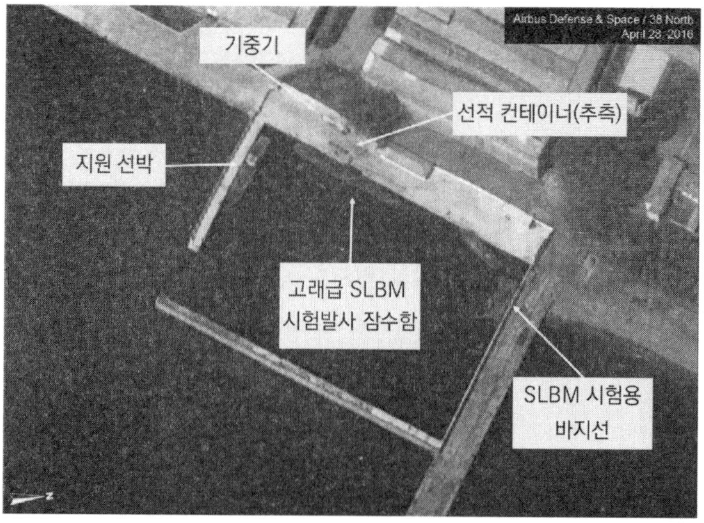


그림 2-23 SLBM을 시험 발사한 잠수함의 위성사진(북한 신포항)[57]

### Question. 상호확증파괴(Mutually Assured Destruction, MAD[58])란?

상호확증파괴란 미·소 냉전 시기에 만들어진 용어로 전쟁의 전투의 승·패에 관계없이 양측 모두 파괴될 것이 확실한 상태를 뜻한다. 이는 미국과 소련의 핵군비 경쟁 초기에 등장한 개념으로 이후 모든 핵전략의 기초가 되었다.

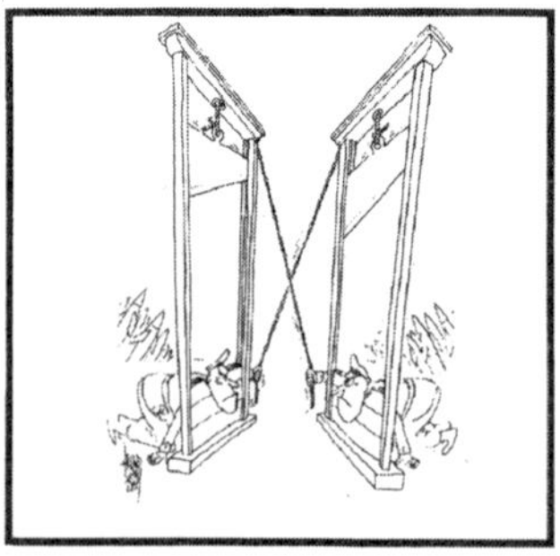

상호확증파괴를 풍자한 만화

예를 들어 핵무기를 보유하고 대립하는 2개 이상의 국가가 있을 때, 어느 한쪽이 상대방에게 핵무기를 이용하여 선제공격을 가한다면 공격을 받은 상대방 역시 핵전력을 이용하여 보복할 것이다. 어느 한 쪽의 핵무기 사용에 의해 양쪽 모두의 파괴가 확실시 되므로 이론상으로는 핵전쟁이 발생하지 않게 된다. 역설적이게도 핵무기의 보유가 핵전쟁을 방지하는 주요한 핵억지력으로 작용하고 있음을 뜻하는 것이다.

57) 출처 : SAIS 38north

58) 핵무기 개발에 참여한 폰 노이만이 제안한 용어로 앞글자를 따면 'MAD 미쳤다'라는 뜻을 갖는다. 핵전

북극성 1호로 명명된 SLBM의 수중사출과 로켓 점화장면이 공개되었고(그림 2-24), 2016년 4월에는 발사 시험을 통해 로켓이 점화되어 30 km 정도까지 비행하는데 성공하였다. 일단 잠수함에서 발사가 성공하면 사거리를 늘리는 것은 비교적 쉬운 단계이므로 북한의 SLBM 실전 배치도 얼마 남지 않은 것으로 보인다.

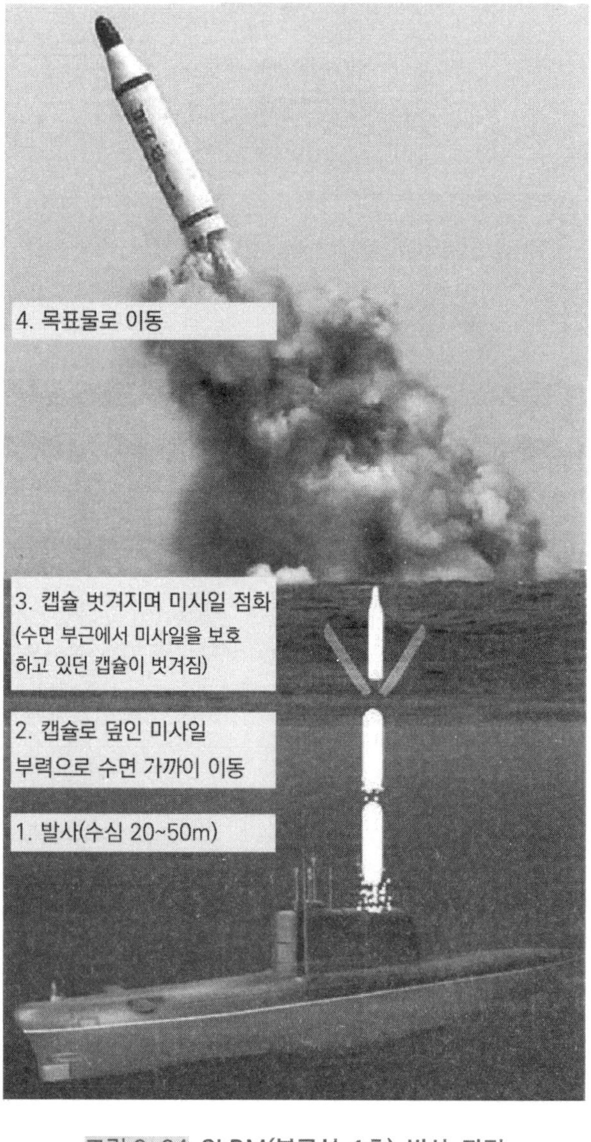


그림 2-24 SLBM(북극성 1호) 발사 과정

쟁이 인류를 위협하는 미친 행위임을 암시하고 있다.

현재 북한이 운용중인 잠수함은 수중 배수량이 2,200톤인 디젤엔진 잠수함으로 수중 발사관 1문과 SLBM 1발을 적재할 수 있는 것으로 추정하고 있다.(그림2-25)

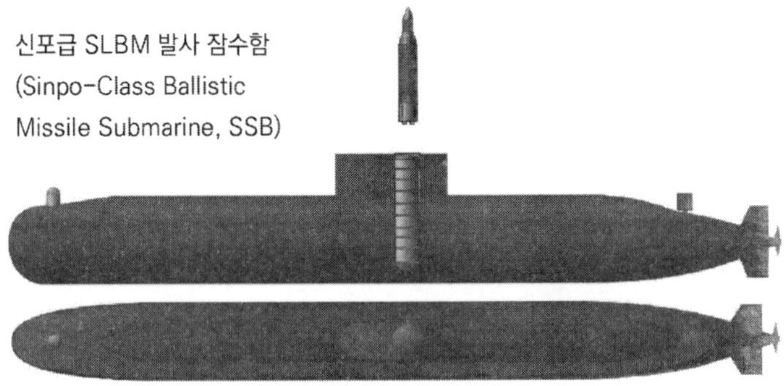


그림 2-25 북한 신포급 잠수함 단면도

신포급 등의 디젤기관 잠수함은 내연기관의 연소에 필요한 산소 공급을 주기적으로 해야 하므로 부상해야 하고 이에 따라 생존성이 취약하며, 추진력이 약해 배수량에 제한이 발생한다. 미국의 북한 전문매체인 38 노스는 "북한이 기존 잠수함보다 더 큰 3천톤 급 핵추진 잠수함을 만들고 있을 것"이라고 예측하였다. 북한이 3천 톤급 핵추진잠수함을 보유할 경우 잠수함발사 탄도미사일과 함께 전 세계 평화에 큰 위협이 될 수 있다.

핵추진잠수함(Ship Submersible Nuclear, SSN)은 1955년 미국에서 노틸러스호(Nautillus)가 첫 잠항을 시작한 이후로 미국, 영국, 러시아 등에서 국가급 전략무기로 사용되고 있다. 핵추진잠수함의 특징은 다음과 같다.

◎ 핵추진잠수함

- 핵분열 원자로에서 발생되는 막대한 에너지를 이용한다.
- 함선의 대형화가 가능하여 함선의 주거성과 무장이 뛰어나다.
- 내연기관 연소를 위한 산소공급이 불필요하여 스노클[59]이 필요 없다.
- 핵연료 및 식량 재보급시를 제외하면 무제한 잠항이 가능하다.

59) 디젤잠수함의 경우 디젤기관을 돌려 전기모터를 충전하기 위해 주기적으로 부상하여 산소를 공급한다. 스노클을 위해 물위로 떠오른 이때가 잠수함의 생존성에 가장 취약한 시기이다.

Question. 핵추진잠수함의 연료는 왜 20% 이상 농축된 고농축우라늄 (HEU)을 사용하나요?

핵추진잠수함이나 핵추진항공모함에 사용되는 원자로는 우리가 흔히 알고 있는 원자력발전소의 원자로와 다르게 물리적인 크기의 제약을 받는다. 함선내 승조원들의 생활공간, 보급품, 무장 적재를 위해 원자로의 크기를 작게 유지해야 한다. 따라서 원자력발전소의 원자로가 보통 1,600 MWt의 전기를 생산할 때 함선에 사용되는 원자로는 수백 MWt의 전기밖에 생산하지 못한다.

따라서 2~5%의 저농축우라늄을 사용하는 원자력발전소의 원자로와 달리 고농축우라늄을(약20% 이상)을 핵추진잠수함에 사용하면 원자로의 출력밀도를 높여 원자로의 크기가 작더라도 잠수함의 운행에 필요한 충분한 출력을 얻을 수 있다. 또한 핵연료의 사용기간을 늘려 연료 재주입을 위한 정비기간이 단축되어 잠수함의 가동률을 높일 수 있다.

### 5) 기타 투발수단

앞서 설명한 전략폭격기, 미사일, 잠수함 등에 비해 그 효율성이 떨어져 오늘날 많이 사라지긴 했지만 다양한 투발수단들이 존재한다.

포탄을 쏘듯이 포를 이용한 핵포탄을 발사할 수 있고, 핵지뢰의 형태로 운용할 수도 있다. 냉전시대(1965~86년) 미국은 1~15kT 규모의 핵지뢰를 생산하였고, 영국은 1950년대 후반 구소련의 침입을 억제하려는 목적으로 독일 북부지역에 10kT 규모의 핵지뢰를 매설하는 계획(Blue Peacock)[60]을 추진하기도 했었다. 이외에도 대규모의 전차부대에 대응하기 위하여 무반동총 형태의 핵무기가 운용되기도 하였고, 사람이 직접 핵무기를 들고 목표지역으로 이동할 수 있도록 경량화한 핵배낭도 있다.

그림 2-26 M65 원자포와 Davy Crockett

60) 낙진으로 인한 오염피해확산, 정치적인 이유로 인해 취소되었음.

**Question.** 다탄두 재진입체(multiple reentry vehicle, MRV)와 기동탄두 재진입체(maneuverable reentry vehicle, MARV)는 무엇인가?

MRV & MIRV & MARV 비교

| 구 분 | MRV | MIRV | MARV |
|---|---|---|---|
| 공통점 | · 하나의 미사일에 다수의 탄두 탑재<br>· 대기권으로 재진입 시 탄두 분산 | | |
| 차이점 | · 목표지역에서 다수의 탄두가 일정한 형식으로 분산되어 공격 | · 각각의 탄두가 서로 다른 목표를 공격 | · 탄두 조종 및 목표에 대한 추적능력 보유<br>· 명중률 향상 |

**Question.** 북한 노동당 창건 70주년('15.10.10) 열병식에 등장한 핵배낭은 무엇인가?

핵배낭은 핵탄두를 배낭이나 가방에 담아 사람이 들고 다닐 수 있게 만든 전술 핵무기로서 댐, 발전소 등의 주요시설 폭파를 목적으로 개발되었다. 대표적인 핵배낭으로는 1960년대 미국에서 개발한 'Mk-54 SADM[61]'으로 W54[62] 핵탄두를 배낭 내에 넣고 제작한 것이다. 이 핵배낭은 직경 27cm, 높이 40m, 무게 23kg의 실린더 형태로 0.01 ~ 1kT의 위력을 지니고 있다. 북한 노동당 창건 70주년 열병식에 등장한 핵배낭은 직육면체 형태로 Mk-54 SADM과 모양은 다르지만 크기(폭 20cm, 높이 40cm)는 비슷하다. 북한이 실제로 핵배낭을 개발했을 가능성은 매우 낮지만, 북한이 핵무기의 소형화 기술력을 보유하고 있다는 점을 보여주기 위한 행동이라고 볼 수 있다.

Mk-54 SADM 22 북한 핵배낭 비교

## 2. 세계의 핵무기 현황

1945년 핵무기가 처음으로 사용된 후 냉전체제에 접어들면서 미국과 소련을 주축으로 한 핵무기 개발 경쟁이 가속화되었다. 냉전이 종식된 이후, 많은 수의 핵무기를 보유하고 유지하는 것에 대한 위험성과 경제적 부담 등으로 인해 그 수를 점차 줄여나가고는 있지만 아직도 세계를 몇 번이나 멸망시킬 수 있는 많은 수의 핵무기가 운용되고 있으며, 북한과 같은 일부 국가 및 단체에서는 국제적인 감시와 제재에도 불구하고 핵무기를 보유하기 위해 심혈을 쏟고 있다. 스톡홀름 국제평화연구소(Stockholm international peace research institute)에서 2015년 1월에 발표한 자료에 따르면, 핵무기 확산금지조약에서 공식적으로 핵무기 보유를 인정한 미국·러시아·영국·프랑스·중국뿐만 아니라 인도·파키스탄·이스라엘·북한 등 총 9개국에서 핵무기를 보유하고 있다. 그 수는 15,850발에 달하며 4,300발이 실전배치되어 있는 것으로 분석하고 있다. 본 장에서는 가장 많은 핵무기를 보유하고 있는 미국과 러시아의 핵전력 위주로 살펴보겠다.

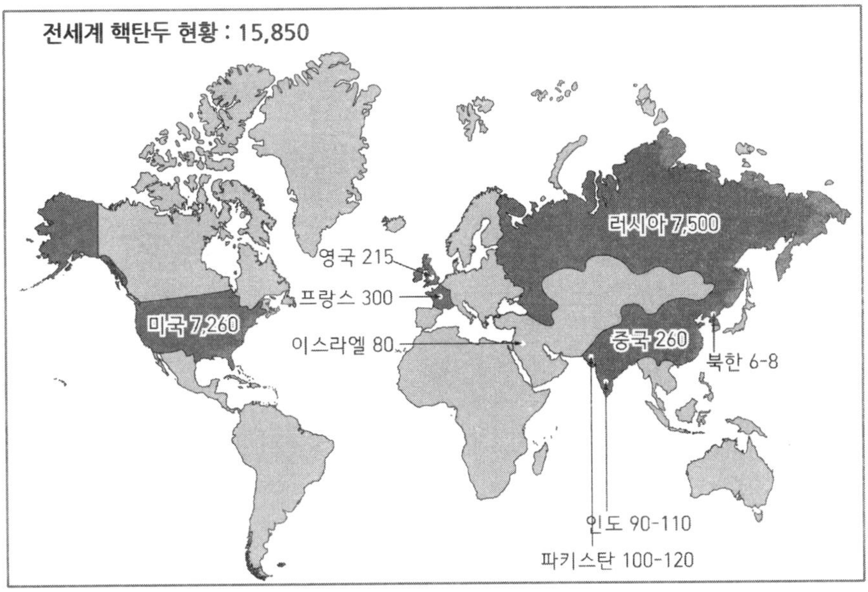


그림 2-27 세계 핵무기 보유 현황

61) SADM: Special Atomic Demolition Munition.

62) 미국에서 개발된 가장 작은 핵탄두 중의 하나로서 내폭형 핵분열폭탄임. Davy Crockett에도 사용됨.

## 가. 미국의 핵무기 현황

미국은 세계 최초로 핵무기를 개발하여 유일하게 실전에 사용한 나라다. 1945년 히로시마와 나가사키에 핵무기를 사용한 이후 1992년까지 미국은 구소련을 비롯한 전 세계 핵보유국들의 핵탄두 생산량을 모두 합친 것보다 많은 70,000발 이상의 핵탄두를 생산하였고, 1,000회가 넘는 핵실험을 실시하였다. 이 기간 동안 핵무기 개발에 들어간 비용은 현재 물가수준으로 9,000조원(8.75조 달러) 이상이며, 절반 이상이 핵무기 투발수단을 개발하는데 사용되었다. 미국은 현재 약 7,300발의 핵탄두를 보유하고 있고, 이중 2,500발 가량을 폐기할 것으로 알려져 있다.

표 2-11 미국의 핵탄두 보유 현황 63)

| 구 분 | 계 | 실전배치 | 비축 | 폐기 예정 |
|---|---|---|---|---|
| 탄두 수량 | 7,260발 | 2,080발 | 2,680발 | 2,500발 |

### 1) 전략폭격기

'B-52H Stratofortresses' 와 'B-2 Spirit' 두 종류의 전략폭격기가 핵무기를 탑재할 수 있으며, 미국과 소련 양국간에 체결한 전략무기감축조약(strategic arms reduction treaty, START)에 따라 그 수를 2018년까지 60대로 줄일 예정이다. 'B-52 Stratofortresses'를 대체할 목적으로 개발되었던 전략폭격기 'B-1 Lancer' 는 핵무기를 탑재하지 않고 일반 재래식폭탄만을 탑재하는 것으로 그 목적이 전환되었다. 이밖에 소형 전술핵무기의 경우는 F-15, F-16기와 같은 전폭기에 탑재되어 사용될 수도 있다.

63) Stockholm international peace research institute, 2015

※ B-52H Stratofortress

장거리 아음속 전략폭격기로서 핵탄두를 탑재할 수 있도록 설계되어 있음. 1955년 미공군에 도입되어 폭격기로서의 역할을 하고 있으며, 개량을 거듭하여 현재는 B-52H 모델이 운용되고 있음. 높은 성능과 상대적으로 운영비가 저렴한 장점을 지니고 있음.

B-52H Stratofortresses

| 승무원 | 길이 | 기폭 | 높이 |
|---|---|---|---|
| 5명 | 48.5m | 56.4m | 12.4m |
| 최대 이륙중량 | 최고속도 | 항속거리 | 상승 한계고도 |
| 220,000kg | 1,047km/hr | 16,232km | 15,240m |

※ B-2 Spirit

1997년부터 미공군에서 운용 중인 다목적 스텔스 폭격기로서 긴 항속거리와 많은 이륙중량을 지니고 있으며, 적의 방공망을 침투할 수 있도록 설계되어 있음. 곡면 위주의 설계, 수직 꼬리날개 제거 등을 통해 레이더 반사면적(radar cross section, RCS)을 최소화하였고, 전파, 적외선, 음향 등을 이용한 탐지에 대응할 수 있는 시스템을 갖추고 있음. 18톤까지 무장이 가능하여 227kg의 Mk-82 폭탄을 80발이나 무장할 수 있고, 1.2MT의 위력을 지닌 B-83 핵폭탄도 16발까지 장착 가능함.

B-2 spirit

| 승무원 | 길이 | 기폭 | 높이 |
|---|---|---|---|
| 2명 | 21.0m | 52.4m | 5.18m |
| 최대 이륙중량 | 최고속도 | 항속거리 | 상승 한계고도 |
| 170,600kg | 1,010km/hr | 11,100km | 15,240m |

## 2) 대륙간 탄도미사일

약 450기 정도의 대륙간 탄도미사일을 보유하고 있으며 전략폭격기와 마찬가지로 미-소 전략무기감축조약(START)에 따라 그 수를 계속 줄이고 있다. 현재 미국이 보유하고 있는 대륙간 탄도미사일은 'LGM-30 Minuteman'이 유일하며, 2018년까지 그 수를 400기로 줄일 예정이다.

※ LGM-30 Minuteman

최초의 다탄두 미사일(MIRV)로서, 최대 3발의 MIRV 탑재가 가능하고 각각의 탄두는 300~475kT 규모의 폭발력을 지니고 있음. 고체 연료를 사용하며, 발사 준비 후 수분 이내에 발사가 가능함. 사일로(silo)에서 발사되며, 무게 약 3.5톤, 길이 18.2m, 항속거리는 13,000km임.

LGM-30 Minuteman

| 길이 | 직경 | 무게 |
|---|---|---|
| 18.2m | 1.7m | 35.3톤 |
| 사거리 | 탄두 | 정확도 |
| 13,000km | W78 (350kT × 3발) 또는<br>W87 (300 ~ 475kT × 3발) | CEP[64] 200m |

64) 원형공산오차(Circular Error Probability). 미사일 탄두의 50% 이상이 낙하되는 지점의 크기를 통해 정밀도를 표시. CEP 1km는 발사된 미사일의 50%가 표적으로부터 반경 1km 이내에 떨어지는 것을 의미함.

## Question. 미사일 사일로(missile silo)란 무엇인가?

지하에 건축된 수직 원통모양의 미사일 발사시설로서 대륙간 탄도미사일을 격납하고 발사한다. 일반적으로 적의 핵무기 공격으로부터 보호될 수 있도록 지하 깊숙한 곳에 수 미터 두께의 콘크리트 방벽과 방폭문[65]으로 이루어져 있다.

미사일 사일로(missile silo)

65) 폭풍, 열, 파편에 의한 피해를 차단시키는 목적으로 설치되는 건물 외부의 출입구. 콘크리트 방폭문과 강판 방폭문이 있음.

### 3) 잠수함발사 탄도미사일

미국은 전략 핵잠수함으로 18척의 오하이오급 잠수함(Ohio-class submarines)을 보유하고 있으며, 이중 14척에서 탄도미사일을 발사할 수 있다. 현재 300여 기의 잠수함발사 탄도미사일을 보유 중에 있다.

※ 오하이오급 잠수함(Ohio-class submarine)

1981년 취역하여 현재까지 미해군에서 운용 중인 전략 핵잠수함으로 사정거리가 11,300km인 트라이던트 II(Trident II) 탄도미사일을 최대 24기 탑재할 수 있고, 이전의 전략 핵잠수함에 비해 소음이 줄어 생존성이 향상되었음. 총 18척 중에서 14척은 탄도미사일을 발사하고, 4척은 순항미사일을 발사할 수 있도록 개조됨. 1995년에 개봉된 영화 '크림슨 타이드(Crimson Tide)'에서 주요 소재로 등장하였음.

오하이오급 잠수함

| 승무원 | 길이 | 선폭 | 배수량 |
|---|---|---|---|
| 155명 | 170m | 13m | 16,764톤 (수상)<br>18,750톤 (수중) |
| 잠수깊이 | 최고속도 | 항속거리 | 동력원 |
| 240m | 22km/hr (수상)<br>46km/hr (수중) | 무제한 | 원자로 |

※ 트라이던트 미사일(Trident missile)

다탄두 미사일(MIRV)을 탑재한 탄도미사일로서, 트라이던트 I (Trident I)과 트라이던트 II (Trident II)로 구분됨.

① 트라이던트 I (Trident I)

고체추진제로 분사되는 3단 로켓 형태를 지니고 있으며, 1979년 실전 배치되어 2005년 퇴역될 때까지 미해군의 주요 잠수함발사 탄도미사일로 운용되었음. 최대 8발의 MIRV 탑재 가능.

| 길이 | 직경 | 무게 |
|---|---|---|
| 10.2m | 1.8m | 33.2톤 |
| 사거리 | 탄두 | 정확도 |
| 7,400km | W76 (100kT × 8발) | CEP 380m |

② 트라이던트 II (Trident II)

1990년부터 실전 배치된 미해군의 주요 잠수함발사 탄도미사일임. '트라이던트 I' 보다 사거리와 명중률이 향상되었고, 최대 14발의 MIRV 탄두를 탑재할 수 있음. 관성유도방식에 천측유도방식[66]을 추가하여 항법 정보 오차를 최소화함.

| 길이 | 직경 | 무게 |
|---|---|---|
| 13.6m | 2.1m | 59.0톤 |
| 사거리 | 탄두 | 정확도 |
| 11,300km 추정<br>(비밀로 분류됨) | W88 (475kT × 14발)<br>또는 W76 (100kT × 8발) | CEP 90~120m |

## 나. 러시아의 핵무기 현황

러시아는 미국과 마찬가지로 핵전력 3요소인 전략폭격기, 대륙간 탄도미사일, 잠수함발사 탄도미사일을 모두 보유하고 있으며, 육상에 배치된 탄도미사일을 통제하고 운용하는 전략 로켓군을 독립된 군사조직으로 두는 등 핵무기 전력을 아주 중요하게 여기고 있다. 1949년 최초로 핵폭탄을 개발한 이후 1991년까지 약 55,000발의 핵탄두를 생산하였으며, 1988년도에 그 비축량은 최고조에 달하여 약 45,000발을 보유하고 있었으나 미국과의 전략무기 감축협정에 의해 그 수를 계속 줄이고 있다. 현재 약 7,500발의 핵탄두를 보유하고 있고, 이중 3,120발 가량을 폐기할 것으로 알려져 있다.

표 2-12 러시아의 핵탄두 보유 현황[67)]

| 구 분 | 계 | 실전배치 | 비축 | 폐기 예정 |
|---|---|---|---|---|
| 탄두 수량 | 7,500발 | 1,780발 | 5,720발 | 3,120발 |

### 1) 전략폭격기

러시아는 현재 'Tu-22M', 'Tu-160', 'Tu-95', 'Su-24' 등의 전략폭격기를 운용 중이다. 특히, 최근에는 공식적으로 전략폭격기의 생산 및 재배치에 대해 언급함으로써 세계의 이목을 집중시키고 있다. 크림반도 지역에 'Tu-22M'을 배치하고, 미국의 전략폭격기에 대항하기 위해 개발했다가 구소련이 붕괴하면서 생산이 중단되었던 'Tu-160' 기종의 생산을 재개하는 등 전략폭격기에 대한 관심을 높이고 있다.

※ Tu-22M (Backfire)

1970~80년대 세계를 떠들썩하게 만들었던 구소련의 초음속 전략폭격기로 나토군에서 부여한 암호명은 '백파이어(Backfire)' 임. 소련 붕괴 후 실체가 판명되었는데, 논란이 되었던 대륙간 대양횡단비행능력을 갖고 있지는 않음. 장거리 대함공격 능력을 갖고 있고, 기존 모델인

66) 천체를 측정의 기준으로 함. 일반적으로 관성항법 장치가 측정한 항법 정보 오차를 보정하기 위한 목적으로 사용됨.

67) Stockholm international peace research institute, 2015

'Tu-22'와 달리 가변익(可變翼)[68]을 채택함으로써 마하 2 수준의 가속성능을 달성하고 항속거리도 연장하였음. 1987년 아프가니스탄 내전에서 처음 사용되었고, 1995년 체첸공화국의 수도인 그로즈니 공격 시에도 그 모습을 드러냈음. 현재까지 최종 개량형 모델은 'Tu-22M3' (Tu-22M1 → Tu-22M2 → Tu-22M3) 임.

Tu-22M

| 승무원 | 길이 | 기폭 | 높이 |
|---|---|---|---|
| 4명 | 42.4m | 34.3m/23.3m (가변익) | 11.0m |
| 최대 이륙중량 | 최고속도 | 항속거리 | 상승 한계고도 |
| 124,000kg | 2,303km/hr | 6,800km | 13,300m |

※ Tu-160 (Blackjack)

미국의 'B-1 Lancer' 에 대항하기 위해 개발한 초음속 전략폭격기로 나토군에서 부여한 암호명은 '블랙잭(Blackjack)' 임. 러시아 본토에서 출격하여 공중급유 없이 미국 본토를 공격할 수 있도록 고안되었고 세계에서 가장 큰 폭격기임. 최대 40톤의 무기를 탑재할 수 있고, 사거리 2,500km의 'Kh-55 공중발사용 순항미사일' 6기 또는 사거리 300km의 'K-15 공대지 단거리 미사일' 12기를 장착할 수 있음. 생존율을 높이기 위해 전자방해장치(Electronic Counter Measures, ECM) 및 레이더 경보장치 등을 사용함.

Tu-160

| 승무원 | 길이 | 기폭 | 높이 |
|---|---|---|---|
| 4명 | 54.1m | 55.7m/35.6m (가변익) | 13.1m |
| 최대 이륙중량 | 최고속도 | 항속거리 | 상승 한계고도 |
| 275,000kg | 2,220km/hr | 12,300km | 15,000m |

68) 고속 비행이 가능하도록 면적을 변형시킬 수 있는 날개

## 2) 대륙간 탄도미사일

'전략로켓군'이라는 독자적인 부대를 편성하여 대륙간 탄도미사일을 통제하고 운용한다. 현재 보유하고 있는 대륙간 탄도미사일에는 'R-36M2', 'UR-100N', 'RT-2PM Topol', 'RT-2UTTH Topol-M', 'RS-24 Yars' 등이 있다.

※ R-36M2 (SS-18 Satan Mod 6)

R-36M2는 미국과의 상대적 열세를 극복하기 위해 개발한 'R-36M(나토명: SS-18 Satan)' 계열의 최신 모델임. R-36M 계열은 사탄(Satan)이라는 이름에서도 알 수 있듯이 그 위력이 대단하여, 미국의 ICBM인 'LGM-30 Minuteman'이 최대 3발의 MIRV를 탑재할 수 있는 것이 비해 R-36M2는 위력 550kT 또는 750kT 위력의 MIRV 10발을 탑재할 수 있음. 현재 운용 중인 R-36M2는 MIRV 대신 20MT 위력의 핵탄두 탑재 가능함. 무게 약 21톤으로 세계에서 가장 무거운 미사일이며, 길이 34.3m, 사거리 16,000km임. 2018년까지 R-36M2를 대체할 신형 ICBM을 개발할 예정임. 사일로에서 발사함.

R-36M2

| 길이 | 직경 | 무게 |
|---|---|---|
| 32.2m | 3.05m | 20.9톤 |
| 사거리 | 탄두 | 정확도 |
| 16,000km | 20MT × 1발 또는<br>550kT / 750kT × 10발 | CEP 220 ~ 700m |

※ Topol-M (SS-27 Sickle B)

사일로뿐만 아니라 차량에서도 발사될 수 있도록 설계되어 있음. 차량은 길이 없는 지형에서도 이동이 가능함. 러시아가 보유하고 있는 대륙간 탄도미사일 중 가장 높은 정확도(CEP 200m)를 갖고 있으며, 미국의 미사일 방어시스템을 무력화하기 위한 회피 기동능력을 갖추고 있음.

| 길이 | 직경 | 무게 |
|---|---|---|
| 22.7m | 1.9m | 4.7톤 |
| 사거리 | 탄두 | 정확도 |
| 11,000km | 800kT × 1발<br>(4~6발의 MIRV 장착 가능) | CEP 200m |

※ RS-24 Yars (SS-27 Mod 2)

'RS-36'과 'UR-100N'을 대체할 목적으로 2007년에 개발되어 2010년부터 전력화되었음. 미국이 유럽에 미사일 방어망(missile shield)을 구축하려는 것에 대응하여 2007년에 첫 시험발사를 함. 최대 10발의 MIRV 탄두를 탑재할 수 있고, 사일로 또는 차량에서 발사 가능함. 'Topol-M' 보다 성능이 향상된 다탄두 미사일임.

RS-24 Yars

| 길이 | 직경 | 무게 |
|---|---|---|
| 20.9m | 2.0m | 4.9톤 |
| 사거리 | 탄두 | 정확도 |
| 11,000km | 150 ~ 250kT × 4 ~ 10발 | CEP 150 ~ 200m |

### 3) 잠수함발사 탄도미사일

각종 문헌에 의하면 러시아는 현재 전략 핵잠수함으로 타이푼급(Typhoon- class) 1척, 델타급 10척(Delta-III 4척, Delta-IV 6척), 보레이급(Borei-class) 3척을 전력으로 보유하고 있는 것으로 추정된다. 향후, 러시아는 유지비용 등의 문제로 인해 퇴역 후 보관 중이던 타이푼급 2척을 2018년까지 폐기할 예정이며, 타이푼급과 델타급 잠수함을 대체하기 위하여 보레이급을 지속적으로 개발하고 있다.

※ 타이푼급 잠수함(Typhoon-class submarine)

역사상 가장 큰 규모의 잠수함으로 구소련에서는 상어(Shark)라는 뜻의 '아쿨라(Akula)' 또는 '프로젝트-941'로 불렸으며, 나토에서는 태풍과 같은 규모와 위력을 지녔다고 하여 타이푼급 잠수함으로 명명함. 미국이 보유하고 있는 오하이오급 잠수함에 대항할 목적으로 개발함. 10발의 MIRV를 탑재할 수 있는 R-39 SLBM 20기를 장착할 수 있으며, 북극해의 빙하를 뚫고 나와서 SLBM을 발사할 수 있도록 설계되어 있음. 총 6척이 건조되었으나 5척이 퇴역하고 1척만 운용되고 있음.

타이푼급 잠수함

| 승무원 | 길이 | 선폭 | 배수량 |
|---|---|---|---|
| 175명 | 175m | 23m | 23,000톤 (수상)<br>48,000톤 (수중) |
| 잠수깊이 | 최고속도 | 항속거리 | 동력원 |
| 400m | 41km/hr (수상)<br>50km/hr (수중) | 120일 이상 | 원자로 |

※ 보레이급 잠수함(Borei-class submarine)

타이푼급(Typhoon-class), 델타급(Delta-class) 잠수함을 대체하기 위한 목적으로 개발한 러시아의 최신형 잠수함. 그리스 신화에 나오는 북풍의 신인 '보레아스(Boreas)'에서 이름을 따옴. 불라바(Bulava) 미사일 16 ~ 20기를 장착할 수 있음.

| 승무원 | 길이 | 선폭 | 배수량 |
|---|---|---|---|
| 107명 | 158m | 13.5m | 14,720톤 (수상)<br>24,000톤 (수중) |
| 잠수깊이 | 최고속도 | 항속거리 | 동력원 |
| 450m | 28km/hr (수상)<br>56km/hr (수중) | 무제한 | 원자로 |

※ 불라바 미사일 (RSM-56 Bulava)

3단 추진로켓의 탄도미사일로서 1단계와 2단계는 고체연료에 의해 추진되고, 마지막 3단계는 분리간 높은 추력을 얻기 위하여 액체연료를 사용함. 잠수함 이동 간에도 발사할 수 있으며, 대공 방어망을 극복하기 위하여 회피기동, 유인체(decoy) 살포 등을 할 수 있음. 탄두는 일정 강도의 물리적·전자기적 충격으로부터 보호될 수 있도록 설계되어 있음. 최대 10발의 MIRV 탄두 탑재가 가능함.

| 길이 | 직경 | 무게 |
|---|---|---|
| 12.1m | 2.1m | 36.8톤 |
| 사거리 | 탄두 | 정확도 |
| 8,000 ~ 8,300km | 150kT × 6 ~ 10발 | CEP 350m |

## 3. 북한의 핵개발

### 가. 핵개발 경과

#### 1) 1950년대

북한의 핵무기 개발에 대한 관심은 6·25전쟁이 끝난 직후부터 시작되었다. 1954년에 군을 재편성하면서 인민무력부 산하에 '핵무기 방위부'를 설치하였고, 1956년에는 소련과 원자력의 평화적 사용에 대한 협정을 체결함으로써 핵관련 연구에 착수하였다. 이 협정에 따라 북한은 매년 30여명의 과학자들을 소련의 '두브나 핵연구소(Dubna Atomic Energy Research Institute, DAERI)'로 파견하여 연수시킴으로써 핵관련 지식을 습득하는데 많은 도움을 받았다. 이후, 1959년 9월에 소련과 추가로 '조소(朝蘇) 원자력 협정'을 체결함으로써 북한은 핵개발에 더욱 박차를 가하게 되었다.

표 2-13 1950년대 북한의 핵개발 경과

| 구 분 | 주요 내용 |
|---|---|
| 1954년 | · 핵무기 방위부 설치 |
| 1955년 | · 원자 및 핵물리학 연구소 설립 |
| 1956년 | · 조소 원자력 협정 체결(원자력의 평화적 이용)<br>· 30여명의 과학자들을 두브나 연구소로 파견 |
| 1959년 | · 조소 원자력 협정 체결 |

## 2) 1960년대

1960년대는 북한이 핵개발에 대한 기틀을 마련한 시기이다. 영변에 핵연구단지를 조성하였으며, 1963년에는 IRT-2000 연구용 원자로를 건설하기 시작하여 소련 과학자들의 기술지원 하에 1965년에 완공하였다. 이 원자로는 핵연료로 10％의 저농축 우라늄을 사용하였으며, 약 2년간의 시험운전을 거쳐 1967년부터 운행에 들어갔다. 소련에 지속적으로 과학자들을 파견하였으며, 핵물리학 연구소를 설치하여 자체적인 핵개발 능력을 갖추고자 노력하였다.

표 2-14 1960년대 북한의 핵개발 경과

| 구 분 | 주요 내용 |
|---|---|
| 1962년 | · 핵연구단지 조성(영변) |
| 1963년 | · IRT-2000 연구용 원자로 도입 / 착공 |
| 1964년 | · 핵물리학 연구소 설립 |
| 1965년 | · IRT-2000 연구용 원자로 완공 |

### 3) 1970년대

자체적으로 핵개발 인원을 양산하고 핵물질에 관한 연구가 활발히 진행되었던 시기이다. 1970년에 북한의 주요 대학인 김일성 종합대학과 김책 공과대학에 핵관련 학과를 개설하여 전문인력 양성을 위한 체계를 구축하였으며, 1971년에는 소련뿐만 아니라 중국으로부터도 원자로 건설에 관한 기술적 지원을 받았다. 핵관련 연구가 활발히 진행되면서 1974년에는 자체 기술로 IRT-2000 연구용 원자로의 출력을 증강시키는데 성공했고, 이듬해에는 이 원자로에 사용된 핵연료를 이용하여 플루토늄을 추출하는 실험을 실시하였다. 1976년에는 동위원소 생산연구실을 설치하여 우라늄과 플루토늄 등의 핵물질에 대한 기초연구를 수행하였으며, 1979년에는 영변에 제2 원자로인 5 MWe 원자로 건설에 착공하였다. 한편, 북한은 소련의 원자로 기술지원에 대한 대가로 1974년에 국제원자력기구(International Atomic Energy Agency, IAEA)에 가입하였고, 1977년에는 국제원자력기구로부터 사찰을 받은 후 IRT-2000 연구용 원자로에 대한 안전조치협정을 체결하였다.

표 2-15 1970년대 북한의 핵개발 경과

| 구 분 | 주요 내용 |
|---|---|
| 1970년 | ·자체 전문인력 양성 체계 구축<br>·김일성 종합대학에 핵물리학과, 김책 공과대학에 원자로공학과 개설 |
| 1971년 | ·원자로 건설에 대한 중국의 기술적 지원 |
| 1974년 | ·자체 기술로 IRT-2000 연구용 원자로 출력 증강 (8MWe)<br>·국제원자력기구(IAEA) 가입 |
| 1975년 | ·플루토늄 추출 실험 |
| 1976년 | ·동위원소 생산연구실 설치<br>·핵물질에 대한 기초연구 수행 |
| 1977년 | ·국제원자력기구(IAEA) 사찰<br>·IRT-2000 연구용 원자로에 대한 안전조치협정 체결 |
| 1979년 | ·영변 5 MWe 원자로 착공 |

### 4) 1980년대

원자력의 평화적 이용에서 벗어나 핵무기 개발을 본격적으로 시작한 시기이다. 1985년 12월, 핵확산금지조약(Nuclear Non-Proliferation Treaty, NPT)에 가입하면서 국제사회에 원자력의 평화적 이용을 보여주는 듯 했으나, NPT 가입국의 의무사항인 국제원자력기구(IAEA)와의 핵안전조치협정을 체결하지 않으면서 핵무기 개발을 위한 노력을 계속하였다. 플루토늄 추출이 용이한 흑연감속형 원자로인 5 MWe 원자로를 1985년에 완공하여 이듬해 10월부터 정상운전에 들어갔으며, 재처리시설인 방사화학 실험실과 우라늄을 변환 및 가공할 수 있는 핵연료 가공공장 등을 건설하였다. 이밖에 영변과 평안북도 태천에 50 MWe 급과 200 MWe 급 출력의 원자로를 착공하여 핵무기 개발을 위한 제반시설을 확충하였고, 1989년에는 5 MWe 원자로의 운행을 70일 동안 정지하여 플루토늄을 추출했다는 의혹을 받았다.

표 2-16 1980년대 북한의 핵개발 경과

| 구 분 | 주요 내용 |
|---|---|
| 1985년 | · 영변 5 MWe 원자로 완공<br>· 50 MWe 원자로, 방사화학 실험실, 핵연료 가공공장 착공<br>· NPT 가입 |
| 1986년 | · 5 MWe 원자로 운행 시작<br>· 원자력총국 설치(핵관련 업무 총괄) |
| 1987년 | · IAEA 핵안전조치협정 거부<br>· 핵연료 가공공장 완공 |
| 1989년 | · 방사화학 실험실 일부 가동<br>· 200 MWe 원자로 착공<br>· 5 MWe 원자로 70일간 운행 중단 |

### 5) 1990년대

1990년대는 '1차 북핵 위기' 전과 후로 구분할 수 있다. 핵확산금지조약(NPT)에 가입했음에도 불구하고 회원국의 의무사항인 국제원자력기구에 의한 사찰을 계속 거부하다가 남북간의 합의[69]와 러시아의 권유에 의해 1992년 1월에 국제원자력기구와 안전조치협정을 체결했다. 이에 따라 그해 5월에 최초보고서를 국제원자력기구에 제출하고 사찰을 받았으나 플루토늄 생산과 관련된 내용이 맞지 않아 마찰을 빚게 되고, 핵폐기물 저장시설로 의심되는 미신고시설 2곳에 대한 특별사찰 요구를 받게 된다. 북한은 이에 반발하여 1993년 3

69) 1991년 11월 노태우 대통령이 비핵 5원칙을 선언했으며, 12월에는 남북한이 한반도 비핵화 공동선언에 서명함

월, 핵확산금지조약 탈퇴를 선언하면서 남북 간의 갈등은 최고조에 이르게 되었는데 이를 '1차 북핵 위기' 라고 한다. 이로 인해 판문점에서 열린 실무회담에서 '서울 불바다' 발언이 나왔고, 이에 따라 전쟁위기가 고조되기도 하였다.

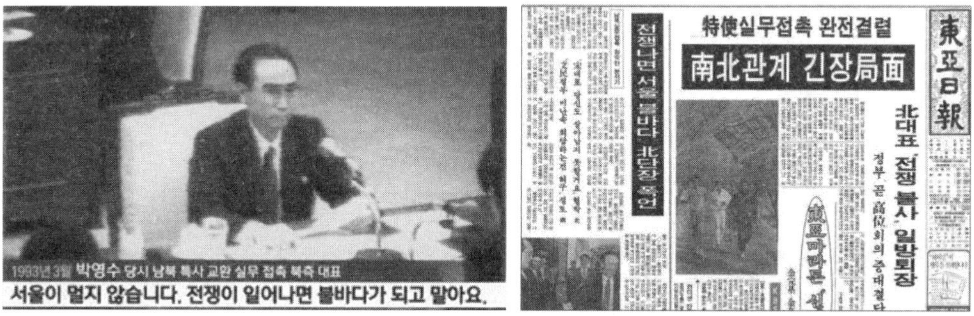


그림 2-28 서울 불바다 발언 사건

북한의 핵확산금지조약 탈퇴에 대응하여 UN 안전보장이사회는 북한의 탈퇴 선언 철회와 사찰을 수용할 것을 촉구하는 결의문을 채택하였다. 미국은 북한과의 고위급 회담을 통해 탈퇴의 잠정보류를 이끌어내었고, 1994년 10월에는 '제네바합의(Geneva Agreed Framework)' 를 체결함으로써 북한의 핵무기 개발을 평화적인 방법으로 중단시키고자 하였다.

※ 제네바합의(Geneva Agreed Framework) 주요 내용

① 북한의 핵무기 개발 동결 및 비핵화 의무 이행
② 핵활동 동결에 대한 대가로 1,000 MWe 급 경수형 원자로 2기 제공, 연간 50만 톤의 중유 지원
③ 북미관계 개선 및 남북대화 재개

제네바합의에 기초하여 뉴욕에 경수용 원자로 제공을 위한 한반도 에너지 개발기구(Korean Peninsula Energy Development Organization, KEDO)가 설립되고, 영변의 5 MWe 원자로 폐연료봉 처리작업도 착수되면서 북핵문제는 순조롭게 처리되는 듯 보였다. 그러나, 1998년 북한이 대포동 미사일 발사 실험을 하고 경수로 사업이 지연되면서 미국과 북한의 갈등은 다시 악화되기 시작하였다.

표 2-17 1990년대 북한의 핵개발 경과

| 구 분 | 주요 내용 |
|---|---|
| 1991년 | · 노태우 대통령에 의한 비핵5원칙 선언<br>· 남북한 한반도 비핵화 공동선언 |
| 1992년 | · IAEA와 핵안전조치협정 체결<br>· IAEA에 의한 핵시설 사찰(플루토늄 보유량 미일치) |
| 1993년 | · 핵폐기물 보관 의심시설 2곳에 대한 특별사찰 거부<br>· NPT 탈퇴 선언, 1차 북핵 위기<br>· 미국과의 고위급 회담 후 NPT 탈퇴 잠정 보류 |
| 1994년 | · 김일성 사망<br>· 제네바합의 체결<br>· 핵무기 개발활동 동결 선언 |
| 1995년 | · 5 MWe 원자로 폐연료봉 처리를 위한 북미 회담 개최<br>· KEDO 설립 |
| 1996년 | · 5 MWe 원자로 폐연료봉 밀봉작업 개시 |
| 1997년 | · 대포동 미사일 발사 실험 |

### 6) 2000년 이후

2000년대 초, 북한은 경수로 사업 지연을 이유로 제네바합의 파기 가능성과 5 MWe 원자로의 재가동을 경고하면서 미국과 국제사회를 압박하기 시작하였다. 이 와중에 2001년 미국에서 911 테러가 발생하고, 2002년 1월에는 미국이 북한을 '악의 축(axis of evil)'으로 규정하면서 북미 갈등이 최고조에 이르렀다. 2002년 10월 부시 행정부 출범 이후 첫 공식 북미 대화를 위해 미국 대표단이 북한을 방문하였다. 당시 수석대표였던 제임스 켈리(James Kelly) 특사가 북한의 고농축 우라늄을 이용한 핵개발 프로그램 보유 의혹을 제기하였는데, 북한이 이를 시인하면서 '2차 북핵 위기'가 촉발되었다. 미국은 중유 공급을 중단하기로 결정하였고, 국제원자력기구는 북한의 핵개발을 포기할 것을 요구하는 결의문을 채택하였다. 이에 대응하여 북한은 그해 12월 핵시설 가동 및 건설 재개를 선언하면서 제네바합의 이후 봉인되었던 5 MWe 원자로·폐연료봉·방사화학 실험실 등을 재가동하고 감시카메라를 제거하였다. 더 나아가 북한의 핵활동을 감시하기 위해 파견된 국제원자력기구 사찰단을 추방하였고, 이듬해인 2003년 1월에는 핵무기 확산금지조약에서 탈퇴한다고 정부성명을 발표하였다.

북핵 문제로 인한 갈등이 심각해지면서 이를 평화적으로 해결하고자 2003년 8월에 베이징에서 제1차 6자회담[70]이 개최되었다. 6자회담은 2007년 9월까지 총 6번 개최되었는데 북한이 핵시설 가동 중단을 선언했던 제5차 회담까지 거의 성과를 내지 못하였다. 특히, 2005년 부시(George W. Bush) 대통령이 연임하여 대북 강경정책의 일환으로 북한을 폭정의 전초기지(outpost of tyranny)로 지목하면서 6자회담이 중단될 위기에 처해지기도 하였다. 우여곡절 끝에 개최된 제4차 회담(2005년 9월, 2단계 회의)에서 '한반도 비핵화, 북한의 안전보장, 에너지 지원' 등을 주요 내용으로 하는 '9·19 공동성명'이 발표되면서 북핵문제가 해결되는 듯 보였다. 그러나 핵폐기 범위와 평화적 핵이용 권리에 대한 의견 차이를 좁히지 못하였고, 2006년 7월 에 실시한 노동 1호·대포동 2호 등의 미사일 시험발사와 10월에 실시한 1차 핵실험으로 인해 북미관계는 다시 악화되었다. UN 안전보장이사회는 북한의 핵실험에 대응하여 대북 제재 결의안 1718호[71]를 채택하여 북한을 압박하다가, 2007년 2월에 개최된 제5차 6자회담 3단계 회의에서 '2·13 합의'[72]가 이루어지면서 북한은 영변 원자로의 냉각탑을 폭파하고, 미국은 테러지원국 명단에서 북한을 제외시키는 등 북핵문제가 진전되는 모습을 보이는 듯 하였다.

그림 2-29 영변 5MWe 원자로 냉각탑 폭파

70) 북한의 핵문제를 해결하고 한반도의 비핵화를 실현하기 위하여 한반도 주변 6개국(대한민국, 북한, 미국, 러시아, 일본, 중국)이 참여하는 다자 회담. 2003년 8월에 실시된 제1차 6자회담부터 2007년 9월 회담까지 총 6차례 개최됨.

71) 북한의 1차 핵실험 직후인 2006년 10월 14일 만장일치로 채택된 대북 결의안. 북한의 핵개발 금지 및 무기수출 통제, 자금 동결 등의 내용을 담고 있음.

72) 9·19 공동선언을 기초로 하여 북핵 문제 해결을 위한 계획임. 북한의 핵시설 폐쇄 및 불능화, 핵사찰 수용, 대북 중유 및 경제적 지원 등의 내용 포함

그러나, 2009년 4월에 북한이 인공위성 '광명성 2호' 를 우주발사체인 '은하 2호' 에 탑재하여 발사하고, 5월에는 2차 핵실험을 감행하면서 북핵문제는 다시 난항을 겪게 된다. 북한의 2차 핵실험에 대한 대응으로 UN 안전보장이사회는 대북제재 결의안 1718호보다 더욱 강화된 결의안 1874호를 채택하여 북한을 압박하였으나, 북한은 오히려 핵시설을 원상복구하고 플루토늄과 고농축 우라늄을 이용한 핵무기 개발을 천명하였다. 북한은 2010년 11월, 미국의 핵무기 전문가인 헤커(Siegfried S. Hecker) 박사를 초청하여 우라늄 농축시설과 일부 핵프로그램을 공개하였다.

표 2-18 대북제재 결의안 1718호와 1874호 비교

| 구 분 | 결의안 1718호 | 결의안 1874호 |
|---|---|---|
| 무기 수입 및 수출 금지 | · 수출 · 입 금지 대상 품목<br>- 대량살상무기<br>(핵, 화학무기, 생물학무기, 미사일)<br>- 전차, 전투기 등 주요 재래식무기<br>- 사치품<br><br>· 금지 품목에 대한 대북 기술조언, 조언, 기타 지원 금지 | · 금지 대상 품목 확대<br>- 모든 무기 관련 물자 수출 · 입 금지<br>※ 소형무기 수입은 가능, 수출국은 사전에 대북제재 위원회에 수출 내용을 통보<br>· 핵 관련 통제품목 리스트 최신화<br>· 기술훈련 등 금지 대상 확대 |
| 화물 검색 | · 화물검색에 대한 협조를 요구하는 수준<br>- 금지 물품을 적재한 북한 행 · 발 화물검색 협력 요구 | · 화물 검색 영역 범위 확대<br>- 자국 영토 및 기국의 동의를 얻어 공해상의 북한행·발 화물검색 가능<br>· 금지품목 발견 시 압류/처분 권한 부여<br>· 의심 선박에 대한 연료공급 등 지원 서비스 금지 |
| 금융 경제 제재 | · 대량살상무기 관련 안전보장이사회가 지정한 개인 및 단체의 금융자산 동결, 이전 금지 | · 대량살상무기 관련 모든 금융자산 동결, 거래 금지<br>· 인도적 · 개발 · 비핵화 촉진 목적 이외의 대북 무상원조 · 금융지원 · 양허성 차관의 신규계약 금지, 기존계약 감축 노력 |

미국과 북한의 관계는 김정일 사망 이후 2012년에 '2.29 합의'73) 가 이루어지면서 다시 진전되는 듯 하였다. 그러나 합의 후 두 달이 지나지 않은 4월 13일에 북한은 광명성 3호를 탑재한 장거리 우주발사체인 '은하 3호' 를 발사하였고, 2013년 2월에는 3차 핵실험을

73) 북한의 핵무기 개발 프로그램(핵실험, 장거리 미사일 발사 등) 중지에 대한 대가로 24만 톤 규모의 대북 식량지원을 하는 것을 주요 내용으로 함.

감행하였다. 특히, 3차 핵실험을 실시한 후에는 관영매체인 조선중앙통신을 통해 핵무기의 소형화와 경량화에 성공했다고 공식적으로 발표하였다. 이에 대해 UN 안전보장이사회는 핵실험 후 3주 만에 새로운 대북제재 결의안 2094호를 만장일치로 채택하여 북한의 행동을 규탄하고, 국제 금융거래와 무역활동을 더욱 강력히 제재하고자 하였다. 회원국들의 의무조항을 대폭 늘려서 결의안 37개 항목 중 절반이 넘는 19개 항목을 의무사항으로 규정하였고, 대량살상무기 관련 품목 통제에 중점을 두었던 기존의 결의안과 달리 캐치올(Catch-all)74) 방식의 규제를 통해 무기로 전용될 가능성이 있는 모든 품목을 감시 및 통제하는 내용이 포함되었다. 그리고 육로나 선박뿐만 아니라 항공기에 대한 제재도 포함하여 불법화물을 적재한 것으로 판단될 경우에는 이착륙 및 영공통과를 금지시켰고, 불법화물 적재 의심 선박에 대해서는 의무적인 화물검사를 시행하도록 하였다. 또한 북한 정권이 지도부 세력의 충성심과 결속력을 높이는데 사용되는 사치품의 규제 목록을 보다 구체화하였다.

이와 같은 국제사회의 강력한 제재에도 불구하고 북한은 2016년 1월 6일 4차 핵실험을 감행하고, 약 한달 후에는 장거리 로켓을 발사하는 등 핵무기 개발에 대한 야욕을 한층 진전시켰다. 이에 대해 한국 정부는 개성공단을 폐쇄하고 남북 군사분계선에서 대북 확성기 방송을 재개하는 등 북한을 압박하였으며, UN 안전보장이사회에서는 역대 가장 강력한 대북제재라고 평가받는 결의안 2270호를 채택하였다. 결의안에는 생필품을 제외한 모든 품목에 대한 무역 금지, 북한의 해외자산동결 및 금융지원을 금지시키는 등의 내용이 포함되어 있다.

74) 핵무기와 같은 전략물자 수출·입 통제제도로서, 수출자가 수입자의 무기개발 의도를 인지하였을 경우 통제품목이 아니더라도 관련 품목에 대한 수출을 모두 통제하는 규제 방식.

표 2-19 2000년대 북한의 핵개발 경과

| 구 분 | 주요 내용 |
|---|---|
| 2002년 | · 고농축 우라늄을 이용한 핵무기 개발 프로그램 보유 선언, 2차 북핵 위기<br>· 대북 중유 공급 중단 선언<br>· 핵시설 가동 및 건설 재개 선언 |
| 2003년 | · NPT 탈퇴 선언, 폐연료봉 재처리 작업 실시<br>· 제1차 6자회담 |
| 2004년 | · 제2, 3차 6자회담 |
| 2005년 | · 제4, 5차 6자회담<br>· 핵무기 보유 선언<br>· 9·19 공동선언 발표(제5차 3단계 6자회담) |
| 2006년 | · 1차 핵실험<br>· UN 안보리 대북제재 결의안 1718호 채택 |
| 2007년 | · 제 6차 6자회담(2·13 합의)<br>· 영변 핵시설 가동 중단 발표<br>· 핵시설 불능화 합의, '북핵 불능화 실사단' 영변 방문 |
| 2008년 | · 영변 5 MWe 원자로 냉각탑 폭파<br>· 핵시설 시료채취 거부 |
| 2009년 | · 은하 2호 발사<br>· 2차 핵실험<br>· UN 안보리 대북제재 결의안 1874호 채택 |
| 2011년 | · 김정일 사망 |
| 2012년 | · 2·29 합의<br>· 은하 3호, 3-2호 발사 |
| 2013년 | · 3차 핵실험<br>· UN 안보리 대북제재 결의안 2094호 채택 |

## 나. 북한의 핵실험

### 1) 1차 핵실험

2006년 10월 9일 북한은 함경북도 길주군의 만탑산에 위치한 풍계리 핵실험장에서 지하 핵실험을 감행하고서 국영 통신매체인 조선중앙통신을 통해 핵실험이 성공적으로 진행되었다고 발표하였다.

그림 2-30 풍계리 핵실험장

> ※ 조선중앙통신사 보도문 전문
>
> 온 나라 전체 인민이 사회주의 강성대국 건설에서 일대 비약을 창조해 나가는 벅찬 시기에 우리 과학 연구부문에서는 주체 95년(2006년) 10월 9일 지하 핵시험을 안전하게 성공적으로 진행하였다.
>
> 과학적 타산과 면밀한 계산에 의하여 진행된 이번 핵시험은 방사능 유출과 같은 위험이 전혀 없었다는 것이 확인되었다.
>
> 핵시험은 100% 우리 지혜와 기술에 의거하여 진행된 것으로서 강력한 사회적 국방력을 갈망해온 우리 군대와 인민에게 커다란 고무와 기쁨을 안겨준 역사적 사변이다.
>
> 핵시험은 조선반도와 주변지역의 평화와 안정을 수호하는데 이바지하게 될 것이다.

핵폭발 위력은 1 kT 미만으로 북한이 계획했던 4 kT에 훨씬 미치지 못했다. 폭발 위력이 너무 작다 보니 실제로 핵실험을 한 것이 맞느냐는 논란이 있었지만, 핵실험 시 누출된 방사성 동위원소가 탐지되면서 플루토늄을 원료로 한 핵실험을 진행되었다는 것이 밝혀졌다. 일부 핵선진국에서는 낮은 위력의 전술핵무기를 만들기도 하지만, 당시 북한의 기술력을 감안했을 때 1차 핵실험은 실패한 것으로 추정되고 있다. 다른 핵보유국의 최초 핵실험과 비교하더라도 1 kT 는 너무 작은 위력이다.

표 2-20 국가별 최초 핵실험 위력

| 국 가 | 폭발 위력 | 핵원료 / 타입 | 암호명 | 연 도 |
|---|---|---|---|---|
| 미국 | 20 kT | 플루토늄 / 내폭형 | Trinity | 1945 |
| 러시아 | 22 kT | 플루토늄 / 내폭형 | RDS-1 | 1949 |
| 영국 | 25 kT | 플루토늄 / 내폭형 | Hurricane | 1952 |
| 프랑스 | 70 kT | 플루토늄 / 내폭형 | Gerboise Bleue | 1960 |
| 중국 | 22 kT | 고농축우라늄 / 내폭형 | 596 | 1964 |
| 인도 | 8 kT | 플루토늄 / 내폭형 | Smiling Buddha | 1974 |
| 파키스탄 | 40 kT | 고농축우라늄 / 내폭형 | Chagai-I | 1998 |
| 북한 | 1 kT | 플루토늄 / 내폭형 | - | 2006 |

### 2) 2차 핵실험

2009년 5월 25일 풍계리 핵실험장 서쪽 갱구 부근에서 북한이 2차 지하핵실험을 실시하였다. 정확한 위력에 대해서는 조사기관별로 차이가 있지만 1차 핵실험과는 달리 핵무기 개발에 성공한 것으로 평가되었다. 포괄적 핵실험 금지기구(Comprehensive Nuclear-Test-Ban Treaty Organization, CTBTO)75) 는 폭발위력을 2.4 kT 으로 평가하였고, 미국의 저명한 군사과학 전문지인 '원자력과학자 협회보(Bulletin of the Atomi Scientists)' 에서는 1차 핵실험의 위력보다 훨씬 높은 2 ~ 4 kT 일 가능성이 높다고 분석하였다.

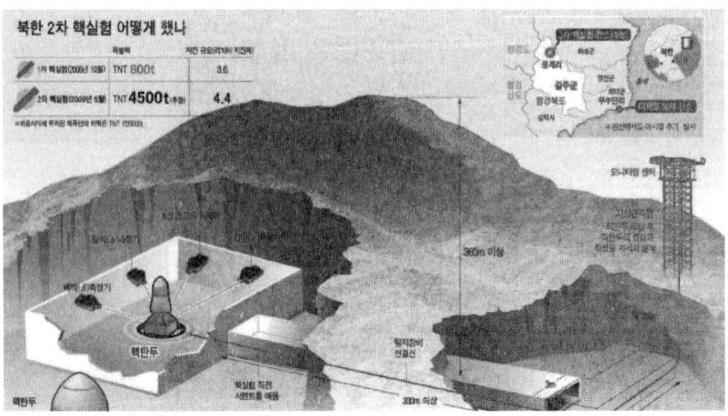


**1차 지하 핵실험장, 수평 갱도 모습(측면), L자 모양**

75) 포괄적 핵실험 금지조약의 효과적 이행을 위해 설립된 기구. 국제 핵실험 감시체제 구동 및 자료센터 구축, 운영메뉴얼 작성 등의 활동을 함.

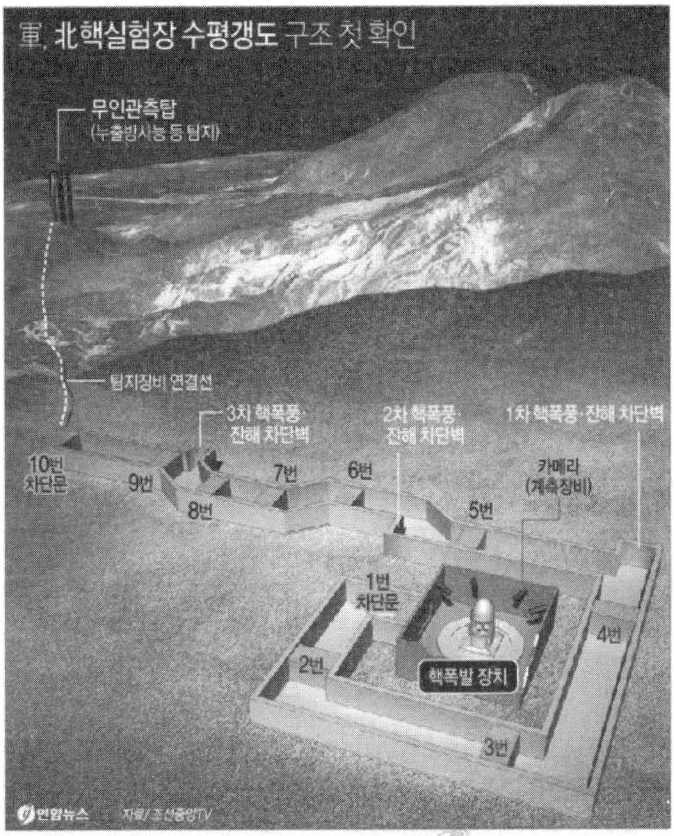


2차 지하 핵실험장 달팽이관 구조 모습

그림 2-31 1·2차 지하 핵실험장 내부 구조 비교

그런데 2차 핵실험에서는 지하 핵실험장의 독특한 구조로 인해 핵실험 후 방사성 핵종이 탐지되지 않았다. 이는 핵무기 원료를 판단하는데 어려움을 주었다. '국제 핵물질 위원회(International Panel on Fissile Materials, IPFM)'76)가 발간한 국제 핵물질 보고서(2009)에서는 북한이 2차 핵실험 시 핵물질로 플루토늄 5 kg을 사용한 것으로 추정하였다. 고농축 우라늄의 사용에 대해서는 북한이 고농축 우라늄 프로그램의 추진을 발표하기는 했지만, 무기급 고농축 우라늄을 대량 생산하는 단계에는 미치지 못했다는 판단이 우세하였다.

그림 2-31은 2차 핵실험 후 북한 조선중앙TV가 방영한 선전영화 '내가 본 나라'를 토

76) 16개국의 핵전문가들로 이루어진 그룹으로 핵무기 주원료인 고농축 우라늄과 플루토늄의 감소 및 생산 억제를 목표로 함.

대로 추정한 핵실험장의 내부구조를 보여주고 있다. 한·미 정보당국은 이 그림이 실제와 상당히 비슷하다는 결론을 내렸다. 2차 핵실험장의 내부구조는 1차 핵실험 때의 직선형 수평갱도와 달리, 길이 1km 내외의 달팽이관 형태의 수평갱도로 이루어져 있고 출입구를 제외하고 총 9개의 차단문이 있어 핵폭발 후 발생하는 가스 및 잔해들을 효과적으로 차단할 수 있다. 차단문은 두께 1m 내외의 강철과 콘크리트로 제작되었고, 핵폭발 시 발생하는 폭풍이 차단문에 주는 충격을 최소화하기 위하여 갱도가 꺾여진 곳에 설치되었다. 핵폭발 원점에서 가장 가까운 1번 차단문은 3중의 강철로 만들어진 것으로 추정하고 있다. 이외에도 핵폭발 잔해를 차단하고 폭풍에 의한 충격을 흡수하기 위하여 폭풍 진행방향에 격벽도 세 곳이나 설치하였다. 이러한 구조로 인하여 핵실험 시 방사성 핵종이 유출되지 않은 것으로 추정된다.

### 3) 3차 핵실험

북한은 조선중앙통신을 통해 2013년 2월 12일 제3차 지하 핵실험을 성공적으로 진행했다고 보도하였다.

※ 조선중앙통신사 보도문 전문

우리 국방과학부문에서는 주체 102년(2013년) 2월 12일 북부 지하 핵시험장에서 제3차 지하 핵시험을 성공적으로 진행하였다.

핵시험은 우리 공화국의 합법적인 평화적 위성발사 권리를 란폭하게 침해한 미국의 포악무도한 적대행위에 대처하여 나라의 안전과 자주권을 수호하기 위한 실제적 대응조치의 일환으로 진행되었다.

이전과 달리 폭발력이 크면서도 소형화, 경량화된 원자탄을 사용하여 높은 수준에서 안전하고 완벽하게 진행된 이번 핵시험은 주위 생태환경에 그 어떤 부정적 영향도 주지 않았다는 것이 확인되었다.

원자탄의 작용특성들과 폭발위력 등 모든 측정결과들이 설계값과 완전히 일치됨으로써 다종화된 우리 핵억제력의 우수한 성능이 물리적으로 과시되었다.

이번 핵시험은 우주를 정복한 그 정신, 그 기백으로 강성 국가건설에 한사람같이 떨쳐나선 우리 군대와 인민의 투쟁을 힘있게 고무추동하고 조선반도와 지역의 평화와 안정을 보장하는 데서 중대한 계기로 될 것이다.

전문 내용을 보면 핵실험을 통해 소형화된 핵탄두를 성공적으로 개발하였다고 보도하고 있고, '다종화된 핵억제력이 과시되었다' 는 표현을 통해 핵무기 원료로 기존의 플루토늄이 아닌 고농축 우라늄을 사용하였다는 것을 시사하고 있다.

우리나라 국방부는 3차 핵실험의 폭발위력을 1, 2차 핵실험보다 높은 6 ~ 9 kT 수준으로 평가하였다. 그러나 1, 2차 핵실험 때와 마찬가지로 폭발위력은 각 측정기관별로 많은 차이를 보였다. 한국 지질자원연구원은 약 5.5 kT 로, NORSAR(Norwegian Seismic Array)[77]는 10 kT 로 분석하였고, 독일 정부 산하 연구소인 연방지질자원연구소(Federal Institute for Geosciences and Natural Resources)는 폭발위력이 40 kT에 이르는 것으로 평가하였다.

북한이 핵무기 원료로 고농축 우라늄을 사용했는지 여부는 확실하지 않다. 핵실험 약 55일 후 풍계리 핵실험장에서 누출된 것으로 의심되는 방사성 핵종이 검출되기는 했지만, 방사성 핵종의 짧은 반감기와 적은 포집량으로 인해 핵무기 원료를 분석하기에는 많은 어려움이 있었다. 그러나 북한이 지난 2008년 6월 영변 5MWe 흑연감속로의 냉각탑을 폭파했기 때문에 더 이상 플루토늄을 생산하기 어려운데다 2010년에 대규모 우라늄 농축시설을 공개했다는 점이 고농축 우라늄의 사용 가능성에 힘을 주고 있다. 북한은 2010년 11월 미국의 핵 전문가 헤커(Siegfried S. Hecker) 박사를 초청해 영변 핵단지 내의 시설을 공개하였고, 헤커 박사는 '북한이 우라늄 농축을 위해 약 2,000개의 원심분리기를 설치하여 가동하고 있었다' 고 밝힌 바 있다.

2014년 발간된 우리나라 국방백서에는 '북한은 플루토늄을 보유하고 있고 고농축 우라늄 프로그램도 진행하고 있으며 핵무기 소형화 능력이 상당한 수준에 이르렀다' 고 기술하고 있다.

77) 노르웨이와 미국간의 지진과 핵실험 탐지를 위한 조약에 의해 설립. 포괄적 핵실험금지조약을 위한 국립 데이터 센터로 지정됨.

표 2-21 북한 1·2·3차 핵실험 비교

| 구 분 | 1차 | 2차 | 3차 |
|---|---|---|---|
| 일 자 | 2006. 10. 9 | 2009. 5. 25 | 2013. 2. 12 |
| 장 소 | 풍계리 핵실험장 (동쪽 갱구 부근) | 풍계리 핵실험장 (서쪽 갱구 부근) | 풍계리 핵실험장 (남쪽 갱구 부근) |
| 실험장 구조 | 직선형 수평갱도 | 달팽이관형 수평갱도 | 달팽이관형 수평갱도 |
| 폭발위력 | 1 kT 미만 | 2 ~ 6 kT | 6 ~ 9 kT |
| 핵실험 원료 | 플루토늄 | 플루토늄(추정) | 고농축우라늄(추정) |
| 방사성 핵종 탐지 여부 | 제논 탐지 | 미탐지 | 미탐지 |

## Question. 측정기관마다 핵폭발 위력을 다르게 평가하는 이유는?

핵폭발 위력은 일반적으로 핵실험 시 발생하는 인공지진의 강도에 의해 결정된다. 그런데 지진파는 지질과 폭발 심도에 따라 달라지기 때문에 실험장소로부터 측정장소까지의 지질구조와 핵폭발이 일어난 깊이를 모를 경우 측정값은 큰 차이를 보이게 된다. 예를 들어 단단한 화강암지대에서는 점토지대보다 강한 지진파가 측정되며, 폭발심도가 깊을수록 지진파의 세기도 커진다. 또한 측정방법에 의해서도 그 크기가 달라질 수 있다. 3차 핵실험 시 우리나라 기상청은 규모 5.1의 지진파를 측정한 반면, 한국지질자원연구원은 규모 4.9의 지진파가 측정되었다고 밝혔다. 이는 기상청은 자연지진을 측정하는 방식(ML 분석기법)으로 지진파의 크기를 산출한 반면, 지질연구원은 인공지진을 측정하는 방식(MB 분석기법)을 적용했기 때문이다.[78] 마지막으로 같은 지진규모를 측정했다 할지라도 핵폭발 위력을 산출하는 방식에 의해서 편차가 발생할 수 있다. 핵폭발 위력은 인공지진 규모를 TNT 폭발위력으로 환산하는 공식을 이용하여 산출하는데, 이는 과거 핵실험 시 발생한 실험값을 기초로 하여 만들어진 것이다. 이렇게 차이가 나는 이유는 실험장의 지질특성과 폭발심도 등에 의해 실험값들이 차이가 나기 때문이다.

참고로, 규모 5.1과 규모 4.9의 차이가 작다고 생각하면 큰 오산이다. 포괄적핵실험금지기구에서 사용하는 산출식을 토대로 두 폭발위력을 비교하면 규모 5.1의 강도는 12.6 kT, 규모 4.9는 7.9 kT의 위력으로 평가된다. 지진규모는 단지 0.2의 차이에 불과하지만 폭발위력은 1.6배나 달라지는 것이다.

측정기관별 지진규모에 따른 폭발위력 산출 결과

| 구 분 | 지진 규모 | 폭발 위력 | | | |
|---|---|---|---|---|---|
| | | 한국 지질자원 연구원 | CTBTO | Murpy 연구소 | Ringdal 연구소 |
| 1차 핵실험 | 3.9 | 0.4 kT | 0.8 kT | 0.9 kT | 0.2 kT |
| 2차 핵실험 | 4.5 | 1.8 kT | 3.2 kT | 5.2 kT | 1.2 kT |
| 3차 핵실험 | 4.9 | 5.5 kT | 7.9 kT | 16.2 kT | 4 kT |

※ 기관별 폭발위력 산출식

① 한국지질자원연구원 : 지진규모 = 0.84log(위력) + 4.28

② 포괄적 핵실험금지기구 : 지진규모 = log(위력) + 4.0

③ Murpy 연구소 : 지진규모 = 0.81log(위력) + 3.92

④ Ringdal 연구소 : 지진규모 = 0.75log(위력) + 4.45

### 4) 4차 핵실험

2016년 1월 6일 오전 10시 30분경 북한은 4차 지하핵실험을 감행하였고, 조선중앙통신을 통해 소형화된 수소탄 시험에 성공하였다고 발표하였다. 한국지질자원연구원이 분석한 내용에 따르면 핵실험이 일어난 장소는 2·3차 핵실험을 실시하였던 풍계리 핵실험장 서쪽 갱구부근(북위 41.30도, 동경 129.09도)이며, 규모 4.8의 지진파가 측정되었다.[79] 이는 3차 핵실험 때보다 위력이 낮은 것으로 국가정보원에서는 폭발위력을 6 kT 으로 추정하였다.

북한의 주장대로 실제로 수소폭탄을 실험하였는지 여부는 아직 밝혀지지 않았다. 대한민국 국방부는 6 kT 수준의 위력은 제2차 세계대전 시 히로시마와 나가사키에 투하되었던 기초적인 원자폭탄에도 미치지 못하는 것으로 북한의 '수소폭탄 성공' 주장은 거짓일 것으로 판단하고 있다. 과거에 실시되었던 핵실험을 토대로 봤을 때 일반적으로 수소폭탄의 위력은 메가톤(MT)급 위력이며, 아무리 소형화된 수소폭탄도 최소한 100 kT 이상은 되어야 한다는

78) 자연지진을 측정하는 방식을 이용하여 인공지진을 측정할 경우 상대적으로 높은 값이 나옴.

79) 북한지역 특이신호(지진/공중음파) 분석 보고서, 한국지질자원연구원(2016.1.11.)

것을 그 이유로 제시하였다. 미국 랜드연구소 선임연구원인 베넷(Bruce W. Bennett) 박사를 포함한 많은 외국 전문가들도 수소폭탄 실험에 성공하였다는 북한의 주장에 회의적인 반응을 보였으며, 소형화에 유리한 증폭핵분열탄의 실험 가능성을 제시하였다.

## Question. 북한의 4차 핵실험에 사용된 폭탄의 유형은?

폭발위력으로 봤을 경우에는 원자폭탄의 폭발력 수준이다. 그러나 원자폭탄에는 수소 동위원소가 포함되어 있지 않으므로 북한에서 주장한 바와 같이 수소탄을 실험하였다고 할 수 없다. 그렇다고 수소폭탄이라고 하기에는 폭발위력이 너무 낮다. '폭발위력·소형화·수소탄'이라는 범주를 고려하면 4차 핵실험에서는 낮은 위력의 증폭핵분열탄을 사용하였을 가능성이 높아진다. 증폭핵분열탄은 원자폭탄으로 분류되지만 핵분열 효율을 높이기 위해 수소 동위원소를 추가 사용한다. 그러므로 북한이 수소폭탄이 아닌 수소탄 실험에 성공하였다고 발표했을 수도 있다.

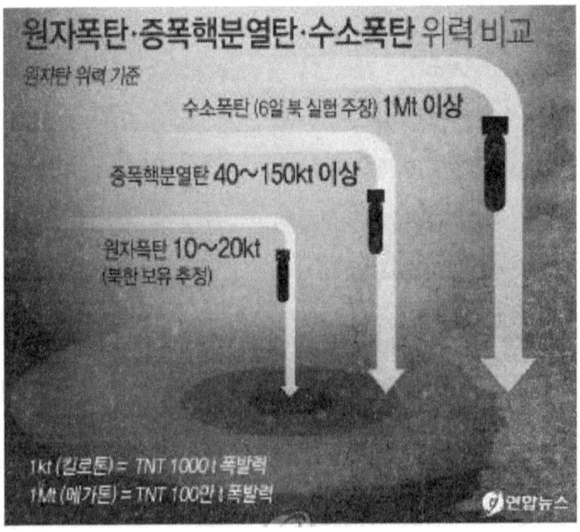


핵폭탄 유형별 폭발 위력 비교

국정원에서 발표한 6 kT 라는 폭발위력은 수십 ~ 수백 kT 의 폭발력을 갖는 증폭핵분열탄에는 한참 미치지 못한다. 그러나 지진규모 및 폭발력 산출방식에 따라 그 위력이 크게 달라진다는 점에서 증폭핵분열탄을 실험하였을 가능성을 배제할 수는 없다. 북한의 4차 핵실험에 대해 한국지질자원연구원에서 측정한 지진규모는 4.8 이었던 반면, 미국지질조사국에서는 5.1, 유럽지중해지진센터에서는 5.2 로 측정하였다. 이를 포괄적핵실험금지조약기구(CTBTO)에서 사용하는 폭발력 산출식을 적용하였을 때 그 위력은 2 ~ 2.5 배 이상 차이가 난다. 또한 폭발지 주변의 지질특성과 폭발심도에 대한 데이터 부족으로 인해 정확한 산출식을 적용하기가 어려워 그 오차는 더욱 커질 수 있다.

공식적인 핵보유국인 미국·러시아·영국·프랑스·중국은 모두 원자폭탄을 개발하고 10년 이내 수소폭탄 개발에 성공하였으며, 이는 이미 60년도 더 지난 기술이다. 최근 인터넷의 발달로 인해 핵무기 관련 정보를 어렵지 않게 획득할 수 있다는 점을 감안하면 주요 핵물질 확보 시 수소폭탄의 개발 가능성을 무시할 수만은 없다. 그러나 수소폭탄은 다단계의 에너지 전달구조를 지니고 있어 폭발력을 증대시키기는 유리하지만, 소형화가 어렵다는 단점이 있다. 반면, 증폭핵분열탄은 핵융합반응을 통해 핵분열 효율을 증가시킴으로써 소형화와 경량화에 유리하다.

국가별 핵무기 최초 개발 연도

| 구 분 | 미국 | 러시아 | 영국 | 프랑스 | 중국 | 인도 | 파키스탄 | 북한 |
|---|---|---|---|---|---|---|---|---|
| 원자폭탄 | 1945년 | 1949년 | 1952년 | 1960년 | 1964년 | 1974년 | 1998년 | 2006년 |
| 수소폭탄 | 1952년 | 1953년 | 1957년 | 1968년 | 1967년 | - | - | - |

마지막으로 증폭핵분열탄과 수소폭탄 모두 주요 핵물질로 수소 동위원소를 사용한다. 핵실험이 있기 3일 전인 1월 3일, 국군화생방방호사령부에서는 북한의 5 MWe 원자로와 연결된 소형 건물이 삼중수소 분리시설로 추정되고, 신축 중인 경수로와 그 아래 건축물이 중성자를 조사할 수 있는 시설일 가능성이 크다고 분석하여 북한이 수소 동위원소를 생산할 수 있다는 점을 강조하였다.

핵무기 유형별 주요 핵물질

| 구 분 | 원자폭탄 | 증폭핵분열탄 | 수소폭탄 |
|---|---|---|---|
| 주요 핵물질 | 우라늄-235<br>플루토늄-239 | 우라늄-235<br>플루토늄-239<br>중수소·삼중수소 | 우라늄-235<br>플루토늄-239<br>중수소·삼중수소<br>우라늄-238 |

그러나, 위의 내용은 북한이 주장한 '소형화된 수소탄 실험에 성공하였다'는 점을 근거로 한 것이며, 북한의 주장이 거짓일 가능성도 배제할 수 없다. 원자폭탄을 실험하였지만 수소탄이라고 거짓 주장할 수 있고, 수소폭탄의 기폭장치로서 원자폭탄을 실험하고서 성공하였다고 할 수도 있으며, 수소폭탄을 실험하기는 하였으나 실패했을 수도 있기 때문이다.

### 5) 5차 핵실험

4차 핵실험 이후 북한은 불과 8개월 만인 2016년 9월 9일 제 5차 핵실험을 실시하였다. 이전까지의 핵실험이 약 3~4년의 간격을 두고 진행된 것에 비해 5차 핵실험은 매우 짧은 기간인 8개월 만에 실시되었다.(표 2-22)

표 2-22 북한의 핵실험

| 구 분 | 1차 | 2차 | 3차 | 4차 | 5차 |
|---|---|---|---|---|---|
| 일 자 | '06. 10. 9. | '09. 5. 25. | '13. 2. 12. | '16. 1. 6. | '16. 9. 9. |
| 기 간 | NPT 탈퇴 후 3년 | 2년 7개월 | 3년 8개월 | 2년 10개월 | 8개월 |

이와같은 북한의 4차 핵실험과 장거리 미사일 시험발사('16. 2. 7)로, 2016년 3월 2일 유엔 안전보장이사회는 유엔 역사상 비(非)군사적 조치로는 가장 강력한 대북제재결의안 2270호를 채택[80]하였다. 이로 인해 핵무기 개발의 자금조달 통로가 봉쇄될 위기에 놓이자 북한은 기존의 비축물자가 바닥을 보이기 전에 '핵능력 고도화'의 목표를 달성하고자 불과 8개월 만에 5차 핵실험을 실시한 것이다.

5차 핵실험을 위해 김정은은 핵무기 연구부문 과학자와 기술자들에게 핵무기 병기화 사업지도('16. 3. 9)를 실시하고, 조선인민군 전략군 탄도미사일 발사훈련을 참관('16. 3. 11)하는 등 모든 역량을 동원하여 핵무기 관련 시험들을 대폭 증대하였다. 4차 핵실험 이후 5차 핵실험 이전까지 단기간에 실시된 북한의 핵무기 관련 시험을 통해 핵전력을 단시간내 보유하여 외부의 압력에 대응하고자 하는 북한의 의도를 살펴볼 수 있다.

길주군 풍계리에 위치한 핵실험장에서 실시된 이번 핵실험은 진도 5.0 규모의 인공 지진을 일으켰다. 국방부 공식 발표에 의하면 이번 핵실험에 사용된 핵탄두는 핵출력 약 10 kT 정도의 규모로 4차 핵실험때보다 약 4 kT 정도 위력이 증가하였다(표 2-24).

80) 북한의 핵·미사일 개발에 대한 유엔 안보리의 기본 인식이 담긴 전문 12개 항, 대북 제재 내용 및 이행계획을 기술한 본문 52개 항, 그리고 5개 부속서로 구성

대북제재결의안 2270호 주요 내용

◎ 북한 대상

- 북한의 모든 무기 거래와 무기 수출 후 수리 및 서비스 제공 관련 거래 금지
- 북한군 작전 수행에 필요하다고 판단되는 모든 무역 금지
- 북한군의 다른 나라에 대한 교육·훈련 금지(북한군 해외 교관 파견 포함)
- 민생 목적의 석탄, 철광석 수출을 제외한 금, 티타늄, 바나듐 등 희토류 거래 금지
- 북한으로의 항공유 판매 금지(민간 항공기 해외 급유 제외)
- 북한 은행의 해외 지점 및 사무소 신규 개설 금지
- 북한 은행 해외 지점 90일 이내 모두 폐쇄
- 북한 정부와 노동당 관련 기관들의 해외 자산 모두 동결 및 이전 금지

◎ 안보리 회원국 대상

- 북한의 불법 행위에 연루된 외국인 강제 추방 의무화
- 북한을 오가는 모든 선박 검문검색 의무화
- 북한을 대상으로한 선박, 항공기 및 승무원 대여 금지
- 제재대상 품목을 실은 것으로 추정되는 북한 항공기의 이·착륙 및 영공 통과 불허 의무화

표 2-23 4차 핵실험 이후 실시된 핵무기 관련 시험[81)]

| 일 자 | 주 요 내 용 |
|---|---|
| '16. 3. 15 | 탄두 재진입체 발열시험 |
| '16. 3. 18 | 노동미사일 시험발사 |
| '16. 3. 24 | 고체연료 로켓엔진 시험 |
| '16. 4. 9 | 신형 ICBM 엔진 시험 |
| '16. 4. 23 | SLBM 시험 발사 |
| '16. 4. 15, '16. 4. 28<br>'16. 5. 31, '16. 6. 22 | 무수단 미사일 시험 발사 |
| '16. 4. 23 | SLBM 시험 발사 |
| '16. 7. 19<br>'16. 8. 3 | 노동/스커드 미사일 시험 발사 |
| '16. 8. 24 | SLBM 사출시험 500 km 성공 |
| '16. 9. 5 | 스커드 ER 미사일(1,000 km) 시험 발사 |

81) 북한 조선중앙통신 보도

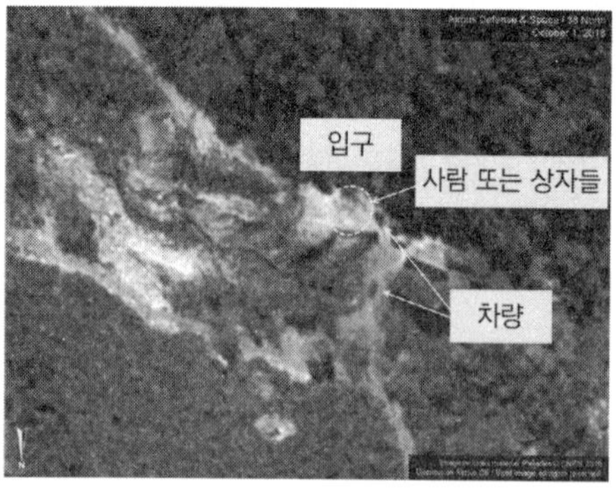


핵실험장 작업 중으로 추정되는 위성사진

핵실험장 주변 채광 흔적

그림 2-32 풍계리 일대 핵실험 준비 위성사진('16. 8. 3)[82)]

그러나 일부 전문가들은 3차 핵실험시 발생한 진도 규모에 비해 리히터 규모로 불과 0.1 정도만 증가하였기 때문에 실제 위력은 크게 증가하지 않았을 것이라는 의견도 있다.

표 2-24 핵실험시 발생한 인공 지진 규모(국방부 발표)

| 구 분 | 1차 | 2차 | 3차 | 4차 | 5차 |
|---|---|---|---|---|---|
| 진 도 | 3.9 | 4.5 | 4.9 | 4.8 | 5.0 |
| 위 력 | 1 kT 이하 | 3~4 kT | 6~7 kT | 6 kT | 10 kT |

### 6) 6차 핵실험

북한은 5차 핵실험 있은 지 1년여 만인 2017년 9월 3일, 6차 핵실험을 강행하였다. 유엔 안전보장이사회 역사상 가장 강력한 제재안으로 알려진 결의안 2270호가 통과된 지 불과 6개월 만이다. 6차 핵실험 또한 함경북도 길주군 풍계리(진앙 북위 41.30도, 동경 129.08도)에서 실시되었으며, 우리나라 기상청을 비롯한 전 세계 곳곳에서 인공지진이 관측되었다.

우리나라 기상청은 규모 5.7의 인공지진이 발생하였다고 발표하였고, 정부에서는 이번 지진을 일으킨 핵실험의 위력은 5차 핵실험에 비해 5배 정도 증가된 50 kT정도라고 발표하였다. 그러나 NORSAR[83)]는 리히터 규모 5.8의 지진이 발생하여 위력은 전보다 6배 정

82) 출처 : SAIS, 38north

83) Norwegian Seismic Array : 1968년 설립된 지진관측소로 포괄적 핵실험금지조약기구(CTBTO)의 데이

도 증가하였다고 발표하였으며, 일본 기상청은 6.1, 미국 지질조사국(USGS)과 중국은 규모 6.3의 지진파이 관측되었다고 발표하였다.

관측소의 위치에 따라 지진파의 위력은 다소 차이를 보였으나, 5차 핵실험과 비교하였을 때 핵실험의 위력이 증가했다는 공통점이 있다. 데이비드 올브라이트 과학국제안보연구소장은 워싱턴 포스트(WP)지를 통해 "북한이 핵무기 개발에서 큰 진전을 이룬 것이 분명하며 폭발위력은 약 100 kT에 이르는 것으로 보여진다"고 말했다. 뿐만 아니라 로스앨러모스 국립연구소(LANL)의 핵실험 전문가 프랭크 파비안 등의 연구원들은 '38 north' 사이트에 이번 핵실험의 위력이 250 kT정도 될 것이라고 발표하였다. 이는 풍계리 만탑산 북쪽 갱도의 위성사진을 분석한 결과 이 갱도가 견딜 수 있는 최대 위력이 282 kT인 것과 매우 근사한 결과로 신뢰를 얻고 있다.

표 2-25 각국에서 발표한 6차 핵실험의 규모와 폭발력

| 국가 | 측정기관 | 규모 | 폭발력(단위:kT) |
|---|---|---|---|
| 대한민국 | 기상청 | 5.7 | 50 |
| 미국 | 지질조사국(USGS) | 6.3 | 140 |
| 중국 | 중국과학기술원 | 6.3 | 108 ± 48.1 |
| 러시아 | 과학원 | 6.4 | 200 |
| 일본 | 기상청 | 6.1 | 160 |
| 노르웨이 | 지진연구소(NORSAR) | 5.8 | 120 |
| 독일 | 연방지진국(BGR) | 6.1 | 100~200 |

터 센터를 맡고 있다.

그림 2-33 북한이 6차 핵실험 전날 공개한 핵탄두의 형태[84)]

이러한 전문가들의 견해를 뒷받침 하듯, 북한은 언론에 핵탄두의 형태를 공개하며(그림 2-32) "대륙간탄도미사일(ICBM) 장착용 수소탄 시험을 성공적으로 단행했다"고 발표했다.

북한이 대륙간탄도미사일에 핵탄두를 장착할 만큼 소형화가 진행되었는지 정확히 확인할 수는 없으나, 발생한 지진파로 예측한 핵탄두의 위력은 도시 하나를 날려버릴 수 있을 만큼 위력이 증가한 사실을 확인할 수 있다.

북한은 핵탄두의 위력이 일정 수준에 도달했다고 판단하고, 앞으로 핵탄두의 경량화 및 ICBM의 사거리 증가에 역점을 둘 것으로 판단된다. 이번 핵실험 이후 11월 29일에 북한이 발사한 화성-15형 미사일은 과거 화성-14형과는 달리 미사일 탄두부가 두꺼워지고 길이가 약 2미터 길어지는 등 상이한 모습을 보였으며, 특히 1단 엔진의 형태가 달라졌는데[85)] 이는 화성-14형에서 사용하던 백두산엔진 두 개를 붙여 추력을 높인 것으로 추정되며 발사에 사용된 발사대는 18륜 짜리 초특대형 발사대를 사용하여 기존의 미사일과 전혀 새로운 미사일임이 확인되었다.

84) 좌측의 은색 원통은 배터리 및 트리거로 추정, 사진의 탄두 형태는 이중 항아리 형태로 2단계 기폭과정을 거치는 수소폭탄의 형태로 추정된다.

85) 화성-14형은 주엔진 하나에 보조엔진 4개를 두고 보조엔진이 자세를 제어하는 형태였으나, 화성-15형은 분사구를 움직여 자세를 제어하는 방식으로 보다 발전된 형태이다.

그림 2-34 화성-15형 미사일 발사

북한은 화성-15형 미사일은 고각발사로 총 53분 동안 최대고도 4,475 km, 수평거리 약 1,000 km를 비행했다고 공식발표하였다.. 미국 물리학자 겸 미사일 전문가 데이비드 라이트 박사는 정상각도로 발사 시 사거리 최소 13,000 km를 비행할 수 있을 것이라고 발표하였다. 이는 워싱턴 D.C. 등 미 전역을 사정권에 둘 수 있는 것이다.

그림 2-35 화성-15형 미사일과 발사대의 모습

## Question. 6차 핵실험 이후 UN의 대응은?

2017년 9월 11일 유엔 안전보장이사회는 결의 2375호를 만장일치로 채택했다. 다만 중국과 러시아의 반대로 원유 수출 중단과 같은 강력한 제재가 제외되어 미국은 아래와 같은 강력한 독자적 제재방안을 발표하였다. 제재안 2375호의 주요 내용은 아래와 같다.

◎ 북한에 대한 유류공급 제한
- ▸원유 - 현수준 유지 (연간 400만 배럴로 추정)
- ▸정유 - 연간 200만 배럴로 규모 제한
- ▸액화천연가스 - 전면금지

◎ 북한산 섬유제품 수입 금지
- ▸직물·의류 중간제품/완제품 전면 금지

◎ 북한 노동자 해외 송출 금지
- ▸신규 고용 허가 금지
- ▸계약기간 만료된 기존 고용자에 추가 허가 금지

**유엔 안보리 대북제재 결의 2375호 만장일치 채택**

## 다. 북한의 핵무기 보유량

북한은 4차에 걸친 핵실험과 장거리 미사일 발사시험 등을 통해 끊임없이 핵무기 개발에 대한 의지를 표명해왔다. 우리나라 국방부는 2014년에 발행한 국방백서에서 북한은 플루토늄을 보유하고 우라늄 프로그램을 진행하고 있으며, 핵무기의 소형화 능력도 상당한 수준에 이르렀다고 기술하고 있다. 그러나 북한의 핵무기 보유량에 대해서는 정확하게 알려진 바가 없다. 미국의 대표적인 북핵전문가이면서 과학국제안보연구소(ISIS) 소장인 데이비드 올브라이트(David Albright)는 북한이 2015년 현재 약 15개의 핵무기를 보유하고 있으며, 2020년까지 최대 79개의 핵무기를 개발할 수 있을 것으로 전망했다. 조엘 위트 전 미국 국무부 북한담당관은 기자간담회에서 북한이 2020년까지 최대 100개까지 핵무기를 보유할 수 있을 것이라고 말하기도 하였다. 반면, 하이노넨(Olli Heinonen)[86] 전 국제원자력기구(IAEA) 사무차장은 2020년까지 북한의 핵무기 100개 보유는 기술적으로 불가능하며, 20~50개 수준이 될 것으로 판단하였다. 북한의 핵무기 보유량은 일반적으로 플루토늄 재처리 능력과 고농축 우라늄 프로그램의 수준을 토대로 그 수량을 추정하는데, 정보의 부족으로 인해 각 기관별로 상당한 차이를 보이고 있다.

### 1) 플루토늄 생산

북한이 보유하고 있는 플루토늄량은 영변에 있는 5 MWe 흑연감속로에서 생산된 것을 토대로 추측할 수 있다. 물론, 1962년에 구소련에서 도입해서 약 30년간 운전한 IRT-2000 원자로를 통해 플루토늄을 생산했을 가능성도 있지만, 이 원자로에서 발생된 사용후 핵연료는 구소련에서 전량 회수한 것으로 알려져 있다.

미국 과학국제안보연구소(Institute for Science and International Security, ISIS)에서 2015년 1월에 발표한 내용에 따르면 북한은 37 ~ 40 kg 의 플루토늄을 보유하고 있는 것으로 추정된다.[87] 이 예상보유량은 2008년 6자회담 당시 북한이 선언한 것으로 알려진 플루토늄 보유량 30 ~ 32 kg[88] 을 기준으로 하여, 2013년부터 재가동하고 있는 영변 핵시설의 능력과 2차 지하

---

86) 북핵 전문가로 1, 2차 북핵위기 시 영변 핵사찰을 주도했고, 20여 차례 북한을 방문했음.

87) David Albright, North Korean Plutonium and Weapon-Grade Uranium Inventories, ISIS, 2015.1.8

핵실험 시 사용하였을 것으로 예상되는 플루토늄량을 고려하여 판단한 것이다.

북한이 발표한 30 ~ 32 kg 의 플루토늄 보유량은 2006년 1차 핵실험 시 사용된 플루토늄량과 플루토늄 추출 시 불가피하게 발생하는 중간 손실량이 포함되지 않은 수치이다. 즉, 원자로에서 실제로 추출한 양은 현재 보유한 양보다 많다는 얘기이다. 북한은 1차 핵실험에 사용된 플루토늄과 재처리 간 발생하는 중간 손실량이 각각 2 kg 이라고 발표한 바 있다. 그러나 북한의 핵개발 수준을 고려하면 핵실험 시 사용된 플루토늄량은 이보다 많은 2 ~ 4 kg 수준일 가능성이 높다. 이를 모두 감안했을 때 북한이 영변원자로에서 실제로 추출한 플루토늄량은 총 34 ~ 38 kg 수준일 것으로 판단된다.[89]

※ 북한 핵무기 제작시 사용된 플루토늄의 양[90]

미국이나 러시아와 같은 일부 핵선진국의 경우는 1 ~ 5 kT 규모의 핵무기를 제작하는데 2 kg의 플루토늄이 사용되기는 하지만, 일반적으로 핵무기를 1개 제조하는데 필요한 플루토늄량은 4 ~ 6kg [91]으로 판단함.[92]

북한이 핵실험 시 사용했다고 주장하는 플루토늄량인 2kg 은 다음 2가지 의 경우로 나누어서 생각할 수 있음.

① 실제로 2kg 을 사용하였을 때 (진실)

2kg 의 플루토늄으로 핵실험을 했다는 것은 북한의 핵기술이 상당한 수준에 도달했다는 것을 의미함. 1, 2차 핵실험 시 폭발력이 예상보다 낮은 이유도 적은 양의 플루토늄을 사용하였고, 특히 핵무기의 소형화에 목표를 두고 실험을 진행한 것이 주요 원인일 가능성이 높음. 1차 핵실험의 실패는 핵무기 소형화를 진행하는 과정으로 볼 수 있음.

② 실제로 2kg 을 사용하지 않았을 때 (거짓)

북한의 핵개발 수준을 판단하는데 혼란을 초래하여 6자회담에서 우위를 차지하려는 목적으로 플루토늄 사용량을 부풀렸을 가능성이 높음.

88) 북한은 2008년 6자회담 시 플루토늄 보유량으로 30kg 을 선언한 것으로 알려져 있음. 그러나, 일부 기관에서는 2008년 6자회담 시 북한이 2007년에 영변 핵시설을 가동 중단할 때까지 37~38kg 의 플루토늄을 생 산했다고 선언한 것으로 밝히고 있다. 재처리 시 손실되는 양 2kg, 1차 핵실험 시 사용한 양을 4kg 으로 감안하면 선언 당시 플루토늄 보유량은 31~32kg 수준이 된다.

89) 6자회담 시 북한이 제출한 18,000 페이지에 달하는 영변원자로 운전 일지를 통해 플루토늄 생산량을 검증하였지만, 북한에 의한 기록조작 가능성이 남아 있다. 가장 확실한 방법인 원자로의 흑연감속재를 채취하여 생산량을 판단하는 것은 북한의 거절로 인해 시도되지 못하였다.

90) 북한 핵·미사일 위협과 대응, 한국안보문제연구소(2014)

91) 국제원자력기구(IAEA)에서는 20kT 규모의 핵무기를 제조하기 위해서 필요한 플루토늄량(Significant

2009년 6자회담이 결렬되면서 북한은 가동 중단된 영변핵시설에 남아 있던 약 8 kg 의 플루토늄을 추출하였고, 2013년 중순부터 영변 5 MWe 원자로를 재가동하면서 다시 가동을 멈출 때까지 약 1년 동안 최대 3 ~ 4 kg 의 플루토늄이 추가로 생산되었을 가능성이 있다. 이중에서 2차 핵실험 시 4 kg 의 플루토늄을 사용하였고, 3차 핵실험 시에는 고농축 우라늄을 사용하였다고 가정하면 북한이 현재 보유하고 있는 플루토늄량은 37 ~ 40 kg[93] 수준이 된다. 만약, 북한이 핵무기를 생산하는데 플루토늄을 2 ~ 6 kg[94] 사용하고, 전량을 무기화하였다면 플루토늄을 원료로 하는 핵무기 보유수는 6 ~ 20개가 된다.

### 2) 고농축 우라늄 생산

미국 과학국제안보연구소(ISIS) 올브라이트 소장은 북한이 2015년 보유하고 있는 15개 안팎의 핵무기 중 8개가 고농축 우라늄으로 만들어졌으며, 이는 계속 증가할 것이라고 전망했다. 우라늄은 제조과정이 상대적으로 쉽고, 연기와 냄새 등의 배출이 없어 플루토늄에 비해 은밀히 생산하기에 용이하다는 장점이 있다. 세계 최대의 우라늄 매장량을 보유하고 있는 북한이 우라늄을 이용해 핵무기를 개발할 경우 그 수는 가늠하기 어려울 정도로 커질 수 있다.

2010년 북한을 방문했던 헤커(Siegfried S. Hecker) 박사는 북한의 경수로와 우라늄 농축시설을 둘러본 후 작성한 보고서에서 "약 2,000기의 원심분리기가 설치되어 있었고, 설치된 시설들이 초현대적이고 깨끗하였다" 라는 내용과 함께 북한의 핵무기 개발을 위한 고농축 우라늄의 생산 가능성을 제기하였다. 이는 북한이 경수로용 저농축 우라늄을 생산할 목적으로 우라늄 농축시설을 건설하겠다고 발표한 지 불과 1년 6개월 만에 이루어진 것으로, 농축기술을 보유하고 있는 국가들이 기술개발에서 공장을 가동하기까지 15 ~ 20년의 시간이 걸렸다는 점을 감안할 때 북한은 아주 오래 전부터 우라늄 농축 프로그램을 개발해왔을 가능성이 높다. 실제로 여러 정황들이 이를 뒷받침해주고 있는데, 1986년 파키스탄으로부터 우라

---

Quantity, SQ)을 8kg 으로 적용하고 있지만, 이 수치는 너무 높다는 평가가 일반적이다.

92) Robert S. Norrus and Hans M. Kristensen, North Korea's nuclear program 2005, 「Bulletin of the Atomic Scientists」

93) 우리나라 국방부는 '2014' 국방백서에서 북한의 플루토늄 보유량을 40kg 으로 기술하였음.

94) 표준형 핵무기는 20kT의 위력 발휘를 위해 약 6kg의 플루토늄을 사용하는 것이 보편적임.

늄 농축장비를 들여오다 적발된 적이 있었고 1987년에는 원심분리기에 사용되는 장비를 도입한 사실이 드러났다. 1990년대 초에는 파키스탄의 칸(Abdul Aadeer Khan)[95] 박사로부터 원심분리기 본체 및 설계도 등을 제공받으면서 우라늄 농축 프로그램이 급격히 발전되었으며, 이후 꾸준히 유럽, 중국, 러시아 등으로부터 농축시설에 필요한 장비 및 물자를 도입하여왔다. 2008년에는 북한으로부터 인도받은 영변 핵활동 일지 및 주요 장비 등에서 90%로 농축된 고농축 우라늄이 생산되었다는 것이 밝혀지기도 하였다.

이러한 점들을 토대로 볼 때 북한이 고농축 우라늄의 생산을 추구하고 있다는 점은 확실해 보이지만, 북한의 고농축 우라늄 프로그램의 수준에 대해서는 아직도 논란이 많다. 특히, 북한의 핵개발 능력을 판단하기 위해서는 우라늄을 농축시키는 원심분리기의 보유량에 대한 정확한 분석이 필요하다. 미국 과학국제안보연구소(Institute for Science and International Security, ISIS)에서는 북한이 2000년대 초반부터 원심분리기 생산에 필요한 장비 및 물자를 중국을 통해서 들여왔을 것으로 보고 있다.[96] 그러나 북한이 불법적인 경로를 이용함에 따라 정확한 수량을 판단하는 것은 제한사항이 많다.

2010년 북한이 헤커 박사에게 보여준 2,000기의 원심분리기가 저농축 우라늄을 생산하는 용도이며, 파키스탄의 고농축 우라늄을 생산하는 과정을 도용했다고 가정하면 북한은 고농축 우라늄을 생산하기 위해 약 3,000기의 원심분리기를 가지고 있다고 생각할 수 있다. 이는 연간 약 50kg의 고농축우라늄을 생산할 수 있으며, 우라늄 핵폭탄에 고농축 우라늄이 20kg[97] 이 소요된다고 가정하면 북한은 매년 약 2.5개의 핵무기를 만들 수 있다.

95) '파키스탄 핵의 아버지'라고 불리며 1998년 파키스탄의 핵실험을 성공시킴. 2004년 2월, 15년 동안 북한, 리비아, 이란 등에 핵기술을 제공한 사실을 시인함.

96) 북한은 중국의 사설기업을 이용한 불법적인 구입 네트워크를 구축하였고, 이를 통해 유럽, 미국, 일본 등으로부터 높은 수준의 장비 및 물자, 원자재 등을 수입하였음. 이 사설기업들은 장비의 목적 및 최종 목적지에 대한 거짓 장부를 작성하는 방법 등을 통해 감시망을 피하였음.

97) 우라늄탄의 SQ(Significant Quantity)는 27.5kg임(U-235 25kg). 북한은 우라늄탄을 제조하기 위해 15~25kg의 고농축우라늄을 사용할 것으로 보임. David Albright, North Korean Plutonium and Weapon-Grade Uranium Inventories, ISIS, 2015.1.8

파키스탄이 리비아에 수출한 고농축 우라늄 생산방식은 5,832대의 원심분리기를 4단계로 구성하였음. 1단계는 3.5%의 저농축우라늄을 생산하며 전체 원심분리기의 70%인 약 4,000대의 원심분리기가 사용됨. 2단계, 3단계, 4단계에서는 우라늄을 각각 20%, 60%, 90%로 농축시킴. 이 과정을 통해 연간 100kg 의 고농축 우라늄(90%) 생산이 가능함.[98]

그러나 북한이 리비아가 파키스탄으로부터 도입했던 것과 유사한 규모의 숨겨진 우라늄 농축시설을 보유하고 있다면 그 능력은 위에서 언급했던 것의 두 배로 커질 것이다. 2000년대 이루어졌던 북한의 원심분리기 부품 반입에 관한 정보를 토대로 볼 때 가능성이 낮아 보이지는 않는다. 2013년에는 북한이 영변에 있는 원심분리기 공장의 규모를 두 배로 확장하고 있는 모습이 포착되었다. 만약 이 건물에 2,000기의 원심분리기가 추가된다면 북한의 핵무기 생산능력은 더욱 높아질 것이다.

**그림 2-36 우라늄 농축시설 지붕 크기 변화**[99]

98) David Albright, North Korean Plutonium and Weapon-Grade Uranium Inventories, ISIS, 2015.1.8

99) Institute for Science and International Security (ISIS)

## 4. 한반도 핵공격 시 피해 분석

> 미국에는 102기의 원자력발전소가 있다. 일본에는 51기가 가동되고 있고, 한국에는 12기가 있다. 원자력발전소 1기가 공격을 받아 폭발하면 수소폭탄 105~180개 분의 죽음의 재가 발생한다. 미국도 일본도 한국도 원자력발전소는 무방비 상태에 놓여 있다. 조선에서 일어나는 다음 전쟁에서는 한·미·일이 전쟁터가 되어 원자력발전소와 주변 도시가 무차별 공격대상이 될 것이다.
>
> 김정일 장군의 통치전략

핵무기에 의한 피해 평가는 폭발지역의 환경조건에 따라 달라질 수 있다. 서울처럼 인구 밀도가 높고 2차 화재를 유발할 수 있는 시설이 많은 지역에서는 핵폭발에 의한 효과가 배가될 수 있다. 같은 이유로 인해 폭발고도, 대기조건, 폭발지점 주변의 지형과 건물상태, 인구밀집 정도, 의료기관의 분포 등 여러 요소에 의해 영향을 받음에 따라 정확한 피해수준을 예측하는 것은 어려운 점이 많다. 본문에서 보여주는 내용은 세계 각 연구기관에서 북한의 핵무기 사용 시 발생 가능한 피해 정도를 분석한 것으로 개략적인 피해예상 수치를 보여주고 있다.

### 가. 도심지역에 10 kT 규모의 핵폭탄 1발 투하

미국의 국방연구기관인 랜드연구소의 분석보고서(2010년)[100]에 따르면 서울 도심지에 10 kT 규모의 핵폭탄 1발이 지표에서 폭발할 경우 그림에서 보는 것처럼 폭발지점으로부터 반경 1.8 km 내에 있는 사람들의 70 %가 폭풍, 방사선 등의 초기효과에 의해 사망하게 된다. 지표폭발은 또한 낙진을 형성함에 따라 방사성 입자들이 바람을 타고 이동하게 되는데, 노란색 영역은 50 %의 사람들이 낙진에 의해 사망하는 면적을 의미한다.

100) Uncertainties in the North Korean Nuclear Threat, Bruce W. Bennett, 2010

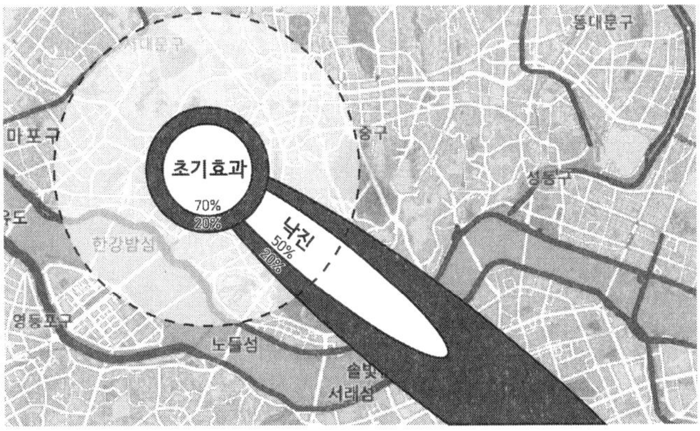


그림 2-37 서울 도심지 핵폭발 시 피해 분석(10kT)[101]

만약 인구의 20％가 외부활동 중이라고 가정할 경우, 핵폭발의 초기효과에 의해 약 10만 명의 사망자와 8만 명의 중상자가 발생하고, 낙진에 의해서는 각각 8만 명의 사망자와 중상자가 발생한다. 이를 종합해보면 10 kT의 핵폭발로 인해 약 34만 명의 중사상자가 발생하게 되고, 경사상자 및 심리적인 공황상태에 빠진 사람들의 수까지 합하면 그 피해는 엄청난 규모가 된다.

표 2-26 20kT 핵폭탄 1발 투하 시 지역별 인원피해 분석[102]

| 도 시 | 10kT | | 1kT | 50kT |
|---|---|---|---|---|
| | 사망 | 부상 | 사상자 수 | |
| 서울 | 180,000 | 340,000 | 92,000 | 900,000 |
| 부산 | 150,000 | 260,000 | 72,000 | 650,000 |
| 대구 | 125,000 | 220,000 | 60,000 | 500,000 |
| 광주 | 170,000 | 290,000 | 80,000 | 600,000 |
| 대전 | 110,000 | 200,000 | 56,000 | 500,000 |

101) Uncertainties in the North Korean Nuclear Threat, Bruce W. Bennett, 2010

102) Uncertainties in the North Korean Nuclear Threat, Bruce W. Bennett, 2010

## 나. 도심지역에 20 kT, 50 kT 규모의 핵폭탄 1발 투하

2013년 한국은 서울 용산에 20 kT, 50 kT 규모의 핵폭발이 발생했을 때의 피해를 분석한 결과를 보도하였다.[103] 20 kT 또는 50 kT 의 내폭형 플루토늄탄을 탑재한 스커드 미사일 1발을 용산가족공원에 투하하는 상황을 가정하였으며, 피해 결과는 폭풍효과와 낙진에 의한 피해를 비교하기 위하여 상공 300 m 와 지표면에서의 폭발로 구분하여 평가하였다.

표 2-27 서울지역 20kT, 50kT 핵폭탄 1발 투하 시 인원피해 분석

① 300m 상공에서 폭발 (20kT)

| 구 분 | 계 | 핵폭발 피해 | 방사능 낙진 피해 |
|---|---|---|---|
| 계 | 6,298,747 | 542,862 | 5,755,885 |
| 사망자 수 | 3,696,499 | 310,679 | 3,385,820 |
| 부상자 수 | 2,602,248 | 232,183 | 2,370,065 |

② 지표면에서 폭발 (20kT)

| 구 분 | 계 | 핵폭발 피해 | 방사능 낙진 피해 |
|---|---|---|---|
| 계 | 6,298,747 | 542,862 | 5,755,885 |
| 사망자 수 | 3,696,499 | 310,679 | 3,385,820 |
| 부상자 수 | 2,602,248 | 232,183 | 2,370,065 |

③ 300m 상공에서 폭발 (50kT)

| 구 분 | 계 | 핵폭발 피해 | 방사능 낙진 피해 |
|---|---|---|---|
| 계 | 6,298,747 | 542,862 | 5,755,885 |
| 사망자 수 | 3,696,499 | 310,679 | 3,385,820 |
| 부상자 수 | 2,602,248 | 232,183 | 2,370,065 |

103) 미국 국방부 산하의 국방위협감소국(Defense Threat Reduction Agency, DTRA)이 개발한 HPAC 3.2 시뮬레이션에 의한 피해 평가 결과임. HPAC 3.2는 미국의 WMD 비상대비 기관에서 사용 중인 모델임.

④ 지표면에서 폭발 (50kT)

| 구 분 | 계 | 핵폭발 피해 | 방사능 낙진 피해 |
|---|---|---|---|
| 계 | 6,298,747 | 542,862 | 5,755,885 |
| 사망자 수 | 3,696,499 | 310,679 | 3,385,820 |
| 부상자 수 | 2,602,248 | 232,183 | 2,370,065 |

300 m 상공에서 폭발할 경우 보강간섭에 의해 폭풍효과가 극대화되면서 핵폭발 시 많은 수의 사상자가 발생한다. 20 kT 와 50 kT 의 경우 각각 53만 명과 93만 명의 사상자가 발생하였으며 이는 지표면에서 폭발할 때와 비교하여 약 1.5배 많은 수치이다. 반면, 지표면에서 폭발할 경우에는 방대한 규모의 낙진으로 인한 방사능 피해가 지속적으로 증가하여, 50 kT 의 경우 서울 전체 인구의 50 % 가 넘는 사상자가 발생하는 것으로 예측하였다

## 다. 도심지역에 100 kT 규모의 핵폭탄 1 발 투하

미국 국방위협감소국은 2004년 한반도의 서울(용산)과 부산지역에 100 kT 규모의 핵폭발이 발생했을 때의 피해를 모의분석하였다. 핵폭탄은 사전 경고 없이 투하되고 바람은 북서풍이 부는 것으로 설정되었다.

### 1) 서울(용산) 지역 피해 분석

서울의 경우 폭발지점인 용산구 일대에 직경 360 m 와 깊이 180 m 의 거대한 폭발구가 형성되고 폭풍과 대화재가 발생하면서 완전히 초토화된다. 방대한 양의 낙진이 풍향에 따라 날리면서 광범위한 지역에 흩어지는데 강남, 서초 등 근거리 지역에서는 2달 내에 약 90 % 의 사망자가 발생하고, 과천과 성남 등 낙진 영향권에 있는 도시에서도 엄청난 수의 인명 피해를 겪게 된다. 약 31만 명이 폭발로 인해 사망하고, 낙진으로 인해 사망자 수는 지속적으로 증가하여 한 달 후에는 약 370만 명의 사망자가 발생한다. 부상자 수는 약 260만 명에 달하고, 이중 약 23만 명의 인원이 폭풍과 열복사에너지에 노출되면서 폐와 고막이 파열되고 피하지방층까지 화상을 입는 등의 중상을 입는다.

표 2-28 서울지역 100 kT 핵폭탄 1 발 투하 시 인원피해 분석[104)]

| 구 분 | 계 | 핵폭발 시 | 한 달 후 |
|---|---|---|---|
| 계 | 6,298,747 | 542,862 | 5,755,885 |
| 사망자 수 | 3,696,499 | 310,679 | 3,385,820 |
| 부상자 수 | 2,602,248 | 232,183 | 2,370,065 |

## 2) 부산 지역 피해 분석

부산지역의 경우 핵폭발 시 발생하는 폭풍과 열복사에너지 등으로 인해 전체 인구의 약 9%인 26만 여명이 사망하고, 약 4만 명이 부상을 당한다. 낙진에 의한 피해는 방사성 입자들이 주로 바다를 향함에 따라 상대적으로 인명피해가 적게 발생하는데, 부산 앞바다를 통과하는 해양성 기류에 의해 낙진 오염지역이 북동쪽으로 형성되면서 울산, 포항 지역에서도 피해가 발생한다. 낙진에 의한 피해까지 합쳐 부산지역에서는 총 82만 여명의 사상자가 발생하는 것으로 분석되었다.

표 2-29 부산지역 100 kT 핵폭탄 1 발 투하 시 인원피해 분석[105)]

| 구 분 | 계 | 핵폭발 시 | 한 달 후 |
|---|---|---|---|
| 계 | 821,189 | 301,413 | 519,776 |
| 사망자 수 | 527,712 | 261,482 | 266,230 |
| 부상자 수 | 293,189 | 39,931 | 253,546 |

104) 미국 국방위협감소국(DTRA), 2004

105) 미국 국방위협감소국(DTRA), 2004

## 5. 방사능 테러

방사능 테러는 방사성물질을 표적지역에 유포 및 확산시킴으로써 방사선 피폭 및 방사능 오염을 유발시키는 테러 행위로서 크게 3가지의 유형이 있다.

표 2-30 방사능 테러 유형[106]

| 구 분 | 주요 내용 | 발생 가능성 |
|---|---|---|
| 핵무기 사용 | ·핵무기 탈취 또는 제조 후 폭발<br>·최악의 시나리오 | 저 |
| 원자력시설 공격 | ·원자력발전소와 같은 원자력시설을 공격하여 방사성물질 외부누출 유발 | 중 |
| 방사성물질 살포 / Dirty Bomb 사용 | ·방사성물질을 살포하거나 폭발장치와 함께 폭발 | 고 |

### 가. 핵무기 사용

핵무기를 이용한 테러 발생은 엄청난 위력으로 인해 최악의 대참사가를 유발할 수 있다. 일부에서는 핵무기가 고가(高價)이면서 핵시설의 다층적 방호체계를 고려할 때 구입이나 탈취를 통해 핵무기 테러가 발생하기는 제한될 것으로 판단하고 있다. 그러나 이념 또는 경제적 이유로 인해 핵무기가 테러단체에 불법적으로 제공될 가능성이 있고, 테러단체가 초보적인 핵무기를 직접 제조하여 사용할 수도 있다. 자체적으로 제작한 초보적인 핵무기는 위력이나 정밀도는 떨어지겠지만 대참사를 일으키기에 충분하다. 미국 기술평가국에서는 핵무기 경쟁이 한창이던 1977년에 이미 기술력을 갖춘 테러단체가 핵무기를 제조할 수 있다는 의견을 내놓기도 하였으며, 파키스탄의 핵물리학자인 페르베즈 후드호이(Pervez Hoodhoy) 박사는 핵폭탄을 만드는데 15 ~ 20명의 기술자만 있으면 되고 완성하는데 1 ~ 2년 정도면 충분하다고 하였다.

911 테러[107]를 일으킨 알카에다의 경우 1998년에 지도자였던 오사마 빈 라덴이 대량살상무기를 획득하는 것은 이슬람의 의무라고 공개적으로 천명하면서 핵무기 개발을 위한 노

106) 국제원자력기구 핵테러 대책회의, 2001

107) 2001년 9월 11일 미국의 심장부에서 일어났던 자살테러 사건. 뉴욕의 세계무역센터 쌍둥이 빌딩과 국방부 건물에 대한 항공기 동시 다발 자살테러가 감행되었음.

력에 박차를 가하여 왔다. 1990년대에는 아프리카의 수단 및 구소련 연방국에서 핵 관련 거래를 시도하였다는 주장이 있으며, 2000년대 초반에는 초보적인 핵폭탄 제조를 위해 디자인을 구상하고 폭발실험을 진행하였으며 3개의 핵폭탄 구매를 위한 협상을 진행하기도 하였다. 일본의 도쿄 지하철 독가스테러로 유명한 옴진리교도 처음에는 핵무기를 이용한 테러를 계획하였다. 이를 위해 구소련 연방국에서 핵무기 및 핵물질 구매를 시도하였으며, 심지어 호주의 외딴 지역에 있는 대농장을 구입하여 직접 핵물질을 농축하고 핵무기를 제조하려고 하였다.

이러한 테러단체들이 핵무기를 제조하는데 있어서 가장 어려운 점은 핵물질을 획득하는 부분인데, 이 또한 국제 암거래 시장을 통해 거래가 이루어질 수 있다. 현재 전 세계에는 1,600톤의 고농축우라늄과 500톤의 플루토늄이 산재해 있는데 국제원자력기구의 불법 핵 거래 데이터베이스(ITDB)에 의하면 1993년 이후 2,000건이 넘는 핵·방사성물질의 불법거래 및 분실사고가 발생하였고, 이중 고농축 우라늄 및 플루토늄과 관련된 내용도 약 200건에 달한다. 대표적으로 2011년 6월에 구소련 연방국인 몰도바에서 밀수업자들이 러시아에서 확보한 1 kg 의 고농축 우라늄을 북아프리카 지역 국가에 팔려고 시도하다 붙잡힌 사례가 있었다. 2015년 10월에도 러시아와 연계된 범죄조직이 몰도바에서 이슬람 극단주의 무장세력(Islamic State, IS) 을 비롯한 테러 단체에게 핵물질인 우라늄을 팔아넘기려다 적발되었다.

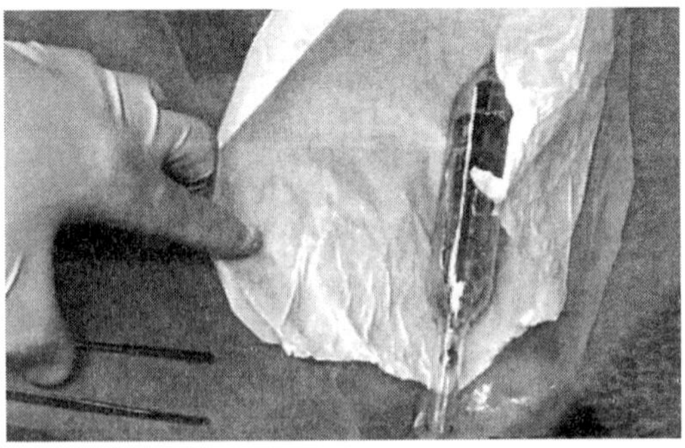

그림 2-38 몰도바 압수 핵물질

## 나. 원자력시설 공격

체르노빌 원전사고나 후쿠시마 원전사고를 통해 알 수 있듯이 원자력시설의 파괴는 다량의 방사성물질을 외부로 누출시키고 광범위한 지역을 오염시킴으로써 물리적·심리적 공황상태를 유발한다.[108]대부분의 원자력시설들은 격납용기와 방호벽 등에 의해 외부충격으로부터 방호가 가능하고, 내부시스템 문제에 대해서도 추가안전장치에 의해 보호될 수 있도록 다중안전시스템을 구축하고 있다. 그러나 일부 시설들은 이러한 보호대책을 갖추고 있지 않다. 대표적으로 원자력발전소는 1950년대부터 운전을 시작하여 현재 약 30개국에서 440기 이상이 가동 중이다. 이중 일부는 격납용기가 없거나 안전시스템이 미흡하며, 심지어 시설을 보호하기 위한 무장경비가 배치되어 있지 않은 곳도 있다. 원자력발전소는 원자로를 식혀주는 냉각재가 공급되지 않는 것만으로도 폭발이 일어날 수 있다는 점에서 이는 엄청난 재앙을 초래할 수 있다.

2003년 대한전기협회 발표 자료에 따르면 미국의 경우 원자력시설에 대해 가능성 높은 테러 유형을 다음과 같이 3가지로 제시하고 있다.

① '농부 Brown'모델

개인에 의한 공격으로서 발전소를 방문자로 위장진입한 후 폭탄을 이용하여 공격하거나 차량 폭탄으로 외부로부터 공격하는 경우

② 피동적/능동적 내부자 연루

민감한 정보를 테러단체에게 제공하여 공격의 영향을 극대화하는 피동적 내부자 또는 내부의 안전시스템에 이상을 일으키는 능동적 내부자가 연루되는 경우

③ 무장공격

조직적이고 정보를 갖춘 집단이 대량 피해를 유발하고자 계획적으로 발전소를 공격하는 경우

911 테러 시 원자력발전소도 목표 중의 하나였다.[109] 전기공학이라는 암호명으로 진행된 테러의 목표는 뉴욕의 허드슨 강변에 위치해 있던 원자력발전소를 항공기로 파괴하는 것이었다. 미군의 방공망에 의해 요격될 것을 우려하여 공격을 실행에 옮기지 않았으나, 나중에 911 테러사건을 조사하던 중 추가적으로 10대의 항공기를 이용하여 원자력발전소를 공격하

108) 제4장 원자력발전 중 주요 원자력발전 사고 참조.

109) '왜 원전을 폐기해야 하는가', 게르트 로렌크라츠, 2011

려고 했었다는 사실이 밝혀지면서 원자력시설이 테러의 표적으로 사용될 수 있다는 점을 여실히 보여주었다. 최근 이슬람 극단주의 무장세력인 IS에 의해 벨기에 브뤼셀에서 발생하였던 공항과 지하철에서의 자폭테러도 원래는 브뤼셀 남동쪽 64 km에 위치한 티앙주(Tihange) 원자력발전소가 목표였던 것으로 밝혀졌다. 티앙주 원자력발전소는 가동이 수차례 중단될 정도로 시설이 노후되었고, 독일·프랑스·네덜란드·룩셈부르크의 인구 밀집지역에 위치해 있다.

최근에 발생하는 테러의 경향이 조직적이고 자살도 불사하며, 대량 살상을 서슴지 않는다는 점을 감안할 때 원자력시설은 테러단체의 아주 좋은 표적이 될 수 있다.

### 다. 방사성물질 살포/더티밤(dirty bomb) 사용

더티밤은 세슘이나 코발트와 같은 방사성물질을 포함하고 있는 폭탄으로서 폭발과 함께 방사성물질이 확산된다.110) 핵무기는 핵분열 연쇄반응을 통해 거대한 에너지를 발생시켜 대량살상을 일으키는 반면, 더티밤은 다이너마이트와 같은 재래식폭탄의 폭발을 통해 방사성물질을 확산시키는 것이 차이점이다. 더티밤을 이용한 테러시도로는 1995년 체첸 반군에 의해서 실시되었던 사건을 예로 들 수 있다. 체첸반군은 세슘-137을 포함한 더티밤을 모스크바에 있는 한 공원에 묻어놓고 언론에 그 사실을 알렸다. 폭탄이 폭발하지는 않았지만 공포를 유발하기에는 충분하였다.

더티밤을 이용한 테러는 2001년 911테러가 일어난 후 그 가능성이 한층 부각되었다. 알카에다의 고위 간부들이 체포되면서 더티밤을 이용한 테러가 계획되었던 것이 밝혀졌던 것이다. 이전까지는 테러분자가 방사성물질에 의해 피폭을 당하지 않기 위해서 더티밤에 방사선 차폐장치를 설치하기 때문에 실현 가능성이 낮은 것으로 판단하였다.111) 그러나 테러분자의 안전을 고려하지 않는 자살테러는 더티밤에 의한 테러공포를 확산시키기에 충분하였다. 방사성물질의 획득 또한 불법거래가 암시장을 통해 활발히 이루어지고 있으며, 더티밤에 사용될 수 있는 세슘-137 · 코발트-60 · 라듐-226 · 스트론튬-90 · 아메리슘-241 등의 방사성물질은 병원의 MRI나 CT등의 장비에서도 사용되므로 테러집단이 방사성물질을 획득할 수 있을 가능성이 높다.

110) 방사성물질 확산장치(radiological dispersal device, RDD)의 대표적인 형태임.

111) 방사선 차폐장치로 인하여 폭발 시 방사선 피해효과가 매우 감소함.

※ 더티밤에 의한 테러 가능성을 낮게 본 이유

① 방사성물질 획득의 어려움

② 운반자가 방사성물질에 의해 피폭되지 않아야 하고, 운반이 용이해야 함

③ 폭발 시 피해를 유발시킬 수 있는 강력한 방사성물질이 살포되어야 함

④ 오염지역이 형성될 수 있도록 방사성물질이 충분히 확산될 수 있어야 함

더티밤은 광범위한 지역에 장기간 동안 방사능오염지역을 형성함으로써 대규모의 사회적 혼란과 경제적 피해를 유발할 수 있다. 방사선은 눈에 보이지 않고 냄새도 맡을 수 없기 때문에 더티밤에 의한 테러소식은 주변의 사람들에게 큰 공포심과 혼란을 유발하게 된다. 또한 오염지역을 제독하기 위해 소비되는 시간과 비용부담, 그리고 오염물질이 완전히 제거되기까지 해당지역의 업무마비는 매우 큰 경제적 손실을 가져올 것이다. 한편, 더티밤의 인원살상효과는 높지 않을 것으로 판단되어서 더티밤은 핵무기와 같은 대량살상무기(Weapons of Mass Destruction)가 아닌 대량혼란무기(Weapons of Mass Disruption)라고도 불린다. 그러나 이는 방사성물질의 종류, 오염경로 및 수단, 오염통제 여부 등에 따라 인명피해도 크게 발생시킬 수 있는데, 1987년 브라질의 고이아니아 지방에서 발생하였던 사건이 이를 잘 보여주고 있다.

브라질의 고이아니아 지방에 암 치료를 전문으로 하는 병원이 새로운 곳으로 이전하게 되면서 폐허가 된 병원이 철거되지 않고 남아 있었다. 이 시설에는 고준위의 세슘-137 방사선 암 치료기가 방치되어 있었는데, 1987년 9월 13일 경비원이 무단결근한 틈을 타서 알베스와 페레이라라는 두 남자가 병원에서 돈이 될 것이라는 생각에 문제의 의료기기를 훔쳐서 집으로 가져갔다. 기기를 해체하던 중 93 g 의 염화세슘(CsCl) 이 담겨져 있는 지름 5.1 cm, 높이 4.8 cm 의 원통형 캡슐을 발견하였다. 원통형 캡슐을 분해하던 두 남자는 푸른빛을 발산하는 염화세슘을 발견하고는 신비의 마법가루라고 생각하게 된다.

염화세슘에 피폭된 두 남자는 그날 저녁 구토증세를 보였고, 다음날에는 설사와 어지러움의 증세를 보였으며 왼손이 마치 화상을 입은 것처럼 심하게 부어올랐다. 이에 9월 15일, 인근 병원을 찾아갔지만 단순히 상한 음식을 섭취한 것이 원인이라고 진단받고서 다시 집으로 돌아와 작업을 계속하였고, 마침내 캡슐을 완전히 분해하는데 성공하였다. 9월 18일, 두 남자는 캡슐을 고물상에 팔았고, 캡슐에서 발산되는 신비한 푸른빛에 매료된 고물상 주인은 이웃들과 친지들까지 초대해서 신비의 가루를 보여주고 나누어주었다. 많은 사람들이 이 가루를 피부에 발랐으며, 6살의 한 여자아이는 샌드위치에 떨어져 있던 가루를 먹기까지 하였다.

염화세슘이 들어간 샌드위치를 먹은 6살 여자아이의 엄마였던 마리아와 주변사람들이 동시에 아프기 시작하였다. 신비의 가루가 발견된 후 보름이 지난 9월 28일에 병원을 찾아갔고 더 큰 병원으로 이동하면서 더 많은 사람들이 피폭된다.

결국, 가루의 정체가 밝혀지고 도시는 대혼란에 휩싸였다. 마리아와 그 딸이 10월 23일에 최초로 사망하였고, 알베스와 고물상 주인도 10월 27일과 28일에 각각 사망하였다. 방사능 오염으로 판정된 인원은 약 250명에 달하였고, 그중 20명은 입원치료를 받았으며, 오염여부를 가리기 위해 11만 명이 넘는 인원이 검진을 받아야 하였다. 뿐만 아니라 해당지역에 있는 100채 이상의 오염된 건물을 모두 해체하고, 차량 및 공공장소에 대한 제독도 실시하였다. 이 과정에서 수거된 방사성폐기물의 양이 200리터짜리 3,800드럼, 5톤 컨테이너 1,400개 등 총 에 달하는 오염물질이 수거되었고, 복구비용으로 약 2천만 달러(약 250억원)가 소요되었다.

그림 2-39 고이노니아 사건 당시의 푸른 시료

# III

# 핵무기 방호

01 핵실험 탐지

02 핵무기 공격에 대한 보호

03 방사능 제독

04 핵무기 확산 억제를 위한 주요 조약

## 1. 핵실험 탐지

1945년 히로시마와 나가사키에 핵폭탄이 투하된 이후 세계 각국들은 핵무기 개발 경쟁에 돌입하였다. 미국은 1945년 7월 16일 뉴멕시코주에서 최초의 핵실험을 성공한 후 1992년 종료할 때까지 1,000회가 넘는 핵실험을 실시하였고, 구소련 약 700회, 프랑스 약 200회, 영국과 중국은 각각 45회의 핵실험을 진행하였다. 이밖에 인도, 파키스탄이 1998년까지 서로 경쟁하듯이 핵실험을 진행하였으며, 북한은 2016년에 4차 핵실험을 감행하여 UN 의 제재를 받기도 하였다.

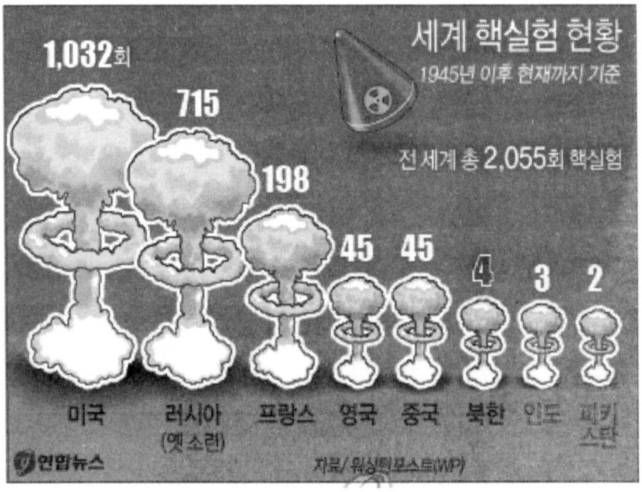


그림 3-1 핵실험국과 핵실험지 현황

핵폭탄 개발 경쟁이 가열되고 수많은 핵실험이 진행됨에 따라 세계 각국은 핵무기 확산의 위험성을 줄이고 핵실험으로 인한 방사성 오염피해를 막기 위한 공감대를 형성하기 시작하였다. 이에 따라 1963년 부분적 핵실험 금지조약(Limited Test Ban Treaty, LTBT)을 체결하여 대기권 및 우주공간, 수중에서의 핵실험을 금지하였고, 이어서 임계 핵실험 금지조약(Threshold Test Ban Treaty, TTBT)[112], 평화적목적 지하 핵실험 조약(Peaceful Nuclear Explosion Treaty, PNET)[113]를 통해 제한범위를 확대하였다.

112) 개별 폭발 지하핵실험 규모를 150kT 이하로 제한하는 조약.

113) 다수 폭발의 경우 총 폭발규모를 1,500kT 이하로 제한하는 조약.

표 3-1 핵실험 유형에 따른 장 · 단점

| 구 분 | 장 점 | 단 점 |
|---|---|---|
| 대 기 | ·폭발효과 직접 관찰 가능<br>·각종 효과 정량 평가<br>·실험경비 절감 | ·대기오염 확산<br>·설계비밀 노출<br>·기상의 영향을 받음 |
| 지 면 | ·건물/엄폐효과 측정<br>·각종 지하기지 파괴 | ·심각한 오염지대 형성 |
| 지 하 | ·환경오염 최소화<br>·근거리 관측/정찰 가능<br>·안전/기밀유지 유리 | ·고난위도 기술 필요<br>·비용/작업시간 증가<br>·살상효과 판단 제한<br>·대형무기 실험 제한 |
| 수 중 | ·폐기 대상 함선/잠수함 파괴 | ·해양오염 확산 |

그러나 이러한 조약들이 오히려 지하핵실험을 가속시키는 결과를 초래함에 따라 1996년 국제연합(UN) 총회에서 지구 및 우주공간에서 어떠한 형태의 핵실험도 금지한다는 내용의 '포괄적 핵실험금지조약(Comprehensive Test-Ban Treaty, CTBT)114)'을 결의하였다. 조약에는 핵실험 위반여부를 판단하기 위해 '포괄적 핵실험금지기구'를 조직하고, 검증체계 수단으로 지진파, 초저주파, 수중음파, 방사성 핵종을 분석하는 총 337개의 국제감시시스템(International Monitoring System, IMS)을 구축하였다.

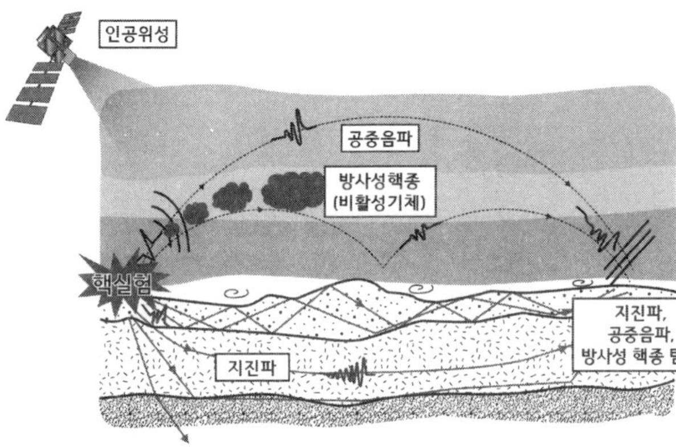


114) 1996년 유엔 총회에서 채택되어 미국, 러시아 등 183개국이 서명함. '발전용 또는 실험용 원자로를 보유하고 있는 국가' 인 전 세계 44개국이 모두 서명하고 비준해야 발효 가능함. 현재 36개국만 서명하였고 미국· 중국 등 5개국은 비준하지 않음. 북한·인도·파키스탄 3개국은 미서명한 상태임.

그림 3-2 핵실험 탐지방법

표 3-2 핵실험 탐지방법별 주요 특징

| 탐지방법 | 주요 특징 | 사전 탐지 | 사후 탐지 |
|---|---|---|---|
| 지진파 | ·핵실험 후 수분 이내 폭발원점 및 위력 탐지 가능<br>·소규모 위력의 핵실험 탐지능력 탁월<br>·핵실험과 재래식 고폭탄의 폭발실험 구분이 제한됨 | × | ○ |
| 초저주파<br>(공중음파) | ·핵실험 시 대기를 통해 전달되는 초저주파 탐지<br>·잡음 제거를 위한 음파처리와 판별기술이 필요 | × | ○ |
| 수중음파 | ·폭발원점으로부터 장거리(15,000 km)에서도 측정 가능<br>·잡음 제거를 위한 음파처리와 판별기술 필요<br>·육지와 얕은 바다에 의해 신호가 차단될 수 있음 | × | ○ |
| 방사성<br>핵종 | ·핵실험 시 발생되는 방사능 입자 및 가스 등을 검출<br>·유출량, 풍향 등에 의해 탐지가 제한될 수 있음 | × | ○ |
| 인공위성 | ·실험 예상지역에 대한 거동 감시<br>·폭발지점 함몰 등 지형변화 식별 | ○ | ○ |

## 가. 지진파 탐지

지하에서 핵폭발이 일어나면 에너지의 일부가 암석매질을 통해 지진파를 형성하면서 멀리 전파되는데, 지진파 탐지는 핵실험에 의해 인공적으로 발생하는 지진파의 특성이 자연지진의 특성과 다름을 이용한 방법이다.

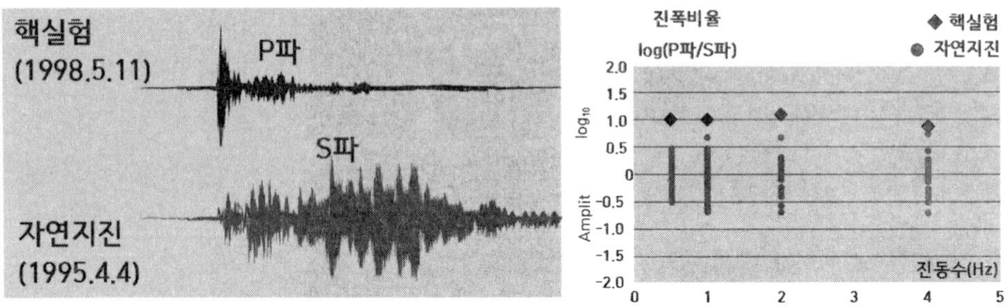


지진파 형태 P파/S파 비율

그림 3-3 핵실험과 자연지진의 지진파 분석

위 그림은(그림 3-3) 같은 지역에서 일어났던 지하 핵실험과 자연지진에 의한 지진파의 형태와 그 비율을 보여주고 있다. 지하 핵실험에 의한 인공지진의 경우 폭발로 인한 에너지 방출시간이 짧기 때문에 지진파의 P파가 지배적으로 나타나는 반면, 에너지의 방출시간이 긴 자연지진은 상대적으로 S파가 강하게 나타난다. 또한 급격한 지각변동에 의해 발생하는 자연지진은 발생지점으로부터 미는 힘인 압축력과 당기는 힘인 팽창력이 모두 작용하면서 복잡한 파형을 보이지만, 인공지진은 폭발원점에서 바깥쪽으로 에너지가 전달되므로 미는 힘만 작용하면서 초기 P파의 진폭이 크게 나타난다. 미국 남서부 지역에서 일어났던 26번의 핵실험과 28번의 자연지진을 토대로 산출한 실체파와 표면파의 상관관계를 보면 동일한 표면파를 가질 경우 핵실험에 의한 인공지진이 자연지진에 비해 실체파의 규모가 훨씬 크다는 것을 알 수 있다.

인공지진의 실체파(B) = ( 2.87 + 진도(M) ) / ( 1.43±0.19 )
자연지진의 실체파 (B) = { (1.44±0.06) + M } / ( 1.36±0.16 )

북한의 3차 핵실험의 경우에도 비슷한 지역에서 발생했던 자연지진에과 비교했을 때 S파 보다 P파의 비율이 상당히 높게 나타났다(그림 3-4).

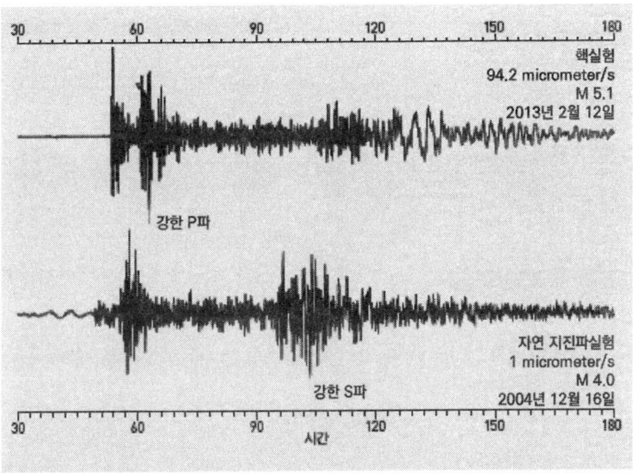


그림 3-4 북한 핵실험과 자연지진의 지진파 비교

※ 지진파의 분류

<table>
<tr><th colspan="2">구 분</th><th>주요 특징</th></tr>
<tr><td rowspan="3">실<br>체<br>파</td><td>공통</td><td>·지각 내부를 통과해 전달되는 파<br>·파장과 상관없이 일정한 속도 유지</td></tr>
<tr><td>P파</td><td>·파의 진행방향과 매질의 진동방향이 동일<br>·5 ~ 7 km/s의 속도로 전파되어 지진파 중 가장 속도가 빠름<br>(Primary Wave)</td></tr>
<tr><td>S파</td><td>·파의 진행방향과 매질의 진동방향이 수직<br>·3 ~ 4 km/s의 속도로 P파의 뒤를 이어 두 번째로 도착<br>(Secondary wave)</td></tr>
<tr><td colspan="2">표면파</td><td>·지표면을 따라 전달되는 파<br>·파장에 따라 속도가 변함<br>·가장 속도가 느리지만 진폭이 매우 커서 큰 피해 유발<br>·러브파(Love wave)와 레일리파(Rayleigh wave)로 구분</td></tr>
</table>

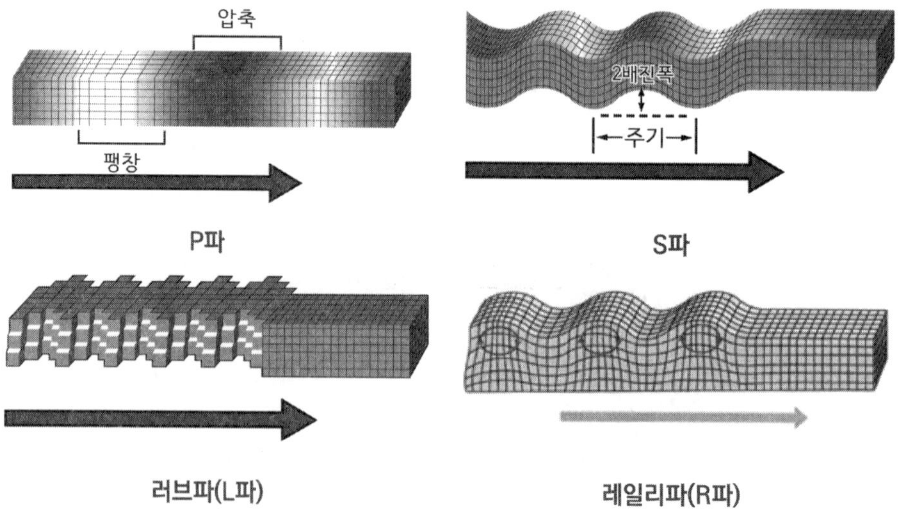


지진파 분류

핵실험 폭발지점의 위치는 지진계에 도달하는 P파와 S파의 속도 차이를 이용하여 구할 수 있다. P파의 속도가 6 km/s, S파의 속도는 3 km/s로 일정하다고 한다면 P파와 S파의 속도 차이는 1초에 3 km이다. 즉, P파가 도착한 후 10초 후에 S파가 도착했다면 폭발지점은 지진파측정 장소로부터 60 km 거리에 위치해 있는 것이다. 이러한 원리를 통해 세 지점 이상의 측정값을 이용하면 폭발지점을 알 수 있다. 그러나 실제로는 지진파가 땅속에서 다양한 매질을 만나면서 굴절 및 반사되는 등 복잡한 양상으로 진행되기 때문에 정확한 지점을 파악하기는 쉽지 않다.

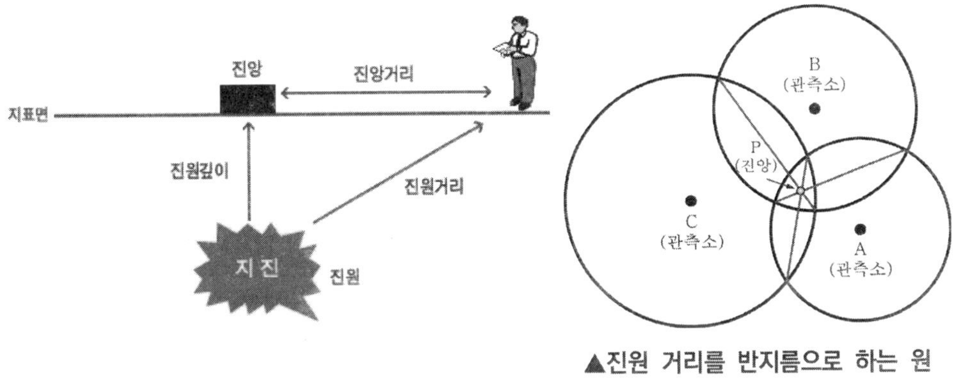


그림 3-5 지진파를 이용한 진앙 위치 확인

국내에는 총 180개의 지진파 관측소가 있다. 이중에서 원주에 위치한 한국 지진연구관측소(Korea Seismological Research Station, KSRS)는 포괄적핵실험금지조약기구(CTBTO)가 지정한 관측소로서 세계 2위 규모이며 0.2 kT 규모 이상의 폭발실험에 대한 지진파 탐지가 가능하다. 기상청은 2020년까지 지진관측소를 260여 개소로 늘리고 지진 발생 후 10초 이내에 탐지가 가능하도록 기반을 구축할 예정이다.

표 3-3 국내 지진관측소 현황(2014년)

| 구 분 | 계 | CTBTO 지정 | 한국지질 자원연구원 | 기상청 | 한국전력 연구원 | 원자력 안전기술원 |
|---|---|---|---|---|---|---|
| 현황(개소) | 180 | 1 | 36 | 126 | 13 | 4 |

## 나. 초저주파(공중음파) 탐지

지하에서 핵실험을 하게 되면 방대한 에너지가 발생하면서 일부는 지진파를 발생시키고 일부는 대기압의 변화를 일으켜 음파를 발생시킨다. 대기로 퍼지던 공중음파는 밀도가 다른 공기층을 만나면서 진행방향이 조금씩 바뀌다가 지표면에 낙하하게 되는데, 낙하하는 음파 중 20 Hz 이하의 초저주파를 식별하여 분석하는 방법이 초저주파 탐지이다. 초저주파는 사람의 귀에는 들리지 않지만 에너지 감소가 적어 수천 km의 원거리까지 전파가 도달할 수 있다. 코끼리의 경우, 14 Hz 정도의 초저주파를 통해 4 km 떨어진 거리에서도 신호를 주고받는다. 초저주파는 핵실험 후 1 시간 이내 탐지가 가능하며, 지진파 측정자료와 비교하여 진앙이 일치하면 인공지진으로 간주한다. 만약 북한 풍계리 지역에서 핵실험으로 인한 인공지진이 발생하게 되면 1분 이내에 지진파가 관측되고, 20분 이내에 초저주파 신호가 탐지된다. 핵실험 외에도 화산폭발, 초음속 비행, 산사태 등에 의해서도 초저주파가 발생하지만, 수십~수백 km의 지하 깊은 곳에서 발생하는 자연지진은 지구 내부로 지진파를 방출할 뿐 대기 중으로는 음파를 발생시키지 못한다. 본래 초저주파 탐지방법은 대기권에서 실시되는 핵실험을 감시하기 위하여 구축되었던 방법으로, 1963년에 부분적 핵실험금지조약[115]이 체결되면서 운영이 거의 중지되었다가 포괄적핵실험금지조약기구(CTBTO)의 국제감시시스템(IMS)의 일환으로 다시 구축되어 운영되고 있다.

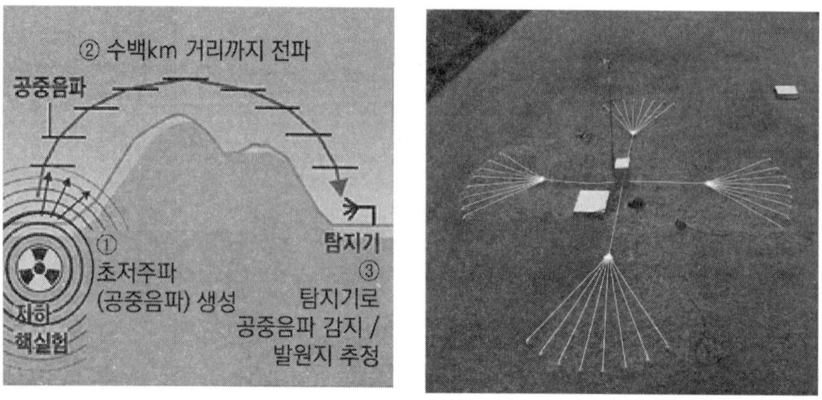


그림 3-6 저주파 탐지체계와 탐지장비(미기압계)

115) Limited(Partial) Test Ban Treaty(LTBT 또는 PTBT): 대기권 내, 우주공간 및 수중에서의 핵실험을 금지하는 조약.

초저주파 탐지는 부채 모양의 미기압계를 각각 동·서·남·북으로 설치하여 음파 발원지를 추정한다. 예를 들어, 북쪽의 미기압계에서 먼저 초저주파가 탐지되고, 이후 동쪽과 서쪽, 남쪽에서 탐지되었다면 초저주파의 발원지는 북쪽에 위치해 있는 것이며, 탐지된 초저주파의 강도를 분석함으로써 그 거리와 위치를 알아낼 수 있다. 국내에서는 한국 지질자원연구원에서 철원 등 7개 지역에 초저주파 관측소를 설치하여 운용하고 있다.

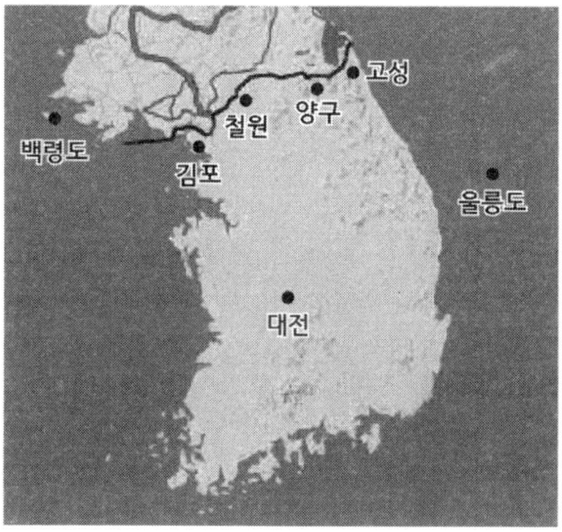


그림 3-7 국내 초저주파(공중음파) 관측소 현황

## 다. 방사성 핵종 탐지

소규모의 지하폭발이 발생하였을 때 지진파와 초저주파가 탐지된다고 해서 폭발이 반드시 핵실험에 의한 것이라고 단정 지을 수는 없다. 대량의 재래식폭약 또는 고성능 폭약을 이용하여 고폭실험(high-explosive test)을 진행하였을 경우에도 인공지진이 발생할 수 있기 때문이다. 그래서 핵실험을 최종적으로 확증하기 위한 방법으로 핵실험 시 발생하여 대기 중으로 확산되는 방사성 핵종[116]을 탐지하는 방법이 사용된다.

방사성핵종 탐지는 크게 방사성 비활성기체를 분석하는 것과 입자성 핵종을 분석하는 기술로 나눌 수 있다. 핵실험을 대기권이나 지상에서 실시할 경우에는 방사성 입자 핵종을

116) 측정할 수 있는 수명($10^{-10}$s)을 가진 특정의 원자번호, 질량수 및 에너지상태를 가진 것을 핵종이라고 하며, 핵종 중에서 방사선을 방출하는 핵종을 방사성 핵종이라고 함.

포집하여 분석하는 것이 용이하지만, 부분적 핵실험금지조약이 체결되어 핵실험이 지하에서 이루어지면서부터는 방사성 비활성기체를 탐지하는 방법이 사용되고 있다. 불활성기체는 주위의 원소나 수증기 등과 반응하지 않고, 암반 균열을 통해 대기 중으로 방출되며, 방사성 붕괴과정에 의해서만 소멸되는 특성을 갖고 있다. 그러므로 지하핵실험 시 대기 중으로 방출되는 비활성기체의 농도를 분석함으로써 핵실험 여부를 확인할 수 있다.

**표 3-4 포괄적핵실험금지조약기구(CTBTO) 감시 핵종**[117)]

| 입자성 핵종 | | 비활성 기체 | | 방사성 옥소(입자성) | |
|---|---|---|---|---|---|
| 핵종 | 반감기 | 핵종 | 반감기 | 핵종 | 반감기 |
| $^{95}$Zr | 64일 | $^{131}$mXe | 11.9일 | 131I | 8일 |
| $^{95}$Nb | 35일 | $^{133}$Xe | 5.2일 | 133I | 20시간 |
| $^{97}$Zr | 17시간 | $^{133}$mXe | 2.2일 | | |
| $^{99}$Mo/$^{99}$mTc | 2.75일 | $^{135}$Xe | 9.1시간 | | |
| $^{103}$Ru | 39일 | | | | |
| $^{106}$Ru | 1년 | | | | |
| $^{132}$Te | 3.3일 | | | | |
| $^{134}$Cs | 2.1년 | | | | |
| $^{136}$Cs | 13.2일 | | | | |
| $^{137}$Cs | 30년 | | | | |
| $^{140}$Ba | 12.8일 | | | | |
| $^{141}$Ce | 31.5일 | | | | |
| $^{143}$Ce | 1.4일 | | | | |
| $^{144}$Ce | 284.3일 | | | | |
| $^{147}$Nd | 10.99일 | | | | |

핵분열이 일어날 때 가장 많이 발생하는 방사성 비활성기체는 제논($^{131}$mXe, $^{133}$Xe, $^{133}$mXe, $^{135}$Xe)과 크립톤($^{85}$Kr)인데 포괄적핵실험금지조약기구(CTBTO)에서는 제논을 탐지 대상으로 삼고 있다. 크립톤($^{85}$Kr)은 10년 이상의 긴 반감기를 갖고 있어 재처리 시설 가동

117) CTBTO 방사성제논 탐지기술 현황, 이완로, 2012

등에 의해 대기 중에 농축되면서 기준 배경 수치가 달라짐에 따라 핵실험 확인보다는 핵연료 재처리 활동을 탐지하는 용도로 사용된다. 제논과 크립톤 모두 대기 중에 극미량이 존재한다.

표 3-5 대기 중 제논과 크립톤 조성비율

| 구 분 | 조성비율(%) | 동위원소 비율 |
|---|---|---|
| 제논(Xe) | $8.7 \times 10^{-6}$ | $^{132}$Xe(27%), $^{129}$Xe(26.5%), $^{134}$Xe(10.5%) |
| 크립톤(Kr) | $8.7 \times 10^{-4}$ | $^{84}$Kr(57%), $^{86}$Kr(17%), $^{82}$Kr(11.5%) |
| 질소(N2) | 78 | - |
| 산소(O2) | 21 | - |

방사성 제논을 탐지하여 핵개발 활동을 감시하려는 노력은 제2차 세계대전부터 시작되었다. 당시 미국은 독일의 핵무기 프로그램 흔적을 발견하기 위하여 독일 상공에서 비행기를 저고도로 비행시키면서 방사성 제논을 포집하였다. 그러나 밀폐된 지하에서 핵개발 연구를 수행할 경우에는 방사성 제논을 탐지하는데 많은 어려움을 겪었다. 지하에서 1 kT 규모의 핵무기가 폭발할 경우 최대 $1013 \sim 10^{15}$ Bq 의 방사성 제논이 방출되지만 폭발지점 주변의 지질학적 구조, 균열 정도, 습도 등에 의해 대기로 유입되는 양은 많이 감소되며[118], 짧은 반감기로 인해 핵실험 관련 정보를 감추려는 의도를 가질 경우에는 방사성 제논을 포집하기가 매우 어렵게 된다. 또한 핵실험이 아닌 국내 및 주변 국가에서 다수 가동되고 있는 원자력 시설들에 의해서도 방사성 제논이 검출될 수 있으며, 대기 확산에 의해 그 농도가 실시간으로 변하게 된다. 그러므로 방사성 제논의 기준 배경 수치에 대한 지속적인 감시가 이루어져야만 예고 없이 진행되는 핵실험에 대한 정확한 확인이 가능해진다.

118) 미국 Nevada의 1kT 규모의 지하 핵실험 결과 최대 20 Bq/m$^3$ 의 $^{133}$Xe이 대기로 유출됨.

표 3-6 핵시설 및 활동별 방사성 제논 방출량[119)]

| 핵시설 / 핵활동 | 방사성 제논 방출량(Bq) |
|---|---|
| 핵폭발 (1kT, 공중폭발) | $10^{16}$ 이하 |
| 핵폭발 (1kT, 지하폭발) | $10^{15}$ 이하 |
| 핵연료 재처리 시설 | $10^{13}$ 이하 |
| 원자력발전소 | $10^{9}$ 이하 |
| 원자력 관련 실험실 | $10^{6}$ 이하 |
| 원자력병원 | $10^{3}$ 이하 |

포괄적핵실험금지조약기구는 전 세계적으로 80개소의 방사성핵종 탐지기지를 설치하고, 이중 40개의 기지에 방사성 제논을 탐지할 수 있는 장비를 추가로 구비하여 지하 핵실험을 감시할 계획을 가지고 있다. 현재는 30여 곳에 방사성 제논 탐지장비를 설치하여 운용 중에 있다.

한반도 주변 지역의 경우, 북한의 핵개발 활동을 모든 방향에서 감시할 수 있도록 방사성 핵종 탐지기가 설치되어 있다. 중국과 일본 모두 3 개소에 방사성 핵종 탐지기가 설치되어 있는데, 그중 각각 2 개소와 1 개소에서는 방사성 제논을 탐지할 수 있는 능력을 갖추고 있다. 중국에는 방사성 핵종 분석 실험실도 갖추고 있어 핵실험 여부에 대한 확인뿐만 아니라 핵폭발 물질과 핵폭발의 규모 등도 분석할 수 있다.

국내에서는 원자력안전기술원에서 고정식과 이동식 방사성 핵종 탐지장비를 운용하고 있는데, 동해안과 서해안에 설치된 고정식 탐지장비는 제논을 탐지하기 위한 목적으로 설치되었으며 중부지역에 설치된 장비에서는 제논과 크립톤을 탐지한다.

표 3-7 국내 방사성 핵종 탐지장비 현황

| 구 분 | 고정식 탐지장비(3개소) | | | 이동식 탐지장비 | 공중포집장비 |
|---|---|---|---|---|---|
| | 서해안 | 중부지역 | 동해안 | | |
| 장 소 | 강화 | 덕정 | 거진 | 차량·선박 탑재 | 동서해 공역 |

119) CTBTO 방사성핵종 국제 감시체계 점검, 김용수, 2008

방사성 핵종 탐지장비가 제논을 탐지하면 측정된 동위원소 비율을 비교하여 핵실험 여부를 확인할 수 있다. 특히 제논-133과 제논-135의 비율이 중요한데, 하버드대학교 케네디스쿨 연구원인 'Hui Zhang' 이 연구한 자료에 따르면 북한의 1차 핵실험 시 핵폭발에 의해 발생한 제논-133과 제논-135의 비율이 원자로에 의한 것보다 훨씬 높게 나타났다.

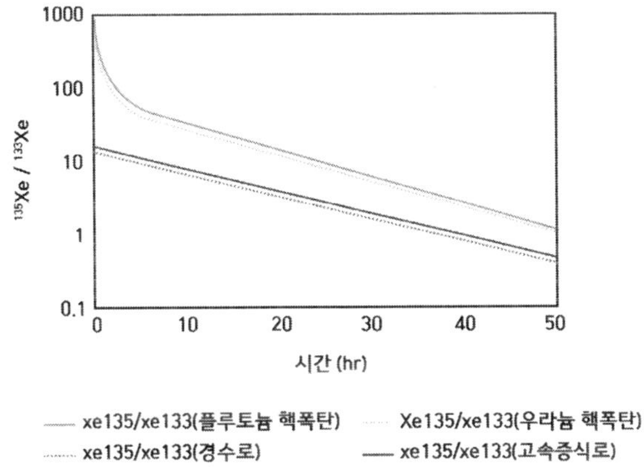


그림 3-8 핵시설/활동별 생성되는 $^{135}Xe/^{133}Xe$ 비교[120)]

표 3-8 핵시설/활동별 주 방출 제논 동위원소[121)]

| 원자력 시설 | 주요 방출 제논 동위원소 |
|---|---|
| 핵폭발 | $^{133}Xe$, $^{135}Xe$ |
| 원자로 | $^{133}Xe$ |
| 핵연료 재처리 시설 | $^{131}mXe$ |
| 원자력 병원 | $^{133}Xe$, $^{131}mXe$ |

핵실험 연료가 플루토늄(Pu)인지 고농축 우라늄(HEU)인지를 확인하는 것은 북한의 경우 많은 어려움이 있다. 플루토늄과 고농축 우라늄을 핵연료로 하여 폭발을 일으켰을 때의 제논-135와 제논-133의 비율 변화 차이[122)]를 보면, 실험 후 9시간까지는 약 20% 이상의 차

120) Hui Zhang, “Off-site air sampling analysis and north korean nuclear test”, 2007

121) CTBTO의 방사성핵종 국제 감시체계 점검

이를 보인다. 이는 핵실험 후 수 시간 내에만 측정하면 핵연료를 구분할 수 있음을 의미한다. 그러나 10~20시간 이후부터는 비율 변화 차이가 급격히 감소하면서 48시간 후에는 1% 이하로 떨어지게 된다.[123] 이는 제논-135의 반감기가 9시간에 불과하고 핵폭발 시 발생하는 방사성 요오드-133, 135(133I, 135I)가 방사성 제논 동위원소로 바뀌면서 그 차이를 줄이기 때문이다. 결론적으로, 북한 지역에 대한 접근 제한으로 2~4일 후에야 제논가스 포집이 가능하고, 특이한 지하 핵실험장 구조로 인해 대기 중으로 방출되는 방사성 제논의 양이 극히 적다는 것을 고려하였을 때, 북핵실험 시 방사성핵종 탐지방법만으로는 핵연료의 종류를 구분하기는 매우 어렵다.

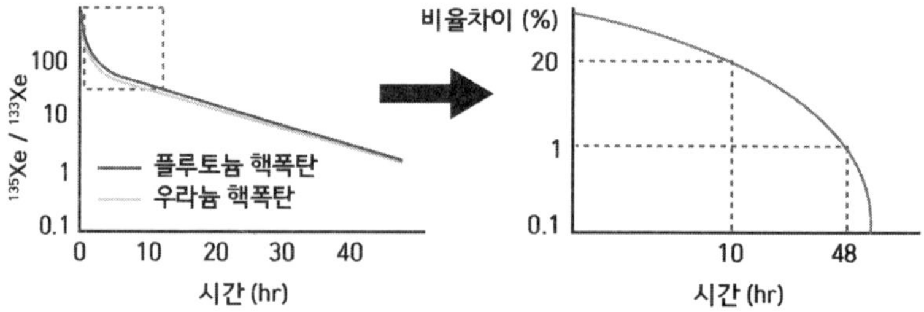


그림 3-9 플루토늄과 고농축 우라늄 폭발 시 생성되는 135Xe/133Xe 차이

## 라. 위성영상을 이용한 탐지

위성영상은 원격으로 핵실험 지역의 지형변화를 통해 핵실험 여부를 확인할 수 있다. 또한 앞서 설명한 탐지방법들과 달리 수집한 영상 분석을 통해 비밀리에 진행하고 있는 핵개발 프로그램이나 핵실험 계획 여부 등을 식별할 수 있는 장점을 지니고 있다. 1965년에 영변지역에 구소련으로부터 도입된 연구용 원자로(IRT-2000)가 도입된 것도 미국의 정찰 위성에 의해 처음 포착되었으며, 1980년대부터 본격적으로 착수된 영변지역의 핵개발 프로그램

---

122) $Pu(^{135}Xe/^{133}Xe) - HEU(^{135}Xe/^{133}Xe)/HEU(^{135}Xe/^{133}Xe)$.
$Pu(^{135}Xe/^{133}Xe)$ 와 $HEU(^{135}Xe/^{133}Xe)$
는 각각 플루토늄과 고농축우라늄이 핵분열 시 생성되는 제논-135와 제논-133의 비율변화를 나타냄.

123) Hui Zhang, “Off-site air sampling analysis and north korean nuclear test”, 2007

의 진행사항도 위성을 통해 지속적으로 관측되었다. 특히, 1993년 1차 북핵 위기의 시발점이 되었던 핵폐기물 저장소로 의심되는 미신고시설에 대한 식별 역시 위성영상을 통해 수집한 자료들을 토대로 이루어졌다. 핵실험의 경우는 실험장에서의 갱도 굴착과 의심 물질 운반 여부 등을 분석하는 절차를 거친다. 그러나 위성사진 촬영이 실시간으로 이루어지지 못하여 결정적 내용을 포착하지 못할 수도 있고, 차폐막을 사용하는 등 핵실험 준비를 숨기고자 할 경우에는 탐지에 상당한 어려움이 발생한다.

우리나라는 1992년에 발사한 초소형 과학위성인 우리별 1호를 시작으로 10여 개의 위성들을 갖고 있는데, 핵실험 탐지에는 아리랑 2호부터 5호까지 4개의 다목적 실용위성이 사용될 수 있다. 아리랑 2호와 3호는 가시광선 영역대를 이용하는 광학카메라를 사용하므로 야간이나 악천후 기상일 경우 탐지가 제한되는 단점이 있다. 그러나 아리랑 3A호와 아리랑 5호에 탑재되어 있는 적외선 센서와 합성개구레이더(SAR)를 상호보완적으로 운용함으로써 주·야간이나 날씨에 상관없이 전천후로 정밀한 관측이 이루어질 수 있다.

표 3-9 국내 다목적 실용위성 비교

| 구 분 | 아리랑 1호 | 아리랑 2호 | 아리랑 3호 | 아리랑 3A호 | 아리랑 5호 |
|---|---|---|---|---|---|
| 해상도 | 6.6 m[124)]<br>흑백 | 1 m 흑백<br>4 m 컬러 | 70 cm | 광학 55cm<br>적외선 5.5m | 1 m |
| 주요구성품 | - | MSC[125)] | 광학카메라 | 광학카메라<br>적외선 센서 | SAR[126)] |
| 발사일 | 1999. 12월 | 2006. 7월 | 2012. 5월 | 2015. 3월 | 2013. 8월 |
| 임무종료 | 2008. 1월 | - | - | - | |

위성을 이용한 탐지 방법은 북한과 같이 접근이 제한되는 지역에 대한 자료를 획득하기 용이하다는 점에서 그 비중이 점점 커지고 있다. 특히, 핵실험을 북한과 같이 수평갱도를 이용하여 실시할 경우에는 핵실험지 주변의 외형적 지형변화가 크지 않다. 이러한 제한사항을 극복하기 위해서는 고해상도의 위성을 지속적으로 개발하여 관측에 사각지대가 없도록

124) 가로와 세로 각각 6.6m가 점 하나로 표시됨

125) 다중대역카메라. 렌즈직경 60cm

126) 합성개구레이더(Synthetic Aperture Radar, SAR). 공중에서 레이더파를 순차적으로 쏜 이후 반사되어 돌아오는 미세한 시간차를 이용해 지형도를 만들어내는 시스템. 주·야간 및 악천후 모두 사용 가능.

하려는 노력이 필요하다. 우리나라는 2019년에 해상도 0.5 m급 합성개구레이더를 탑재한 다목적 실용위성인 아리랑 6호를 발사할 예정이며, 0.5 m급 해상도의 광학카메라를 탑재하는 아리랑 7호도 계획 중에 있다.

## 2. 핵무기 공격에 대한 보호

1949년 소련이 핵실험에 성공한 후 미국 정부에서 발간한 공식 소책자인 'Survival Under Atomic Attack'에서는 핵무기에 대한 잘못된 믿음으로 인해 두려워할 필요가 없음을 강조하면서 적절한 행동을 취할 경우 생존할 수 있다고 기술하고 있다.[127]

> ※ 핵무기에 대한 잘못된 믿음
> ① 핵무기는 지구를 파괴할 수 있다.
> ② 핵무기에 의한 파괴정도는 폭발력의 증가와 정비례한다.
> ③ 방사능오염으로 인한 피해는 치명적이다.

냉전체제가 본격화되면서 수만 발의 핵무기가 생산되고, MIRV화된 수소폭탄 및 증폭핵분열탄이 등장하는 등 핵무기의 질적 성장이 이루어짐에 따라 대규모의 핵전쟁이 발생할 수 있는 현재의 상황과는 다소 거리가 있을 수 있다. 본 장에서는 상호공멸 및 세계 종말을 가져올 수 있는 대규모의 핵전쟁이 아닌, 소수의 핵무기가 투하될 경우를 가정하여 살펴보겠다.

### 가. 핵무기 공격 전 행동요령

#### 1) 개인 행동 요령

> ① 지하대피소로 대피 및 대피시설 보강
> ② 장비 및 물자 보호대책 강구
> ③ 상황전파 방송 청취

127) 20 kT 규모의 핵무기를 기준으로 판단하였음.

핵무기 공격에 대한 사전 경보가 발령되면 개인은 유관기관 또는 군부대의 통제에 따라 신속하게 지하 대피소로 이동하고, 대피소가 없는 경우에는 강화 콘크리트[128] 건물 지하나 지하터널 등에 대피하는 것이 좋다. 지하 대피시설은 폭풍에 의한 압력을 거의 받지 않지 않고, 열과 방사선에 대한 차폐도 용이하기 때문에 가장 우수한 방호시설이다. 제2차 세계대전 시 일본 나가사키에 투하되었던 핵무기의 위력과 같은 20 kT 규모의 핵폭탄이 투하될 경우, 폭발지점으로부터 2 km 밖에 떨어져 있지 않더라도 지하대피시설에 대피해 있으면 생존할 수 있다. 히로시마 원폭 피해자 증언을 보면, 원폭 당시 생존자인 노무라 에이조는 핵폭발 지점으로부터 불과 170 m 떨어져 있는 강화 콘크리트 건물의 지하에서 생존할 수 있었다.

**표 3-10 대피 장소별 방호효과(핵무기 위력: 20kT, 이격 거리: 2km)**

| 구 분 | 개활지 | 무개호 | 전차내부 | 유개호 | 지하 대피시설 |
|---|---|---|---|---|---|
| 폭풍·열 | 생존불가 | 부분방호 | 부분방호 | 대부분 방호 | 방호우수 |
| 방사선 노출량 (cGy / hr) | 700 | 175 | 14 | 7 | 0.14 |

**표 3-11 구조물의 내부 위치에 따른 방호인수[129]**

| 면적 | 단층 목조건물 | | 단층 벽돌건물 | | 2층 벽돌건물 | |
|---|---|---|---|---|---|---|
| | 1층 중앙 | 지하실 중앙 | 1층 중앙 | 지하실 중앙 | 1층 중앙 | 지하실 중앙 |
| 28평 | 2.3 | 20 | 3.4 | 22 | 4.4 | 54 |
| 33평 | 2.3 | 17 | 3.1 | 18 | 4.4 | 41 |
| 42평 | 2.3 | 15 | 3.1 | 16 | 4.4 | 37 |
| 56평 | 2.2 | 13 | 3.0 | 14 | 4.1 | 34 |

대피시설이 없는 산악지역에서는 계곡과 같은 지형지물을 이용하여 대피할 수 있다. 흙은 열을 차폐할 뿐만 아니라 방사선으로부터의 방호 효과도 뛰어난 아주 좋은 방호물이다.

128) 콘크리트는 외력에 의하여 변형을 하지 않고 파괴되는 성질을 갖고 있어서 철근과 같은 강재에 의해 보강되지 않을 경우 폭풍에 대한 저항력이 약함.

129) 구조물 안의 지정된 위치에서 받게 되는 방사선량에 대한 옥외에서 받는 방사선량의 비. 방사선으로부터 방호가 잘 되는 위치일수록 방호인수가 높게 나타남.

지하시설이 없는 건물에 대피할 경우에는 지붕과 외벽에 흙포대를 쌓는 것으로 우수한 방호효과를 얻을 수 있다. 흙포대를 쌓는 것이 제한될 경우에는 건물 내부에 있는 가구에 흙을 가득 담아서 외벽과 창문 등을 보강할 수 있다. 시간이 충분하여 참호나 지하시설을 구축할 수 있는 경우에는 흙에 의한 방호효과를 높이기 위하여 깊게 파는 것이 좋고, 두꺼운 강화 콘크리트 덮개로 덮어주면 그 효과는 더욱 커진다. 만일, 지붕이 없는 구덩이나 진지에서 낙진의 침투를 막기 위하여 판쵸우의·천막 등을 사용할 경우에는 이 위에 쌓이는 낙진을 주기적으로 제거해 주어야 한다. 그러나 이러한 판쵸우의나 천막은 낙진의 침투를 방지할 뿐, 낙진으로부터 나오는 방사선을 막지는 못한다.

표 3-12 흙 보강 두께에 따른 방사선 방호 효과

| 구 분 | 개활지 | 흙 보강 두께 | | |
|---|---|---|---|---|
| | | 15cm | 30cm | 45cm |
| 방호율(%) | 0 | 91.7 | 95.8 | 97.9 |

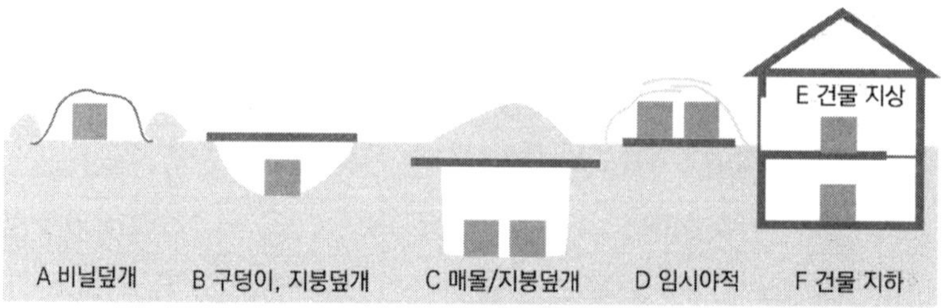


| 구분 | 비닐덮개 (A) | 구덩이/지붕덮개 (B) | 매몰/지붕덮개 (C) | 임시야적 (D) | 건물지상 (E) | 건물지하 (F) |
|---|---|---|---|---|---|---|
| 폭풍 | × | △ | △ | × | △ | ○ |
| 열복사 | × | △ | △ | × | △ | ○ |
| 방사선 | × | × | △ | × | △ | ○ |
| 낙진 | △ | ○ | ○ | × | ○ | ○ |

그림 3-10 저장시설별 방호효과

시간이 가용할 경우 개인뿐만 아니라 장비와 물자 등도 안전한 곳으로 이동시켜야 한다. 특히, 낙진에 의한 잔류효과를 고려해보면 대피시설에서 지내는 동안 필요한 식량과 식수의 확보는 매우 중요하다. 음식과 물이 방사선에 조사되는 것만으로는 문제가 없으나 방사성 낙진이 섞이면서 오염되었을 경우에는 심각한 위험을 초래하므로, 식량과 식수는 낙진과 같은 방사성 미립자의 침투를 막기 위해 포장하여 건물 내에 보관하여야 한다. 낙진이 참호나 대피시설로 침투하는 것을 막기 위해서 시설 주변에 도랑을 30 cm 이상 이격시켜 파는 것도 효과적인 방법이 될 수 있다. 또한 대피시설 내에서 생리적 문제를 해결하기 위하여 요강, 모래 또는 흙, 소독제 등을 준비해야 한다.

낙진뿐만 아니라 핵폭발 시 발생하는 강력한 열복사에너지로부터도 물자와 장비를 보호해야 한다. 특히, 휘발유와 석유 같은 인화성 물질은 2차 폭발이 일어나지 않도록 안전한 장소로 옮겨야 한다. 두꺼운 벽돌, 흙 등은 열복사에너지를 효과적으로 막을 수 있으며, 창문의 경우는 백색도료를 칠해 열복사에너지를 반사시킴으로써 그 피해를 최소화할 수 있다. 이는 폭풍에 의해 창문이 깨지기 전에 열복사에너지가 먼저 도달하는 점을 이용한 것이다. 흰색의 두꺼운 담요를 이용하여 창문을 막는 것도 열복사에너지와 폭풍에 의한 피해를 방지할 수 있는 효과적인 방법이다. 또한 화재가 발생하였을 때 초기에 진화할 수 있도록 소화도구를 준비해야 한다.

전자 및 통신장비는 전자기파(EMP)에 의한 피해를 방지하기 위한 조치가 필요하다. 장비 및 시설별로 지면 접지하고 모든 출입문은 폐쇄하는 것이 좋으며, 운용하지 않는 장비는 전원을 차단하고 안테나는 제거하며 단자 덮개를 설치해야 한다. 전원을 차단하더라도 안테나가 설치되어 있는 경우에는 안테나를 통해 강력한 전자기파가 유입되면서 장비에 피해를 발생시킬 수 있다. 또한 전자기파는 주로 100 MHz 이하의 대역에 피해를 일으키므로 AM 통신장비와 같이 높은 대역을 사용하는 통신장비를 운용하는 것도 좋은 대응책이 될 수 있다.

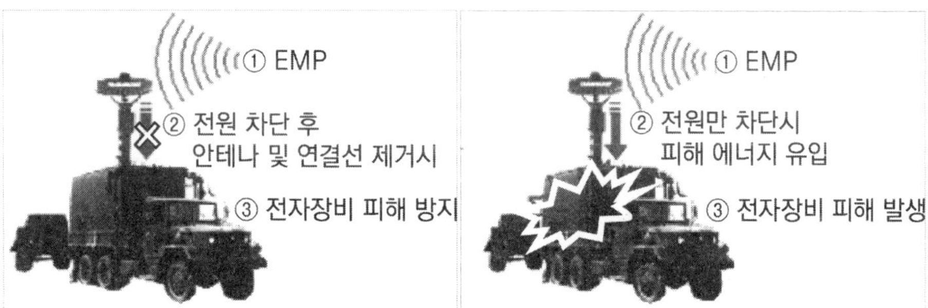


그림 3-11 전자기파 피해방지

### 2) 미사일 방어체계(Missile Defence, MD)

지금까지 적 핵공격 전에 취해야 할 행동요령에 대해서 알아보았다. 적이 핵무기를 투발했을 경우 핵공격 전 행동요령을 통해 어느 정도는 생존성을 높일 수 있을 것이다. 그러나 '적이 핵무기를 투발하였을 때 언제까지 가만히 기다려야만 할까?', '핵무기가 지상에서 폭발하기 전 제거할 방법은 없을까?' 이런 고민에서 탄생한 것이 바로 미사일 방어체계이다. 미사일 방어체계는 미사일이나 미사일의 탄두가 목표물에 도달하기 전에 파괴하기 위한 체계를 말하며, 이미 미국, 영국, 러시아, 일본의 국가에서는 미사일 방어체계를 개발하여 활용중이다. 우리나라역시 한국형 미사일 방어체계(KAMD)에 대한 준비가 진행되고 있다.

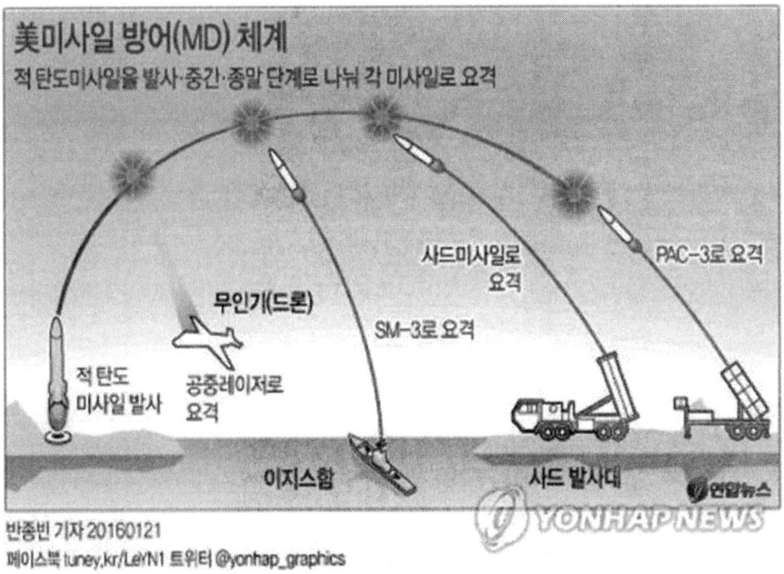


그림 3-12 미사일 방어체계 개념도

미사일 방어체계를 이해하기 위해 먼저 탄도미사일의 종류를 알아보자. 탄도미사일은 사거리에 따라 단거리(SRBM), 준중거리(MRBM), 중거리(IRBM), 대륙간 탄도미사일(ICBM)로 구분한다. 그림은 미 국방성에서 제시한 탄도 미사일의 사거리와 비행 고도를 보여준다.

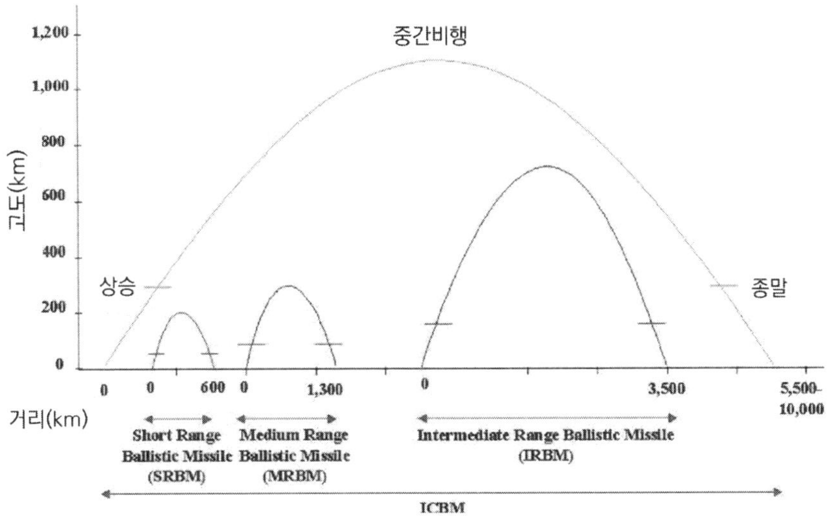


그림 3-13 탄도미사일의 종류에 따른 사거리와 고도

그림에서 보는 바와 같이 탄도 미사일의 종류에 따라 사거리 및 최고 고도가 상이하고, 비행 단계별(상승단계, 중간비행단계, 종말단계)로 탄도미사일의 속도가 상이하므로 각 단계별 다양한 요격체계가 필요하다. 일반적으로 미사일의 속도가 가장 느린 구간인 상승단계일 때 요격이 가장 쉽고, 중간비행단계, 종말단계로 갈수록 탄도미사일의 속도가 증가하여 요격이 어렵다[130].

### 가) 상승단계

상승단계에서의 요격은 탄도미사일의 속도가 가장 느리고, 로켓 분사, 대기와의 마찰열 등으로 인해 표적탐지가 용이하기 때문에 가능하기만 하다면 가장 이상적인 요격방식이다. 항공기에 레이저를 장착한 항공레이저(Airborne Laser)를 이용하는 방식이 제안되었으나 상승단계의 시간이 평균 180~250초 정도로 매우 짧아 미사일 발사 탐지 및 추적까지 단 3분 정도밖에 주어지지 않는 어려움이 있다. 또한 발사체와 요격체의 거리가 지리적으로 매우 가까운 곳에 위치해야 가능한 방법이다.

130) 종말단계 하강시 탄도미사일의 속도는 음속의 10배가 넘는다.

그림 3-14 비행기에 레이저를 장착한 YAL-1

나) 중간비행단계

중간비행단계 요격은 탄도미사일 총 비행시간의 약 2/3인 최대 20분 정도 지속되므로 요격에 충분한 시간을 확보할 수 있는 장점이 있다. 또한 낙하하기 이전인 대기권 밖에서 요격하기 때문에 넓은 구역을 방어할 수 있다. 미국과 일본은 이지스함의 수직발사대에서 발사되는 SM-3(Standard Missile-3) 미사일을 운용 중에 있다. SM-3는 고체부스터와 2단 로켓엔진을 장착하여 고도 500 km까지 상승할 수 있다. 목표 고도까지 상승한 요격비행체(Kill Vehicle)는 로켓에서 분리된 후, 측방에 탑재된 가스 분사구를 이용하여 자세를 제어하며 탄도미사일에 찾아가 직접 부딪혀 요격한다.

그림 3-15 SM-3 미사일 Kill Vehicle

하지만 대기권 밖으로 요격체를 발사해야 하고 가짜 탄두(디코이)를 분리시킬 경우구별이 어려워 요격이 어려운 단점이 있다.

다) 종말단계

종말단계에서의 요격은 탄도미사일의 속도가 최대가 되어 요격할 시간이 충분하지 않은 단점이 있고, 공격이 예상되는 모든 지역에 요격체계를 배치해야 요격이 가능하다. 그 중에서도 가장 큰 단점은 적 탄도미사일을 요격했다고 반드시 방어지역이 안전한 것은 아니라는 것이다. 생화학탄이나 핵탄두를 요격할 경우 요격 고도에 따라 방어지역에 피해가 발생할 수 있다. 그러나 상승단계와 중간비행단계에서 요격에 실패했을 경우를 대비한 취후의 수단으로 최종고고도방어체계(Terminal High Altitude Area Defense, THAAD)와 PAC-3 가 개발되어 운용되고 있다. 최종고고도방어체계 THAAD는 SM-3처럼 직접타격파괴(Hit-to-Kill) 방식을 이용하여 요격한다. THAAD 포대는 AN/TPY-2 레이더 1기와 6개의 발사대로 구성되고, 각 발사대에는 8기의 미사일이 탑재된다. 운용방식은 X-band 레이더가 적 탄도미사일의 궤적을 확인하여 THAAD 미사일의 발사 각도를 조정하고, 미사일이 발사된 이후에는 미사일 전방 앞부분에 장착된 적외선 센서가 20~30 km 전방의 적 탄두를 추적하여 요격한다.

그림 3-16 THAAD 레이더(좌)와 포대 발사 모습(우)

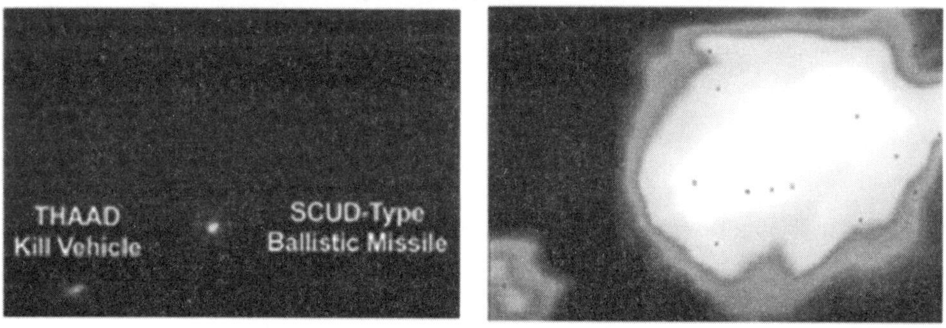


그림 3-17 THAAD 요격 시험 영상(적외선 촬영)

THAAD는 최대 고도 150 km 에서 적 탄두를 요격할 수 있으나 이에 실패할 경우 최후의 수단으로 패트리어트 미사일(Patriot Advanced Capability-3, PAC-3)을 이용한다. PAC-3는 최대 고도 40 km에서 적 탄두를 요격할 수 있다. 운용방식은 미사일 전방의 전파 수신 안테나가 지상의 유도 레이더에서 발송하는 전파를 수신하여 적의 탄도미사일을 추적·요격한다.

그림 3-18 PAC-3 포대 발사 모습

## 나. 핵무기 공격 중·후 행동요령

① 신속한 대피 및 보호
② 오염지역 판단
③ 오염환자 치료 및 방사능 제독

핵무기 공격이 실시되었다는 경보를 접수하면 신속히 지하시설 등으로 대피하고, 경보 접수 후 4~5분 이내에 지하시설로 대피하지 못할 경우에는 주변에 있는 건물 내부로 대피해야 한다. 지하시설에 있는 인원들은 가장자리에 엎드리고, 건물내부의 지상에 위치한 인원들은 지하와 달리 가장자리보다는 건물 중앙의 튼튼한 탁자 아래에 엎드리는 것이 방사선에 의한 피해를 줄이는데 유리하다. 구덩이나 진지 내부로 대피하는 경우에는 눈을 감고 누워 있는 상태에서 팔과 다리를 몸 앞으로 끌어당기는 자세를 취하는 것이 좋은데, 이는 몸 안에 있는 주요 기관들을 보호하기 위한 것이다. 유리가 많은 건물이나 일반차량은 파편 형성과 차량 비산 등으로 인해 오히려 피해가 커질 수 있으므로 대피장소로는 피하는 것이 좋다.

핵 및 방사능전하 국민 행동요령, 소방 방재청, 핵 공격시 방호, 건물 지상/지하 나온 것
그림 3-19 건물 내부 대피 방법

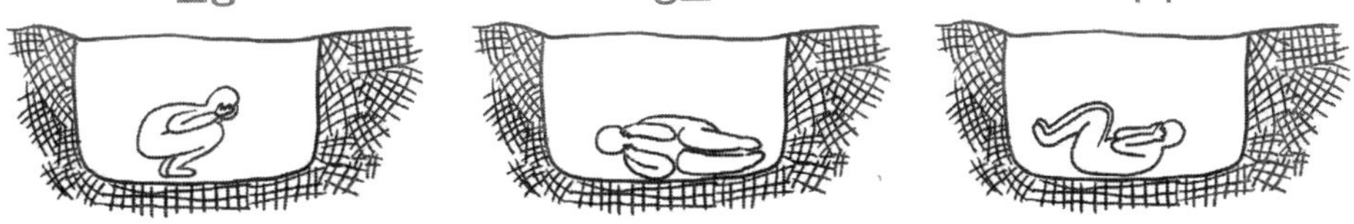


그림 3-20 구덩이 및 진지 내부 대피 방법

사전에 아무런 경고 없이 갑작스럽게 핵무기가 투하되어 1～2보 이내에 대피할 수 있는 마땅한 장소가 없을 경우에는 즉각적으로 지면에 엎드리면서 보호대책을 강구해야 한다[131]. 핵폭발 시 방출되는 방대한 양의 열복사에너지는 폭발이 일어난 곳으로부터 먼 거리에 떨어져 있는 사람에게도 피부 화상과 실명을 유발할 수 있다. 그러므로 피부 노출을 최소화하기 위하여 엎드린 상태에서 팔을 몸 안으로 최대한 밀착시키고, 손으로는 눈과 귀를 막는다. 절대로 화구를 바라보아서는 안된다. 지면을 따라 전해져 오는 충격파는 신체 내부의 주요 장기를 손상시킬 수 있기 때문에 지면으로부터 복부를 이격시키고 입을 벌린

131) 핵폭발 후 폭풍·열복사에너지· 방사선 효과가 발생하는 속도를 고려했을 때 대피장소를 찾기 위해 2～3보 이상 이동하는 것은 바람직하지 않음

다. 만약 헬멧을 썼다면 머리는 폭발이 일어난 화구방향으로 향하고, 헬멧을 쓰지 않았다면 화구의 반대방향으로 엎드리는 것이 좋다. 폭풍이 지나가고 파편물 낙하가 멈춘 후에는 낙진이 낙하하기 전에 신속히 대피시설로 이동하여 개인보호 조치를 취해야 한다.

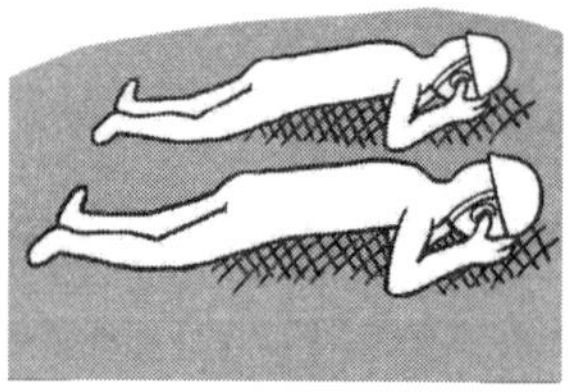


그림 3-21 개활지에서의 보호 자세

낙진에 대한 대피장소 선정은 군부대와 유관기관에서 판단한 낙진도달시간과 오염지역을 토대로 이루어지게 된다. 특히, 낙진은 오랜시간 동안 잔류하면서 피해를 지속적으로 유발하기 때문에 오염지역을 이탈하는 것이 가장 좋다. 그러므로 정찰활동을 통해 오염지역 여부를 가려내는 활동이 매우 중요하다.

군부대와 유관기관에서 실시하는 오염지역 정찰은 낙진에서 방출되는 방사선들을 탐지하고 그 농도를 측정한다. 이때 주로 측정하는 방사선은 투과력과 확산거리가 큰 감마선이지만, 정찰장비를 이용하여 알파선과 베타선을 탐지하는 것도 가능하다[132]. 방사선을 측정하는 정찰장비에는 대형 정밀분석장비부터 차량에 탑재하거나 개인이 휴대하면서 측정할 수 있는 것까지 다양한 형태가 있으며, 주요 탐지 원리는 다음과 같다.

첫째, 전리작용을 이용한 탐지 방법이다. 이 방법은 방사선이 탐지장비를 통과하는 동안 그 구성 물질을 이온화시키는 특성을 이용하는 것으로, 기체의 전리작용을 이용하는 방법과 고체의 전리작용을 이용하는 방법이 있다. 기체의 전리작용을 이용하는 탐지장비는 일반적으로 불활성 기체 또는 공기로 채워진 탐지기의 중심에 양극(+), 탐지기 벽에는 음극(−)이 걸려 있는 구조를 가지고 있다. 방사선이 탐지기 내부를 통과하게 되면 기체 내에서 전리작

132) 알파선과 베타선은 투과력과 확산거리는 작지만 섭취 또는 흡입을 통해 인체 내부로 들어갔을 때 큰 피해를 유발하므로, 정찰활동 간에는 방독면을 착용하는 등의 보호조치를 해야 함.

용을 일으켜 양이온-전자쌍을 생성시키는데, 이 이온쌍들이 자기장에 의해 각각 반대 전극으로 수집되면서 전기적 신호를 발생시키게 된다[133]. 탐지기에 입사되는 방사선 준위가 높을수록 더욱 높은 전기적 신호를 발생시킨다. 방사선에 의한 전리작용은 고체에서도 일어날 수 있는데 대표적인 것이 반도체 탐지기(semiconductor detector)이다. 방사선이 반도체 내부를 통과하면 기체 탐지기의 양이온-전자쌍에 해당하는 정공-전자쌍이 생성되면서 전기적 신호를 발생시킬 수 있다. 반도체 검출기는 소형으로 제작할 수 있고 취급이 간편하나 강한 방사선을 측정하는 데에는 사용이 제한된다.

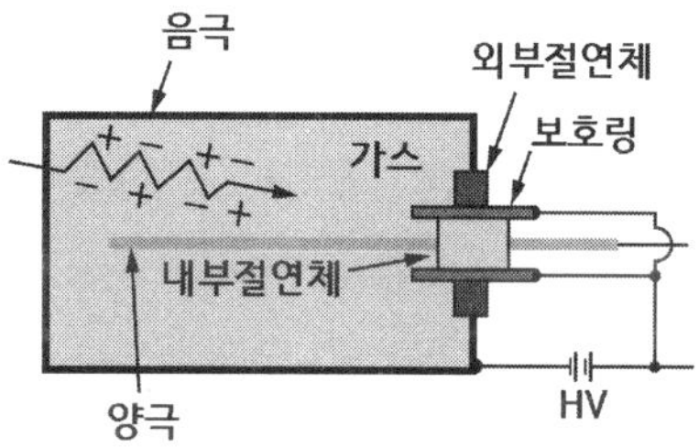

기체 전리를 이용한 검출기

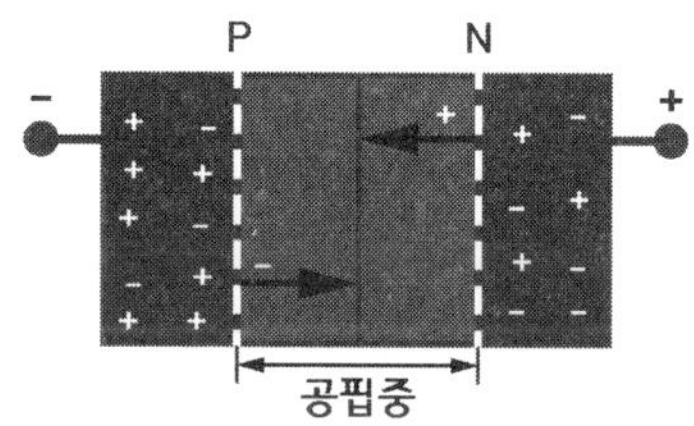

반도체 검출기

그림 3-22 전리작용을 이용한 탐지

둘째, 여기(들뜸)작용을 이용한 탐지방법은 방사선을 형광물질이 포함된 탐지기 내부로 통과시켰을 때 발생하는 섬광의 양이 방사선 세기와 비례하는 원리를 이용한 것이다. 섬광물질이 방사선에 조사되어 들뜬상태가 되었다가 다시 기저상태로 돌아갈 때 형광이 발생하는데, 이 빛이 광전효과[134]를 유발하여 발생되는 전자에 의한 전기적 신호를 측정하게 된다.

마지막으로 방사선이 특정물질과 반응하는 화학적 작용을 이용한 방법이 있다. 대표적인 예로 필름뱃지를 들 수 있는데, 필름의 흑화정도를 측정하여 개인이 받은 방사선량을 알 수 있고 약 3개월 동안의 집적선량을 측정할 수 있다.

133) 전자는 양극(+)의 중심부로 이동하고, 양이온은 음극(-)의 벽으로 이동함.

134) 금속 등의 물질에 일정한 진동수 이상의 빛을 비추었을 때 물질의 표면에서 전자가 튀어나오는 현상

## 3. 방사능 제독

낙진과 같은 방사성 오염물질은 화학물질과는 달리 화학적인 반응에 의해서 제독할 수 없으며, 자연 붕괴되는 과정을 통해 오염물질로부터 방출되는 방사선의 강도가 낮아지기를 기다리는 수밖에 없다. 그러나 방사능 붕괴는 핵변환에 의해서 나타나는 현상이기 때문에 물질의 상태나 외부 환경조건에 따라 그 속도가 변하지 않는다. 2011년 후쿠시마 원전 사고 당시 문제가 되었던 세슘-137($^{137}$Cs)과 스트론튬-90($^{90}$Sr)은 반감기가 약 30년이다. 방사성 오염물질이 자연 붕괴되는데 오랜 시간이 소요된다면 이를 물리적으로 제거하거나 차폐하는 방법을 사용해야 한다.

### 가. 인체 제독

사람의 신체가 방사선에 노출되는 것을 방사선 피폭이라고 하는데, 이는 경로에 따라 외부피폭과 내부피폭으로 구분된다. 외부피폭은 인체 외부에서 방출된 방사선으로부터 받는 피폭을 말하며, 내부피폭은 인체 내부로 섭취되었거나 체내에서 생성된 방사성물질에 의한 피폭을 의미한다.

외부피폭에 대한 제독은 급속제독과 정밀제독으로 구분할 수 있다. 급속제독은 신발을 포함하여 피폭된 사람의 피복을 모두 제거하고, 피부에 붙어 있는 오염물질을 제거하기 위해 샤워까지 실시하는 단계이다. 피복을 제거할 때에는 표면에 붙어 있는 방사성 오염물질들이 체내에 흡입되지 않도록 유의해야 한다. 인체 샤워는 손을 먼저 깨끗이 세척한 후에 실시하며, 머리카락에 붙어 있기 쉬운 방사성 오염물질들이 눈과 코 등으로 흘러들어가지 않도록 머리를 뒤로 젖힌 상태에서 샤워를 하는 것이 좋다. 세척은 적정한 수압으로 씻어내는 것으로도 가능하지만, 좀 더 효율적인 제거를 위해 비누나 샴푸 등을 사용하는 것이 좋다. 급속제독을 실시하는 것만으로 외부 오염물질의 95 % 이상을 제거할 수 있다.[135] 정밀제독은 급속제독 후에도 남아 있는 잔류 방사성 오염물질을 제거하는 단계이다. 이 과정은 전문가들에 의해 실시되며, 오염물질 유무 및 농도를 측정하기 위한 방사선 탐지장비를 사용한다. 전문가들은 오염인원의 머리부터 발끝까지 탐지장비를 이용하여 방사선 농도를

135) Waselenko JK, et al. Medical management of the acute radiation syndrome: recommendations of the Strategic National Stockpile Radiation Working Group.

측정하고 대상자의 모든 분비물들을 표본수집한다. 측정결과 기준치를 초과할 경우에는 허용 수준으로 낮아질 때까지 추가적인 제독을 실시한다.

표 3-13 신체 부위별 제독 방법

| 구 분 | 제독 방법 |
| --- | --- |
| 전 신 | ·상처 부위 → 신체 개구부(눈, 코, 입 등) → 상처없는 피부 순으로 제독 |
| 상처부위 | ·다량의 물 또는 생리 식염수로 상처부위 세척<br>·상처부위를 붕대로 감고 비닐 등을 이용하여 방수 및 밀봉하여 다른 부위 세척 간 재오염 발생 방지 |
| 눈 | ·안구가 손상되지 않았을 경우 다량의 생리식염수로 세척<br>·비루관(lacrimal duct)[136]의 오염방지를 위해 머리를 옆으로 젖힌 후 눈의 안쪽에서 관자놀이 방향의 바깥으로 세척<br>·안구가 파열된 경우 세척 미실시, 병원 후송 |
| 코 | ·의식이 있을 경우 코를 풀고, 그렇지 않을 경우 타인이 면봉으로 콧속을 닦아냄<br>·흡입 방지를 위해 몸을 앞으로 숙인 상태에서 콧속 세척<br>·면봉으로 콧속 표본 채취 |
| 입 | ·생리 식염수나 3% 과산화수소 용액으로 세척, 세척 시 물을 삼키지 않도록 주의<br>·칫솔, 치약을 이용하여 이를 닦고 입안을 자주 헹굼 |
| 귀 | ·고막이 손상되지 않은 경우 외이도 세척 |
| 모 발 | ·미온수와 비누 및 샴푸로 세척, 린스는 오염물질 제거를 더욱 어렵게 하므로 사용 금지<br>·오염제거 지연 또는 제한 시 이발 실시, 면도는 피부손상을 유발할 수 있으므로 미실시 |

내부피폭은 주로 방사성 오염물질의 흡입, 경구섭취, 피부를 통한 흡수의 3가지 경로를 통하여 발생한다. 공기 중의 방사성 물질은 호흡에 의해 체내로 흡입된다. 흡입된 물질은 크기에 따라 침착되는 부위가 달라지는데, 직경 10$\mu$m 이상의 큰 입자는 주로 비공과 기도의 윗부분에 침착되고 직경 5$\mu$m 이하의 작은 입자는 폐포 내부에까지 도달하게 된다. 이 중 일부는 식도로 삼켜져 소화기계로 이동하거나 혈액을 타고 전신을 순환하다 표적에 침착된다. 경구섭취는 물, 음식과 함께 방사성 물질이 체내로 들어가 소화기계로 흡수되는 것으로, 이중 일부는 혈액 내로 침투한다. 요오드, 세슘, 트리튬 등의 일부 동위원소를 제외

136) 눈에서 코로 연결된 누관

하고 대부분의 방사성 물질은 피부를 통해 체내로 유입되지는 않는다. 그러나 피부에 화상 또는 상처가 있을 경우에는 체내침투가 가능해진다.

표 3-14 주요 내부피폭 방사성 물질의 특징

| 구 분 | 주요 특징 |
|---|---|
| 세슘-137 | ·수용성이며 배출이 잘되지 않고 주로 근육에 농축됨<br>·상처부위를 통한 침투 용이<br>·붕괴 과정에서 다량의 감마선 방출 |
| 스트론튬-90 | ·체내 흡수 용이, 뼈에 잘 침착되어 체외 배출 늦음<br>·붕괴 과정에서 베타입자 방출 |
| 요오드-131 | ·갑상선에 축적(섭취량의 20~30%)<br>·짧은 반감기 (8일) |
| 제논-133 | ·체내에서 흡수되지 않고 대부분 배출됨<br>·짧은 반감기 (5일) |

체내로 흡수된 방사성 물질은 대·소변을 통해 체외로 배출되거나 외과적 수술 등을 통해 물리적으로 제거되기 전까지는 인체의 주요 조직을 지속적으로 피폭시킨다. 그러므로 내부피폭에 대한 제독은 방사성 물질의 체내 침전과 흡수는 감소시키고, 흡수된 물질의 배설과 배출은 증가시키는 원리를 통해 이루어진다. 이를 위해서 방사성오염물질을 흡착·착물형성·희석시키거나 정상적인 대사를 교란시키는 방법 등이 사용된다.

표 3-15 체내 방사성 오염물질 제거 방법

| 구 분 | 주요 특징 |
|---|---|
| 흡착 | ·방사성 오염물질을 불용성 흡착제에 흡착시켜 배설<br>예) 프러시안 블루, 활성탄, 알긴산 나트륨 등 |
| 착물 형성 | ·중금속 방사성오염물질을 착물 형태로 제거<br>예) DTPA, EDTA 등 |
| 희석 | ·다량의 수분 또는 안정한 동위원소를 주입하여 희석, 배설 촉진<br>·긴급 처치 방법으로 모든 방사성 핵종에 이용될 수 있음<br>예) 요오드-131에 대한 요오드화제(KI, NaI 등) 투여 |
| 대사 교란 | ·호르몬제 등을 주입하여 정상적인 대사를 교란 또는 특정 원소의 섭취를 과잉·결핍 상태로 만들어 몸 속에 침착된 방사성 오염물질을 체외로 배설<br>예) 요오드-131에 대한 갑상선 자극 호르몬 투여 |

방사성 오염물질을 흡착하는데 사용되는 대표적인 약물에는 프러시안 블루(Prussian blue)[137]가 있다. 세슘-137의 반감기는 약 30년으로 인체 내에서 정상적 대사과정을 통해 배출되더라도 생물학적 반감기[138]가 100 ~ 150일인데, 프러시안 블루는 세슘과 화학적으로 결합해 체외배출을 촉진시킴으로써 생물학적 반감기를 약 30일로 단축시킨다. 방사성 스트론튬의 경우에는 알긴산 나트륨을 투여하여 흡착을 통해 배설을 현저하게 촉진시킬 수 있다.

플루토늄과 같은 중금속 물질은 신장에서의 배설이 잘 되지 않는다. 이때 강력한 킬레이트제[139]인 DTPA[140]를 사용하면 어렵지 않게 소변으로 배출시킬 수 있다. 칼슘(Ca) 또는 아연(Zn)을 염으로 사용하는 DTPA를 체내에 주입하면 불안정한 결합상태에 있던 DTPA가 방사성 중금속물질을 착화시켜 소변을 통해 배설된다. 피폭 후 1 ~ 2일까지는 Ca-DTPA가 Zn-DTPA보다 효과적이지만, 독성이 강하여 임산부 및 태아 그리고 장기간 동안 치료를 할 경우에는 Zn-DTPA가 선호된다.

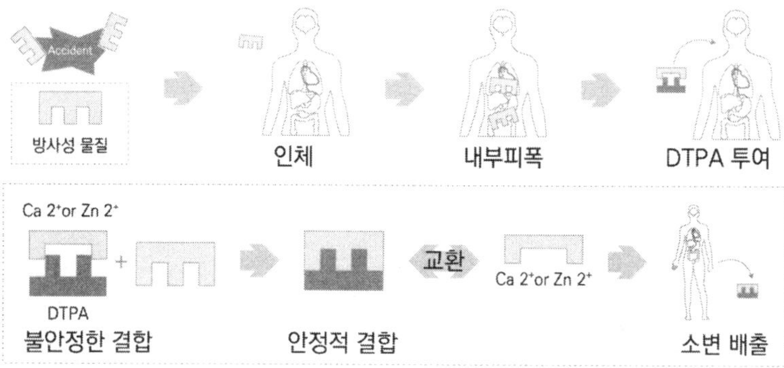


그림 3-23 DTPA 작용기작[141]

137) 2011년에 일본 후쿠시마 원전 사고 시 세슘-137에 대한 치료제로 사용됨. 세슘, 루비듐, 탈륨 등과 결합하여 대변으로 배설됨.

138) 체내 또는 특정 조직에 흡수된 방사성 물질이 신진대사 작용에 의한 배출을 통해 최초 양의 절반으로 줄어드는데 걸리는 시간.

139) 금속이온과 두 자리 이상에서 배위결합을 하여 착이온을 형성시키는 물질(리간드).

140) Diethylenetriamine pentaacetic acid

141) 한국원자력안전기술원

방사성 요오드는 체내에서 주로 갑상선에 농축되는 특성을 지니는데, 다량의 안정한 요오드를 투여함으로써 내부 피폭량을 줄일 수 있다. 안정한 요오드는 방사성 요오드와 경쟁적으로 갑상선에 농축되고, 그 과정에서 방사성 요오드의 체내 흡수량이 현저하게 감소되면서 대부분의 방사성 요오드가 체외로 배설된다. 그러나 방사성 요오드는 체내에 침투 시 신속하게 유기화 되면서 갑상선에 농축되므로 희석을 통해 제거하기 위해서는 피폭 직전 또는 직후에 요오드화제를 투여해야 한다. 방사성 요오드가 체내에 침투 후 4시간이 지나면 요오드화제를 투여해도 그 효과가 50% 수준에 그치고, 10시간이 지난 후에는 그 효과가 발생하지 않는다. 이런 경우에는 대사 교란방법을 통해 이미 유기화 되어 있는 방사성 요오드를 배출시킬 수 있다. 갑상선은 뇌하수체 전엽에서 분비되는 갑상선 자극 호르몬에 의해 조절되는데 그 분비가 많으면 갑상선이 자극되고 적으면 억제된다. 갑상선 자극 호르몬을 요오드화제와 같이 투여하게 되면 방사성 요오드를 함유한 갑상선 호르몬 방출이 촉진되고, 요오드화제에 의해 방사성 요오드가 갑상선으로 재흡수되는 것을 억제함으로써 내부 피폭을 줄일 수 있다. 또한 항갑상선제를 사용하여 갑상선에서의 요오드 유기화 및 호르몬 합성을 억제할 수도 있다.

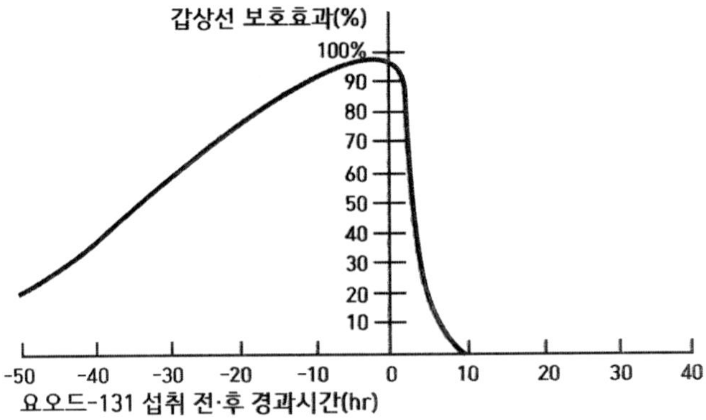


그림 3-24 섭취시간에 따른 요오드의 갑상선 보호 효과[142)]

142) 한국원자력안전기술원, 방사선 사고

표 3-16 방사성 오염물질별 특성 및 제독법[143)]

| 구 분 | 주요 방사선 | 반감기 | 생물학적 반감기 | 주요 축적기관 | 치료법 |
|---|---|---|---|---|---|
| 세슘-137 | $\beta$, $\gamma$ | 30년 | 70일 | 신장, 근육 | 프러시안 블루 |
| 스트론튬-90 | $\beta$ | 28년 | 18,000일 | 뼈 | 알긴산나트륨, 글루콘산칼슘 등 |
| 요오드-131 | $\beta$, $\gamma$ | 8.1일 | 138일 | 갑상선 | 요오드화칼륨, 항갑상선제 등 |
| 플루토늄-239 | $\alpha$ | $2.2\times10^4$년 | 73,000일 | 폐, 뼈, 간 골수, 생식선 | DTPA |
| 우라늄-235 | $\beta$ | $7.1\times10^8$년 | 15일 | 신장, 뼈 | 중탄산나트륨 |
| 코발트-60 | $\beta$, $\gamma$ | 5.26년 | 9.5일 | 간 | 위세척 |

## Question. 방사성물질은 인체에 얼마나 유해한 것일까?

방사성 피폭량에 따른 신체 영향

| 방사선량 | 주요 증상 |
|---|---|
| 100 mSv | ·즉각적인 임상적 증상은 없음<br>·향후 암 발병률 0.5% 증가 |
| 500 mSv | ·림프구 감소 |
| 1,000 mSv | ·피폭인원의 10% 구토 및 전신권태 증상 발생<br>·림프구 현저히 감소 |
| 2,000 mSv | ·피폭인원의 5% 사망<br>·탈모 증상 |
| 4,000 mSv | ·30일 이내에 피폭인원의 50% 사망 |
| 7,000 mSv | ·피폭인원 100% 사망 |

우리 몸은 100 mSv 이상의 방사선에 노출될 경우 세포 내에서 비정상적인 변화가 나타난다. 이로 인해 암발병률이 증가하고, 림프구가 감소하면서 면역력이 떨어지는 등의 증상이 나타나며 심할 경우에는 사망에 이르게 된다. 그러나 일반적

143) 한국원자력의학원, 2012

인 상황에서 이러한 선량에 노출될 가능성은 거의 없으며, 일반사람이 연간 노출되는 자연방사선[144]량은 평균 2.4 mSv 이다. 또한 인체의 회복작용으로 인해 동일 선량의 방사선에 피폭되더라도 수회에 걸쳐 나누어서 받을 경우에는 일시에 받는 것보다 인체에 미치는 영향이 작다. 원자력안전 관계법령에서는 일반인의 연간 허용 방사선량을 연간 1 mSv 이내로 제한하여 관리하고 있다. 이 값은 자연방사선과 치료목적의 방사선에 의한 피폭량이 포함되지 않은 수치이다.

Question. 미역, 다시마 등을 섭취하는 것이 방사선 피폭에 의한 피해를 줄일 수 있을까?

그렇다. 미역, 다시마의 해조류에는 요오드 성분이 풍부하다. 천연 해조류를 섭취하여 갑상선에 요오드를 포화시키면 요오드가 체내에 들어오더라도 흡수되지 못하고 몸 밖으로 배출되어 내부피폭을 줄일 수 있다. 비슷한 원리로 특정 성분을 많이 포함한 음식을 섭취함으로써 그에 해당하는 방사성 오염물질에 의한 피폭량도 줄일 수 있다. 실제로, 1945년 나가사키의 핵폭발지점으로부터 불과 1.8 km 밖에 떨어져 있지 않은 곳에 있던 병원의 의사·직원·환자 모두 식이요법을 통해 생존하였고[145], 어떤 한 의사는 피폭 후 60년을 더 생존하고 89세의 나이로 생을 마감하였다.

## 나. 지역 및 시설물 제독

방사성 오염물질은 화학적인 방법으로 제독이 불가능하기 때문에 자연적으로 붕괴되어 피해를 유발하지 않을 때까지 기다리는 수밖에 없다. 그러나 일부 물질은 수백 년 이상 잔류하면서 지속적으로 방사선을 방출하기 때문에 마냥 기다릴 수는 없다. 특히 핵폭발 후

144) 토양, 주택의 건자재, 공기 등에 존재하는 자연방사성물질로부터 나오는 방사선, 외계에서 오는 우주선 및 우주선에 의해 생성된 방사성 물질에서 방출되는 방사선

145) T.Akizuki. 처방 내용 및 피폭자들의 증언을 모아 '죽음의 동심원-나가사키 피폭 의사의 기록' 이라는 책을

출간하였음.

다량의 방사성 물질로 오염이 형성되었을 경우 신속한 제독이 이루어지지 않으면 사상자만 계속 늘어날 것이다. 그러므로 지역 및 시설물 제독을 실시해야 하며 우선순위에 따라 '거리', '시간', '차폐'의 3가지 원칙을 준수한 가운데 제독하여야 한다. 방사선의 세기는 거리의 제곱에 반비례하므로 방사선원으로부터 거리가 2배, 3배 멀어지면 그 세기는 1/4배, 1/9배로 감소한다. 방사선에 의한 오염과 피해정도는 노출된 시간에 비례한다. 오랫동안 노출될수록 피폭량이 증가하면서 그로 인한 피해는 더욱 커지게 된다. 방사선은 또한 어떤 물질과 충돌하면 그 세기가 감소하므로, 방사선원을 흙과 콘크리트 등으로 덮어서 차폐시키는 것도 피해를 줄일 수 있는 좋은 방법이다.

표 3-17 핵종별 방출되는 $\gamma$선에 대한 차폐능력[146]

| 구 분 | 납 (cm) | | 철 (cm) | | 콘크리트 (cm) | |
|---|---|---|---|---|---|---|
| | 반가층[147] | 십가층[148] | 반가층 | 십가층 | 반가층 | 십가층 |
| 세슘-137 | 0.7 | 2.2 | 1.5 | 5.0 | 4.9 | 16.3 |
| 요오드-131 | 0.7 | 2.4 | - | - | 4.6 | 15.3 |
| 코발트-60 | 1.2 | 4.0 | 2.0 | 6.7 | 6.1 | 20.3 |
| 라듐-226 | 1.3 | 4.4 | 2.1 | 7.1 | 7.0 | 23.3 |

일반적으로 지역 및 시설이 방사성 물질로 오염된 경우에는 높은 수압의 물을 이용하여 오염물질을 제거할 수 있으나, 대량의 오염물질에 의해 덮여 있거나 미세입자가 표면에 점착되어 있을 경우에는 오염된 표면을 솔로 문지르면서 제거해야 한다. 제독 후에 발생한 물은 방사성 폐기물로 간주하여 별도로 처리해야 하며, 제독을 위해 오염지역에 투입되었던 인원들도 오염된 것으로 간주하여 오염여부를 탐지하고 필요시 제독을 실시해야 한다. 만일, 광범위한 지역이 낙진으로 덮여 있을 경우에는 불도저 등으로 오염물질을 특정 구역으로 이동시킨 후 흙 등으로 매립시키는 방법도 사용할 수 있다. 물을 사용할 수 없는 전자 및 광학장비의 경우에는 진공청소기 등을 이용해서 오염물질을 제거하거나 별도의 차폐장소에 폐기한다.

146) 한국동위원소협회, 2011

147) 방사선의 세기를 처음의 절반으로 줄이는데 필요한 물질의 두께

148) 방사선의 세기를 처음의 1/10로 줄이는데 필요한 물질의 두께

## 4. 핵무기 확산 억제를 위한 주요 조약

### 가. 핵무기 확산 금지조약(Nuclear Non-Proliferation Treaty, NPT)

1970년 3월에 발효된 조약으로 핵무기의 확산 및 기술이전을 방지하고 원자력을 평화적으로 이용하며, 더 나아가 핵무기가 없는 세상을 구현하는 것을 목표로 한다. 2015년 현재 190개국이 가입했으며, 우리나라는 1975년에 세계에서 86번째로 정식 비준하였다. UN 참여국 중에서는 이스라엘, 인도, 파키스탄, 남수단이 가입하지 않았으며, 북한은 1985년에 가입하였으나 1993년에 탈퇴를 선언하였다가 보류하였고, 다시 2003년에 탈퇴를 선언한 상태이다. 조약 탈퇴 시 법적인 제재조치는 없으며 국제원자력기구(IAEA)와의 안전조치 협정도 자동적으로 파기되므로 사찰을 받을 의무도 없다. 단, 조약 탈퇴가 세계평화에 중대한 위협으로 판단될 경우에는 UN헌장 제39조에 의거 UN 안보리에 의한 제재가 가해질 수 있다. 1995년 뉴욕에서 열린 연장회의에서 핵무기 확산 금지조약의 무기한 연장이 결정되었다.

※ 핵무기 확산 금지조약(NPT) 주요 내용

① 비핵보유국의 핵확산 금지 의무(제1,2조)
- 핵보유국과 비핵보유국간에 핵무기, 핵물질 등의 양도 혹은 인수 금지
- 비핵국의 핵폭발장치 제조 금지

② 비핵보유국의 사찰 의무(제3조)
- 비핵보유국은 원자력의 군사적 이용 포기
- 국제원자력기구(IAEA)와 안전조치협정 체결 및 사찰 실시

③ 핵보유국의 평화적 핵이용 및 핵폭발의 평화적 이용혜택 제공 의무(제4,5조)

④ 핵보유국의 핵무기 군비경쟁 중지 및 핵군축 노력 의무(제6조)

⑤ 비핵보유국의 비핵지대 결성 권리 인정(제7조)

⑥ 탈퇴 및 유효기간(제10조)
- 자국의 중대한 이익이 침해받을 경우 탈퇴 3개월 전에 사전 통보
- 발효 25년 경과 후 무기한 연장 여부 결정

## 나. 전략무기 제한협정(SALT[149]) - I , II)

양적인 면에서 미국과 소련의 핵균형이 이루어지면서 미·소 양국의 핵무기 생산과 배치를 제한하기 위하여 1969년부터 1979년까지 실시된 회담 결과 체결된 협정이다. SALT - I 에서는 탄도요격용 미사일(Anti-Ballistic Missile, ABM)과 공격용 전략무기를 제한하는 것에 대한 합의가 이루어졌다. 탄도요격용 미사일을 제한하는 것과 관련하여 양국은 탄도요격용 미사일을 100기로 제한하고 미사일 기지도 2곳에서 1곳으로 축소하기로 하였다. 공격용 전략무기에 대해서는 대륙간 탄도미사일(ICBM)을 미국이 1,054기, 소련은 1,618기까지 보유하고, 잠수함 발사 탄도미사일(SLBM)은 미국 710기, 소련은 950기를 보유하는 것으로 합의하였다. 양국이 보유수량에서 차이가 나는 이유는 정확도 등에서 질적으로 미국이 우위에 있었고, 회담의 목표를 핵의 감축보다는 동결에 두었기 때문이다. 1972년 11월부터 개시되어 1979년에 조인된 SALT - II 는 질적인 제한을 포함하여 핵의 감축을 목표로 하였다. 양국이 보유할 수 있는 공격용 전략무기[150]의 총 수량을 2,250기로 하며, 이중 다탄두 각개목표 재진입체(MIRV)는 1,320기를 상한선으로 하였다. 또한 대륙간 탄도미사일과 잠수함 발사 탄도미사일은 최대 1,200기까지 보유가능하고, 대륙간 탄도미사일의 MIRV화는 820기를 넘지 못하는 것으로 합의하였다. 그러나 이 협정은 소련이 아프가니스탄을 침공하면서 발효되지 못하였다.

표 3-18 전략무기 제한협정

| 구 분 | 주요 내용 | 비 고 |
|---|---|---|
| SALT - I | ·탄도요격용 미사일 / 기지 수량 제한<br>- 미사일: 10기, 기지: 1개소<br>·공격용 전략무기 제한<br>- 미국: ICBM 1054기, SLBM 710기<br>- 소련: ICBM 1618기, SLBM 950기 | ·체결: '72. 5. 26<br>·발효: '72. 10. 3<br>·만료: '77. 10. 3 |
| SALT - II | ·공격용 전략무기 제한 확대<br>- 총 보유: 각국 2,250기 (MIRV 1,320기)<br>- ICBM: 1,200기 (MIRV 820기) | ·체결: '79. 6. 18<br>·미발효<br>·만료: '85. 12. 31 |

149) Strategic Arms Limitation Talk.

150) SALT-I에서 포함되었던 대륙간탄도미사일(ICBM), 잠수함발사탄도미사일(SLBM)뿐만 아니라 전략폭격기와 순항미사일도 대상으로 함.

### 다. 전략무기 감축협정(START[151]) - I, II, III)

전략무기제한협정(SALT)의 후신으로 미 · 소 양국이 탄도미사일과 핵탄두 등의 수량을 제한하는 것에서 더 나아가 대폭 감축하는 것을 내용으로 하는 협정이다.[152]

1991년 5월, 미 · 소 양국은 제1차 전략무기 감축협정(START-I)에 서명하였으나 그해 12월 소련의 붕괴로 인해 3년 후 러시아 · 우크라이나 · 벨라루스 · 카자흐스탄이 새로운 협정대상국이 되었다. 제1차 전략무기 감축협정은 발효 후 7년 동안 미·소 양국의 전략핵무기를 동등한 수준으로 감축한다는 것을 내용으로 하며, 대륙간 탄도미사일·잠수함 발사 탄도미사일·전략폭격기와 같은 핵무기 운반수단은 1,600기, 핵탄두는 6,000발을 보유할 수 있는 상한선으로 하였다. 이는 양국이 당시 보유하고 있던 핵탄두의 수량을 40 ~ 50 %까지 감축하는 것이었으며, 전략무기 제한협정(SALT)과 달리 핵탄두의 보유수량에도 제한을 두었다. 또한 특별한 경우를 제외하고는 새로운 형태의 전략핵무기 제조를 금지하고, 탄도미사일에 탑재가능한 핵탄두의 최대 수량은 10발로 제한하였다.

소련붕괴 후 미국과 러시아는 상대국을 적국으로 보지 않는다고 선언하고, 핵무기의 대량감축을 목표로 하는 것에 합의하였다. 1993년 미·러 양국의 정상에 의해 서명된 제2차 전략무기 감축협정(START-II)은 MIRV화 되어 있는 대륙간탄도미사일의 사용을 금지하고, 2003년까지 핵탄두의 수량을 당시 보유량의 약 30 % 수준으로 감축하는 것을 주요내용으로 하고 있다. 그러나 러시아 군부와 강경파의 반대로 2000년 4월에야 발효되었다.

1997년에는 제3차 전략무기 감축협정(START-III)이 제안되기도 하였으나 결국 결렬되었다. 주요 내용으로 2007년 12월 31일까지 핵탄두를 2,000 ~ 2,500발 수준으로 감축하는 것을 포함하고 있다.

제2차 및 3차 전략무기 감축협정의 진행이 지지부진하자 미국은 2001년에 모스크바 조약이라고도 불리는 전략 공격무기 감축조약(Strategic Offensive Reductions Treaty, SORT)을 새롭게 제시하였다. 2012년 12월 31일까지 전개되어 있는 핵탄두의 수량을 1,700 ~ 2,000발 수준으로 감축하는 것을 주요 내용으로 하며 2003년 1월에 발효되었다. 미국은 2007년에 2001년 당시 핵탄두 보유량의 50 % 수준으로 감축하는데 성공하였다.

---

151) Strategic Arms Reduction Talk.

152) 1982년 6월, 당시 미국의 레이건 대통령에 의해 SALT-III로 제안되었다가 START로 바뀜.

2010년 프라하에서 전략 공격무기 감축조약(SORT)을 대체하는 새로운 전략무기 감축협정(New START)이 조인되었다. 발효 후 7년 이내에 전개되어 있는 핵탄두 보유수량을 1,550발, 핵무기 운반수단은 비전개되어 있는 것까지 포함하여 최대 800기까지 보유하는 것을 주요 내용으로 한다.

표 3-19 전략무기 감축협정

| 구 분 | 주요 내용 | 비 고 |
|---|---|---|
| START - I | ·전략 핵탄두 / 운반수단 제한<br>- 핵탄두: 6,000발<br>(탄도미사일 4,900발, 전략폭격기 1,100발)<br>- 운반수단: 1,600기 | ·체결: '91. 7. 31<br>·발효: '94. 12. 5<br>·만료: '09. 12. 5 |
| START - II | ·전략 핵탄두 제한<br>- 총 보유량: 3,000 ~ 3,500발<br>·MIRV화 된 대륙간탄도미사일 사용 금지 | ·체결: '93. 1. 3<br>·발효: '00. 4. 14<br>·만료: '02. 6. 14 |
| START - III | ·전략 핵탄두 제한<br>- 총 보유량: 2,000 ~ 2,500발 | ·미체결 |
| SORT | ·전략 핵탄두 제한<br>- 총 보유량: 1,700 ~ 2,000발 | ·체결: '02. 5. 24<br>·발효: '03. 6. 1<br>·만료: '11. 2. 5 |
| New START | ·전략 핵탄두 / 운반수단 제한<br>- 핵탄두: 1,550발<br>- 운반수단: 800기 (전개된 운반수단: 700기) | ·체결: '10. 4. 8<br>·발효: '11. 2. 5<br>·만료: '21. 2. 5 |

## 라. 핵실험 금지조약

북한의 핵실험에서도 알 수 있듯이 정교한 핵무기를 제조하기 위해서는 핵실험을 실시해야 한다. 실제로 핵무기 개발 경쟁이 한창이던 냉전시대에는 다양한 핵실험이 실시되었는데, 핵폭발 및 낙진 등에 의한 위험성과 잔인성이 부각이 되면서 이를 반대하는 조약들이 만들어졌다.

최초의 핵실험 금지조약은 1963년에 미국·영국·소련 3개국이 체결한 부분적 핵실험 금지조약이다.153) 정식명칭은 '대기권·우주공간·수중에서의 핵실험 금지조약(Treaty of Banning

153) 지하에서의 핵실험을 규제하지 않았기 때문에 부분적 핵실험 금지조약, PTBT(Partial Test Ban Treaty) 또는 LTBT(Limited Test Ban Treaty)라고 불림.

Nuclear Weapons Tests in the Atmosphere, in Outer Space and Under Water)'으로 지하를 제외한 모든 곳에서의 핵폭발실험을 금지함으로써 핵무기 개발 경쟁을 억제하고, 핵폭발 시 발생하는 방사성물질 등으로 인한 환경오염을 방지하기 위해 조인되었다. 조약 발효 후 몇 개월 만에 100여 개국이 조인하였으나, 당시 핵개발 초기단계에 있었던 프랑스와 중국은 대기권에서의 핵실험 금지는 조약을 체결한 핵 3대 강국의 핵무기 독점을 위한 것이라고 반대하며 조인하기를 거부하였다. 또한 핵실험 위반 여부를 감독하고 사찰하기 위한 기구 등을 갖추지 않아서 이행 위반국에 대한 제재가 어려웠고, 지하 핵실험의 허용으로 인해 핵무기 개발을 억제하는 데에도 실패하였다. 우리나라를 포함하여 130여 개국이 부분적 핵실험 금지조약에 서명하거나 비준하였으나 북한은 서명하지 않았다.

부분적 핵실험 금지조약의 한계로 인하여 1996년 9월에 실시된 UN 총회에서 어떠한 형태·규모·장소에서도 핵실험을 금지한다는 것을 주요 내용으로 하는 포괄적 핵실험 금지조약(Comprehensive Nuclear Test Ban Treaty, CTBT)가 채택되었다. 부분적 핵실험 금지조약과 달리 지하 핵실험을 포함하여 모든 종류의 핵실험을 일체 금지하며, 부속기관으로 포괄적 핵실험 금지조약기구(CTBTO)를 설립하여 핵실험 여부에 대한 감시 및 사찰, 검증체제를 갖추고 있다. 2015년 3월 기준으로 183개국이 서명하였고, 이중 우리나라를 포함한 164개국이 비준하였으나 조약은 발효되지 못하였다. 조약이 발효되기 위해서는 발전용 또는 실험용 원자로를 보유하고 있는 국가로 지정된 44개국의 서명과 비준이 있어야 하는데, 아직 북한을 포함한 8개국이 실시하지 않고 있다.154)

이밖에 미국과 소련 양국이 150 kT 규모를 초과하는 지하 핵실험을 금지하는 임계핵실험 금지 조약(Threshold Test Ban Treaty, TTBT)과 핵폭발은 지하에서 평화적 목적155)으로만 실시되어야 한다는 내용의 평화적 목적 지하 핵실험(Peaceful Nuclear Explosions Treaty, PNET)을 각각 1974년과 1976년에 체결하였다. 그러나 두 조약은 핵실험 검증절차에 대한 입장차이로 인해 현장사찰 및 검증절차가 추가된 1990년에 이르러서야 발효되었다. 현재 임계핵실험 금지조약과 평화적 핵폭발 조약은 포괄적 핵실험 금지조약으로 대체되었다.156)

---

154) 중국 · 이집트 · 이라크 · 이란 · 미국 등 5개국은 서명은 하였으나 비준하지 않았고, 북한 · 인도 · 파키스탄 등 3개국은 서명도 하지 않았음. 44개국의 비준 180일 후에 발효됨.

155) 운하 개발 등과 같이 핵무기 개발 이외 목적으로의 사용을 의미함.

156) 평화적 목적의 핵폭발은 군사적 핵실험과 구분이 힘들어 핵무기 개발을 은폐시킬 가능성이 있기 때문에

표 3-20 핵실험 금지조약

| 구 분 | 주요 내용 | 비 고 |
|---|---|---|
| 부분적 핵실험 금지조약<br>(PTBT) | ·지하를 제외한 대기권 · 우주공간 · 수중에서의 핵실험 금지<br>·현장사찰 및 검증체제 미비 | ·체결: '63. 8. 5<br>·발효: '63. 10. 10 |
| 임계핵실험 금지조약<br>(TTBT) | ·지하핵실험의 폭발규모를 150 kT 으로 제한 | ·체결: '74. 7. 3<br>·발효: '90. 12. 11 |
| 평화적 목적 지하 핵실험 조약<br>(PNET) | ·평화적 목적의 지하핵폭발만 허용<br>- 단위 핵폭발 규모: 최대 150 kT<br>- 일련의 핵폭발 규모: 최대 1,500 kT | ·체결: '76. 5. 28<br>·발효: '90. 12. 11 |
| 포괄적 핵실험 금지조약<br>(CTBT) | ·어떠한 형태 · 규모·장소에서도 핵실험 금지<br>·검증을 위한 포괄적 감시체제 구비 | ·체결: '96. 9. 10<br>·발효: 미발효 |

포괄적 핵실험 금지조약에서는 어떤 종류·목적·용도의 핵폭발도 금지하였음.

# IV

# 원자력발전

## 1. 원자력발전의 발달

1942년 엔리코 페르미(Enrico Fermi) 교수가 세계 최초의 원자로인 CP-1[157]을 이용한 핵분열 연쇄반응 실험에 성공하면서 원자력발전의 길을 연 이후로 전력생산에서 원자력발전이 차지하는 비중은 계속 확대되어 왔다. 국제원자력기구(IAEA)에서 2015년 11월에 발표한 자료에 따르면 전 세계 30개국에서 441기의 원자로를 가동 중이며, 기존의 원자로보다 안전성과 경제성이 높고 핵확산을 방지할 수 있는 제4세대 원자로[158]를 개발하기 위해 노력하고 있다.

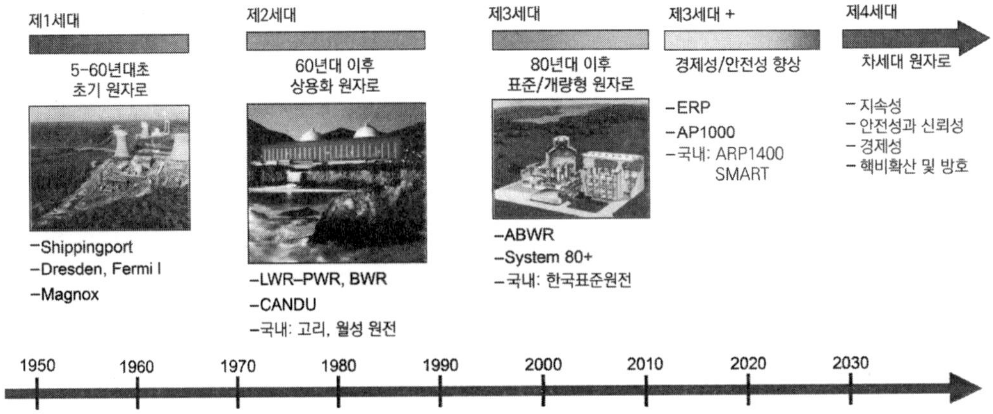


그림 4-1 원자로의 세대별 분류

### 가. 제1세대 원자로

1세대 원자로란 원자력을 평화적인 목적으로 사용하기 위해 1951년부터 1960년대 중반 사이에 개발되어 전력을 생산하였던 초기의 원자로를 말한다. 1957년 미국에서 개발하여 시핑포트(Shippingport) 원자력발전소에서 가동을 시작한 100 MWe 가압경수형원자로, 영국에서 핵무기급 플루토늄 생산과 발전용으로 쓰기 위하여 개발한 마그녹스(Magnox)[159] 등이

157) Chicago Pile-1(CP-1). 맨해튼 프로젝트의 일환으로 시카고 대학에 설치된 세계 최초의 원자로.

158) 원자로를 세대(generation)별로 구분한 것은 미국 에너지국(Department of Energy)에서 제4세대 원자로의 개념을 소개하는 과정에서 제시되었음. 건설시기·안전성·경제성·핵비확산성·상업화 등을 토대로 분류함.

있다. 이 원자로들의 전력생산성은 그리 높지 않아서 상업화하기에는 다소 부족한 수준으로 알려져 있으며, 단지 핵분열 연쇄반응을 통해 전력생산이 가능하다는 것을 기술적으로 검증하는 정도에 불과하였다. 2015년 12월에 영국 웨일스에 위치한 윌파 원자력발전소(Wylfa Nuclear Power Station)160)의 가동 중단을 끝으로 더 이상 운용 중인 제1세대 원자로는 더 이상 남아 있지 않다.

## 나. 제2세대 원자로

2세대 원자로부터는 상업적으로 전력을 생산 및 공급할 수 있는 수준으로 상용화되었다. 일반적으로 1990년대 후반까지 건설된 원자로가 이에 포함된다. 제1세대 원자로보다 경제적이고 안전하며, 약 40년의 설계수명을 가지고 있다. 가압경수로·비등경수로·중수로 등이 이에 해당되며, 현재 전 세계에서 가동 중인 원자로의 대부분을 차지한다. 국내에서는 기존의 2세대 원자로 외에 국내 기술로 개발한 1,000 MWe 규모의 OPR-1000161) 10기가 신월성·한빛·한울 원자력발전소에서 가동 중에 있다.

## 다. 제3세대 원자로

미국 TMI 사고162) 이후 원자력발전의 안전성에 대한 관심이 높아짐에 따라 3세대 원자로부터는 제2세대 원자로의 단점을 개선하고 표준화 하였다. 이를 통해 연료기술·열효율·안전시스템 등이 개선되었으며 설계수명 또한 60년 이상으로 기존보다 20년 가량 길어지게되었다. 또한 표준화된 디자인을 통해 정비 및 설비비용 등을 절감시키는 이점을 지니고 있다. 최초의 3세대 원자로는 1996년 가동을 시작한 일본 가시와자키 원자력발전소의 개

159) 세계 최초의 상업용 원자력발전소인 영국 콜더홀(Calder Hall) 발전소의 원자로가 마그녹스였으며, 북한 영변에 있는 5 MWe 원자로도 마그녹스 원자로임.

160) 1963년 건설되어 1971년부터 가동을 시작한 원자력발전소. 490 MWe 급 마그녹스 원자로 1·2호기를 보유하였으며, 2015년과 2012년에 1·2호기가 각각 가동을 중단하였음.

161) 1984년 정부의 원전기술 자립계획에 따라 한국 실정에 맞게 국내 기술로 개발한 한국 표준형 원전(Korea Standard Nuclear Power Plant, KNSP)의 상품명. 1,000 MWe 급 가압경수로이며, 아시아 시장에 진출하기 위해 2005년에 상품명을 OPR(Optimized Power Reactor)로 변경함.

162) 1979년 미국의 쓰리마일섬(Three Mile Island, TMI)의 원전에서 발생한 사고. 원자로 냉각장치의 펌프 고장으로 인해 발생하였으며 원자력발전기술의 불완전함을 보여주었음.

량형 비등경수로(Advanced Boiling Water Reactor, ABWR)이다. 안전성과 경제성을 향상시키기 위하여 원자로를 개량하고 표준화하였다는 점에서 한국 표준형 원전(KNSP)을 제3세대 원자로로 분류하기도 한다.

2000년대에 들어서면서 제3세대 원자로의 안전성을 높이고, 특히 경제성을 더욱 향상시킨 원자로가 개발되었는데 이는 제3세대+ 원자로로 분류하고 있다. 우리나라는 한국형 신형 경수로인 1,400 MWe 규모의 'APR-1400'[163]을 개발하여 2002년에 표준설계인가를 획득하였고, 2009년에는 아랍에미리트(UAE)와 원전 수출계약을 체결하기도 하였다. 국내에서는 현재 신고리·신한울 원자력발전소에 총 3기를 건설하고 있다.

**표 4-1 국내 제2세대와 제3세대 원자로 비교**[164]

| 구 분 | 제2세대 원자로 | 제3세대 원자로 |
|---|---|---|
| 원자로 | OPR-1000 | APR-1400 |
| 설비용량 | 1,000 MWe | 1,400 MWe |
| 설계수명 | 40년 | 60년 |
| 내진 설계기준 | 진도 6.5 | 진도 8.0 |
| 안전주입탱크[165] | 2개 | 4개 |
| 노심용융 확률 | 1회 / 10만년 | 1회 / 100만년 |
| 격납건물 손상 확률 | 1회 미만 / 10만년 | 1회 미만 / 100만년 |

* OPR: Optimized Power Reactor * APR: Advanced Power Reactor

### Question. 아랍에미리트(UAE) 원전 수출 사업 기대효과는?

2009년 12월에 체결된 총 400억 달러(한화 약 47조원) 규모의 사업으로, 우리나라 최초의 원전 수출 성공 사례임과 동시에 사상 최대 규모의 해외 수주였다. 아랍에미리트의 수도인 아부다비(Abu Dhabi)에서 서쪽으로 약 270 km 거리에 있는 바

163) Advanced Power Reactor 1400. 한국수력원자력이 1992년부터 10년 동안 2,300억 원을 들여 개발한 신형 원자로로서, OPR-1000을 바탕으로 안전성과 경제성을 향상시킴. OPR-1000과 비교했을 때 발전용량은 40% 증가하고, 사고발생확률은 1/10 수준으로 감소함.

164) 한국수력원자력

165) 비상시 냉각수를 주입함.

라카(Barakah) 지역에 신형 경수로인 APR-1400 4기를 2020년까지 완공할 예정이다. 이로 인해 우리나라는 미국·캐나다·프랑스·러시아·일본에 이어 세계에서 여섯 번째의 원전 수출국이 되었다.

원전 1기를 건설하는데 50억 달러의 비용이 드는데, 총 4기를 건설하므로 건설을 통해 얻는 직접적인 수출효과는 200억 달러에 이른다.

이것은 중형차(대당 2만 달러) 100만대를 수출하는 것과 동일한 규모로 엄청난 경제적 이득을 불러오는 것이다. 여기에 최소 설계수명인 60년 동안 원전을 운영·정비하고 연료공급과 폐기물을 처리함으로써 200억 달러의 후속 수출효과까지 얻게 된다. 뿐만 아니라 연평균 11,000 명의 고용창출로 인해 사업 기간을 10년이라고 할 경우 11만 명의 고용창출 효과를 가지게 되며, 우리나라 원전의 우수성을 세계에 알림으로써 추가 수출의 가능성을 높이는데 크게 기여할 것이다.

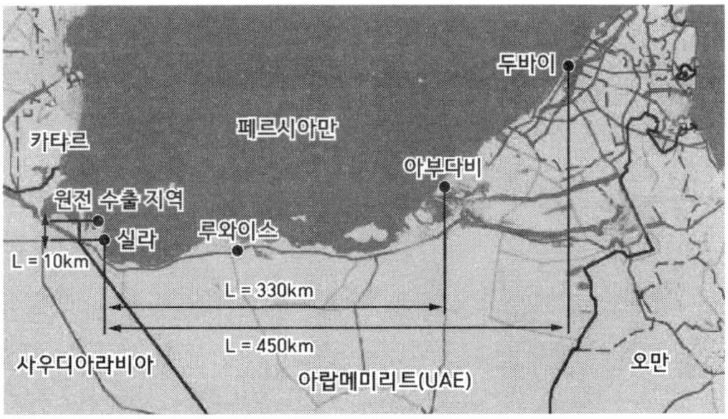


아랍에미리트(UAE) 원전 수출 지역

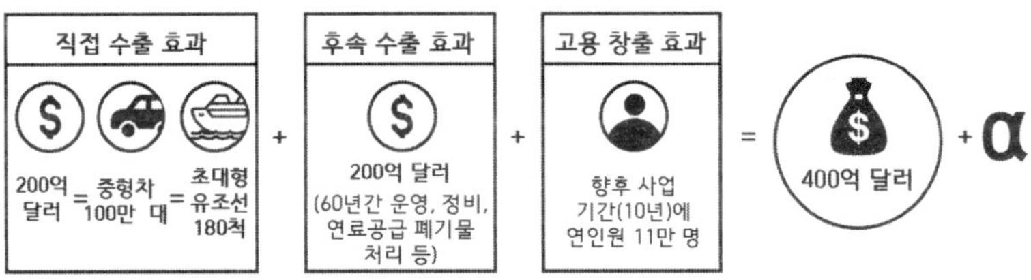


아랍에미리트(UAE) 원전 수출의 기대효과

## 라. 제4세대 원자로

제4세대 원자로는 2030년까지 실용화를 목표로 하여 개발 중인 차세대 원자로로서, 현재 원자력발전이 가지고 있는 문제점들을 해결하기 위해 다음의 4가지 혁신적인 기술목표를 추구하고 있다.

① 에너지 공급의 지속성
② 일반 대중이 공감할 수 있는 안전성과 신뢰성
③ 경제적인 에너지 공급 시스템
④ 핵비확산 및 물리적 방호 증대

지속적인 에너지 공급을 위해서는 연료로 사용되는 자원의 활용성을 증대시켜야 한다. 이를 위해 자원의 이용효율을 획기적으로 높이고, 오랜 기간 연료를 사용할 수 있는 재활용 기술을 개발하고 있다. 또한 원자로를 가동한 후 발생되는 방사성폐기물로 인한 부담을 없애기 위해 폐기물 발생량을 최소화하는 방안을 모색하고 있다. 일반 대중이 공감할 수 있는 안전성과 신뢰성을 확보하기 위해서는 결함이나 사고가 절대 발생하지 않아야 한다. 원자력발전을 반대하는 사람들의 대다수는 원전사고로 인해 발생하는 피해를 두려워한다. 그러므로 제4세대 원자로는 문제가 발생하였을 때 특별히 인위적인 조치를 취하지 않아도 시스템에 의해서 자연스럽게 정상 복구되는 안전장치를 개발하는데 많은 노력을 기울이고 있다. 원자력발전은 핵분열 연쇄반응을 통해 대량의 에너지를 발생시키므로 화력발전이나 수력발전 등 다른 에너지생산 시스템과 비교하였을 때 매우 경제적이다. 그러나 제4세대 원자로는 현 수준보다 건설비용과 운영비용을 더욱 낮추고, 일반 기업들도 참여할 수 있도록 초기 투자비용을 대폭 낮추는 것을 목표로 함으로써 원자력발전의 경쟁력을 한껏 높일 것으로 보인다. 마지막으로 원자력발전은 평화적 사용이 전제되어야 지속적으로 개발되고 성장할 수 있다. 이를 위해 원자로에 사용된 핵물질의 무기 전용을 불가능하게 하고, 완전 테러방지를 위한 방호시스템 구축을 모색하고 있다.

위의 목표를 달성하기 위해 2001년 우리나라를 포함한 9개국이 제4세대 미래원자력시스템 국제포럼(Gen-IV International Forum, GIF)을 구성하여 6개의 차세대 원자로를 선정하였으며, 각 나라별로 개발 분야를 선택해 공동으로 연구를 진행하고 있다.[166] 우리나라는 6개의 원자로 중에서 나트륨냉각고속로와 초고온가스로에 대한 연구에 참여하고 있다.

166) 2001년 한국·미국·영국·일본·프랑스·캐나다·아르헨티나·브라질·남아프리카공화국 등 9개국이 국제포럼 헌장에 서명하였고, 이후 스위스·유럽원자력공동체·중국·러시아가 추가로 참여하여 활동하고 있음.

표 4-2 제4세대 원자로의 종류

| 원자로 | 주요 특징 |
| --- | --- |
| 가스냉각고속로<br>(Gas-cooled Fast Reactor) | ·냉각재로 헬륨 사용<br>·악티나이드 등 폐기물 감소 |
| 납냉각고속로<br>(Lead-cooled Fast Reactor) | ·냉각재로 납 등의 액체금속 사용<br>·수소 생산 및 해수담수화 용도의 이동형 원자로로 개발 중 |
| 나트륨냉각고속로<br>(Sodium-cooled Fast Reactor) | ·냉각재로 나트륨 사용<br>·높은 우라늄 재활용률<br>·플루토늄·악티늄 등 폐기물 감소 |
| 용융염원자로<br>(Molten Salt Reactor) | ·액체형 연료 사용, 연료 성형 불필요<br>·핵물질 전용 위험 없음 |
| 초고온가스로<br>(Very High Temperature Reactor) | ·냉각재로 헬륨, 감속재로 흑연, 핵연료로 세라믹 피복입자 사용<br>·수소 생산 및 열병합 발전 가능 |
| 초임계경수냉각로<br>(Supercritical Water-cooled Reactor) | ·물의 임계점 이상에서 가동되는 고온·고압 시스템<br>·기존 경수로에 비해 열효율 3배 이상 향상 |

## 2. 원자력발전의 원리와 구조

### 가. 원자력발전의 원리

원자력발전은 핵분열 연쇄반응을 통해 에너지를 생산한다는 점에서는 핵무기와 동일하다. 우라늄-235 또는 플루토늄-239와 같은 핵분열물질에 중성자를 충돌시키면 2~3개의 중성자가 생성되고, 이들 중성자에 의해 연쇄적인 핵분열이 일어나면서 방대한 양의 에너지가 발생한다. 실제로 우라늄 1g이 핵분열 시에 발생하는 에너지는 석탄 3천 톤을 연소시켰을 때 발생하는 에너지의 양과 같다. 그러나 원자력발전은 사용되는 핵연료와 구조적인 면에서 핵폭탄과 큰 차이를 보인다. 원자력발전은 연료를 제어 가능한 수준으로 서서히 분열시키기 위하여 핵분열물질의 함량이 적은 핵연료를 사용한다. 예를 들어 핵무기에는 90% 이상 고농축 우라늄-235를 사용하지만, 원자력발전은 천연우라늄 또는 2~5%로 저농축 우라늄을 사용한다. 또한 원자력발전은 핵분열 시 발생하는 중성자의 수를 인위적으로 조절하여 핵분열 연쇄반응을 제어하는 시스템을 가지고 있다. 이를 통해 핵분열 연쇄반응을 필요에 따라 일정하게 유지하거나 중지할 수 있다.

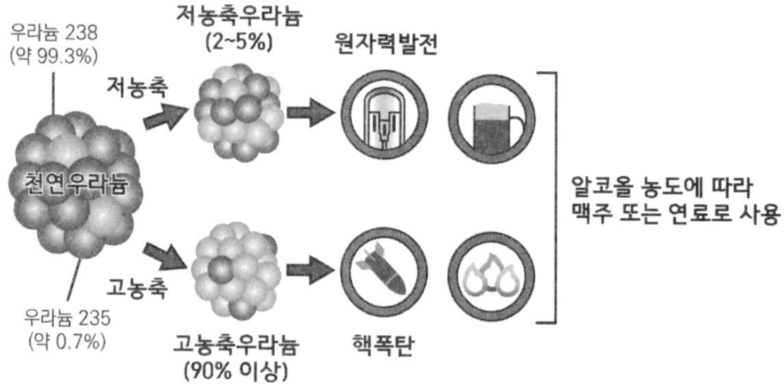


그림 4-2 원자력발전과 핵폭탄의 비교

원자력발전의 전기 생산방식은 화력발전과 매우 유사하다. 화력발전은 석탄이나 석유와 같은 화석연료를 연소시킬 때 발생하는 열로 물을 끓여 수증기를 발생시키고, 이 수증기가 발전기와 연결되어 있는 터빈을 돌려 전기를 생산한다. 원자력발전은 화석연료 대신 핵반응 시 발생하는 방대한 양의 열을 사용한다는 점에서 화력발전과 차이가 있다.

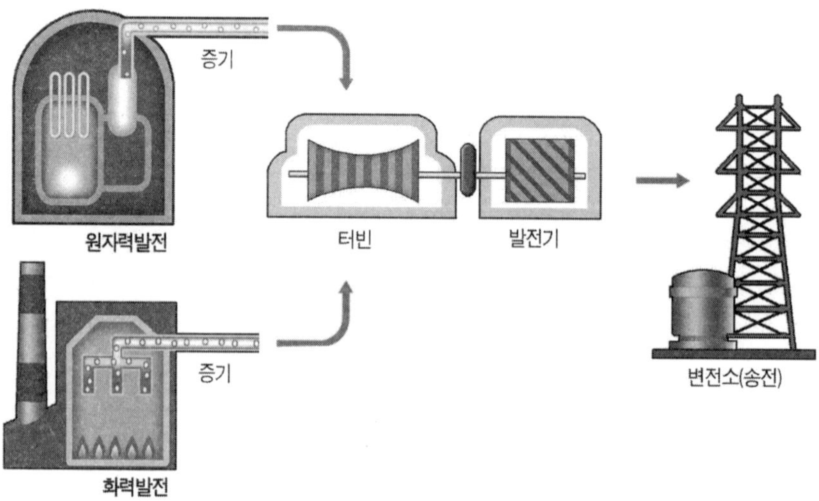


그림 4-3 원자력발전과 화력발전 비교

### Question. 원자력발전소도 핵폭탄처럼 폭발할까?*

원자력발전은 일시에 엄청난 폭발력을 발생시키는 핵폭탄과 달리 장기간에 걸쳐 에너지를 일정하게 발생시키도록 설계되어 있다. 이는 성냥갑 속의 성냥을 한꺼번에 태우는 것과 성냥개비를 하나씩 따로 태우는 것으로 비유할 수 있다. 핵분열물질은 임계질량에 도달하게 되면 핵분열 연쇄반응이 일어나면서 방대한 양의 에너지가 발생하지만, 원자력발전은 천연우라늄이나 저농축우라늄을 사용하고 제어봉으로 핵분열을 조정하고 있으므로 핵폭탄과 같이 대규모로 핵연료가 폭발할 가능성은 없다. 1986년에 발생했던 체르노빌 원전사고가 중성자 제어 실패로 인한 핵폭발로 볼 수 있는데, 핵연료의 농축도가 낮아 대규모의 폭발은 발생하지 않았다. 2011년 후쿠시마 원전사고 시 원자로 내부에서의 폭발은 고농도의 수소가 산소와 반응하면서 발생하였고, 핵연료는 고온으로 인해 녹아내린 것이었다.

## 나. 원자력발전의 구조

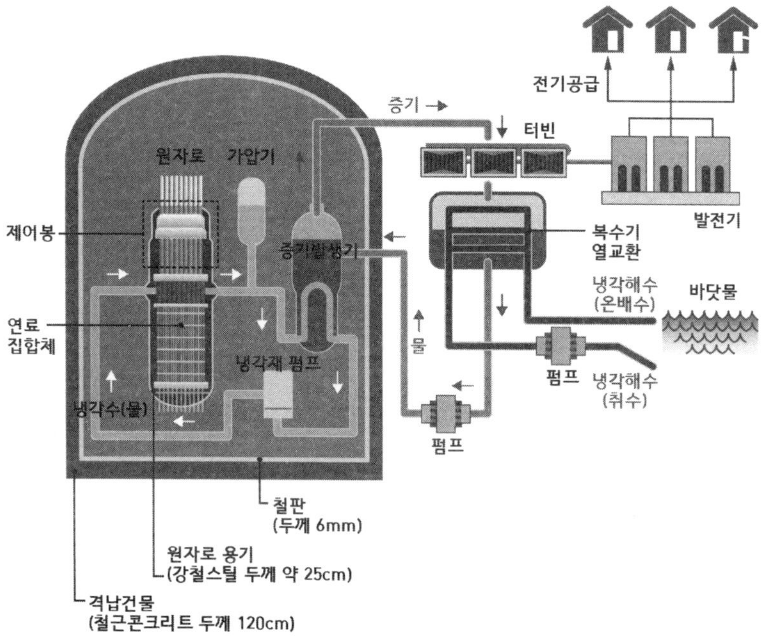


그림 4-4 원자력발전의 구조(가압경수로)

원자력발전은 크게 3개의 계통(system)으로 이루어져 있다. 1차 계통은 핵분열을 통해 에너지를 생산하는 역할을 하는 곳으로 원자로, 냉각재 펌프, 가압기 등으로 구성되어 있으며, 두꺼운 콘크리트 벽으로 되어 있는 격납건물 안에 설치하여 방사능 물질 누출에 의한 사고를 방지한다. 원자로에서 발생한 에너지는 냉각재 펌프를 통해 2차 계통으로 전달된다. 2차 계통에서는 1차 계통에서 전달된 뜨거운 열에 의해 형성된 증기로 터빈을 돌려 전기를 생산하고, 마지막 3차 계통에서는 터빈을 돌리고 난 증기를 다시 물로 전환하여 증기발생기로 순환시키는 역할을 한다. 3차 계통에서 증기의 열을 식히기 위해 많은 양의 물을 이용하므로 원자력발전소는 주로 바닷가에 위치한다.

## 3. 원자력발전의 주요 구성요소

### 가. 원자로

원자로는 핵연료를 담고 있는 일종의 용기로서 핵분열 연쇄반응을 통해 에너지를 생산한다. 그 유형에 따라 가압경수로, 비등경수로, 중수로, 고속 증식로 등으로 분류한다.

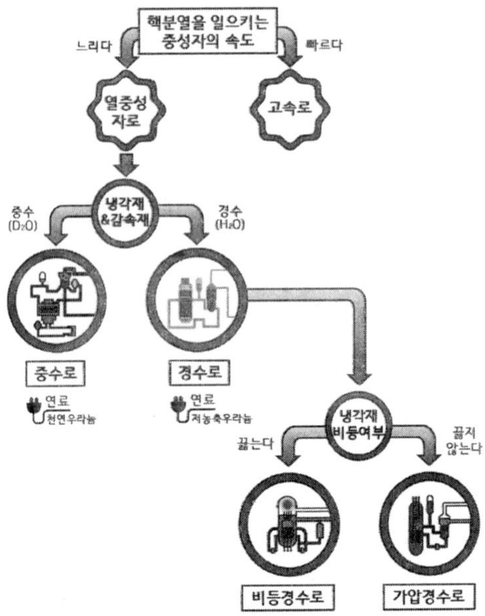


그림 4-5 원자로의 주요 유형

### 1) 가압경수로(Pressurized Water Reactor, PWR)

가압경수로는 전 세계에 가장 보편화되어 있는 원자로로서 중성자 감속재와 냉각재로 경수($H_2O$)를 사용하고, 1차 계통에서 냉각재 펌프를 따라 흐르는 물이 끓지 않도록 압력을 가하는 원자로이다. 가압경수로는 핵연료로 우라늄-235를 2~5% 농축한 저농축우라늄을 사용하는데, 우라늄-235는 주로 에너지가 낮고 속도가 느린 열중성자에 의해 분열을 일으킨다. 그러나 핵분열이 일어나면 에너지가 높고 속도가 빠른 고속중성자가 생성되므로 핵분열 연쇄반응을 유지하기 위해서는 이를 감속시켜주는 물질이 필요하다. 또한 핵반응에 의해 뜨거워진 원자로의 노심을 식히는 동시에 증기를 발생시키는데 필요한 에너지를 전달해주는 물질이 필요하다. 가압경수로는 이러한 감속재와 냉각재로 경수를 사용하고 있다. 냉각재 펌프를 따라 흐르는 물의 온도는 약 315℃이지만 1차 계통 내에 설치되어 있는 가압기로 인해 끓지 않는다. 가압기는 냉각재 펌프에 150기압의 압력을 가함으로써 300℃ 이상의 물을 액체상태로 2차 계통으로 전달하는 것이다. 냉각재 펌프를 따라 흐르는 물은 2차 계통의 증기발생기 안에 들어 있는 물과 완전히 분리되어 있어, 2·3차 계통이 방사능으로 오염될 가능성이 거의 없다. 전 세계 원자로의 60% 이상이 가압경수로이며, 국내에 가동 중인 원자로 23기 중 19기와 건설 및 계획 중인 7기가 모두 가압경수로이다.[167)]

### 2) 비등경수로(Boiling Water Reactor, BWR)

비등경수로는 가압경수로와 마찬가지로 경수를 감속재와 냉각재로 사용하고, 저농축우라늄을 연료로 한다. 그러나 1차 계통과 2차 계통이 분리되어 있지 않고, 핵분열에 의해 발생한 열로 냉각재를 직접 끓여서 터빈을 돌리는 증기를 발생시킨다. 터빈을 돌린 증기는 응축기를 거치면서 물로 바뀌어 다시 원자로로 순환된다. 원자로 내에서 냉각재를 직접 끓이기 때문에 가압기와 증기발생기 등이 필요 없어 설비가 간단하고 발전소 규모도 작아 건설비가 상대적으로 적게 든다. 그러나 핵연료와 직접 접촉하는 냉각재가 증기로 변하여 원자로 외부로 나가고, 급격한 압력 상승에 대한 대처가 상대적으로 미흡하여 사고 발생 시에 방사성물질이 누출될 가능성이 높다. 일본 후쿠시마의 원자로는 비등경수로로 2011년

167) 나머지는 가압중수로이며, 월성원자력발전소에서 운용 중인 4기의 원자로임.

원전사고 당시 지진과 쓰나미에 의해 전력공급이 완전히 차단되며 냉각수 펌프의 작동이 멈추게 되었고 냉각기능이 상실되었으나, 원자로는 정지된 이후에도 열이 계속 남아 있어 원자로 내부의 온도가 상승하였다. 고온과 원자로 내부에 남아있던 냉각수로 인해 높은 증기압이 형성되고, 고온의 수증기는 핵연료봉의 피복관(지르코늄, Zr)을 녹이면서 대량의 수소를 발생시켰다. 수소는 공기 중의 산소와 결합하여 수소폭발을 일으키면서 방사성오염물질이 외부로 누출되게 되었다. 이러한 안전성의 문제로 인해 개량형 비등경수로의 경우 기존의 것보다 압력 밸브를 많이 설치하는 등 비상시에 압력을 신속히 조절할 수 있는 시스템이 마련되었으며, 전기가 공급되지 않은 상태에서도 수소를 제거할 수 있는 수소제거설비(Passive Autocatalytic Recombiner, PAR)가 설치되어 폭발을 방지하고 있다. 우리나라에는 비등경수로가 없으며, 후쿠시마 원전 사고 이후 국내 모든 원전에 수소제거설비(PAR)를 의무적으로 설치하도록 규정하고 있다.

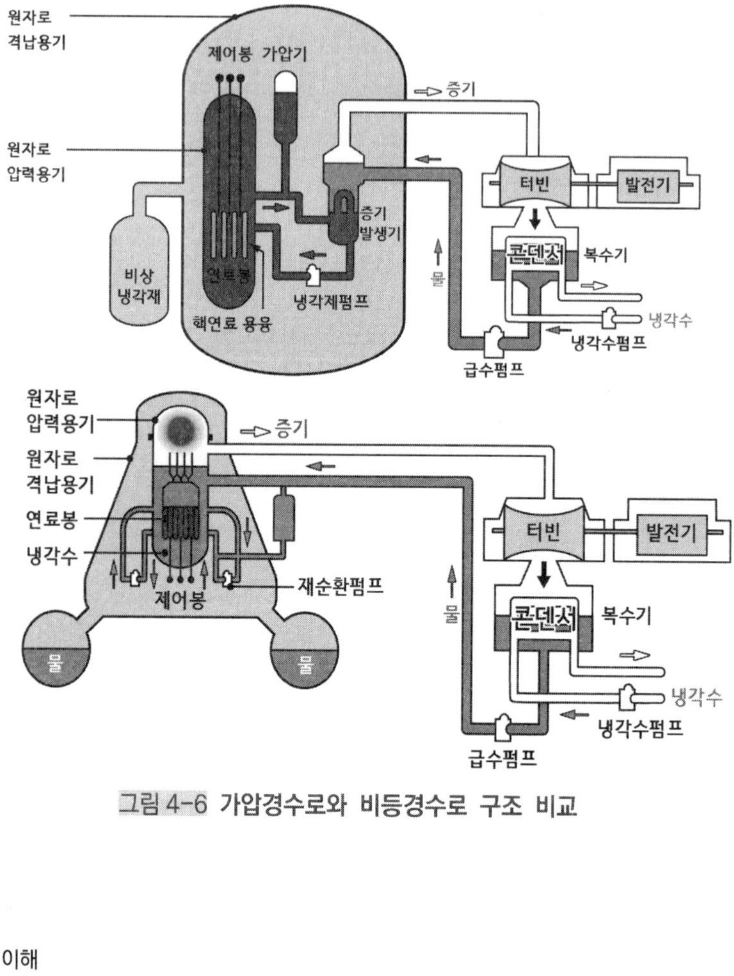


그림 4-6 가압경수로와 비등경수로 구조 비교

표 4-3 가압경수로와 비등경수로 비교

| 구 분 | 가압경수로 | 비등경수로 |
|---|---|---|
| 공통점 | ·중성자 감속재와 냉각재로 경수($H^2O$) 사용<br>·핵연료로 우라늄-235를 2 ~ 5% 농축한 저농축우라늄 사용 | |
| 차이점 | ·1차 계통과 2차 계통 분리<br>·가압기와 증기발생기 보유<br>·증기발생기에서 증기 생성<br>·전 세계 원자로의 약 65% 차지 | ·1차 계통과 2차 계통 미분리<br>·가압기와 증기발생기 미보유<br>·원자로 내에서 직접 증기 생성<br>·전 세계 원자로의 약 23% 차지 |

### 3) 중수로(Heavy Water Reactor, HWR)

중수로[168]는 1950년대 후반 캐나다에서 최초로 개발된 원자로이다. 가압기의 존재와 3차 계통으로 이루어져 1차 계통과 2차 계통이 분리되어 있다는 점에서 가압경수로와 같지만 중수($D^2O$)를 중성자 감속재와 냉각재로 사용하며, 천연우라늄을 핵연료로 사용한다는 차이점이 있다. 또한 냉각수가 지나는 노심 및 관 전체에 높은 압력이 걸리는 가압경수로와 달리 핵연료를 포함한 지름 약 10 cm의 얇은 압력관(pressure tube)에 각각 압력이 주어지는 독특한 구조를 지니고 있다. 중수로를 개발할 당시, 중공업이 발달하지 못한 캐나다는 우라늄 농축시설과 가압형 원자로 1차 계통을 만들기 위한 기술력을 확보하지 못하였다. 반면, 캐나다는 천연우라늄의 매장량이 풍부하고 빙하에서 중수소를 쉽게 구할 수 있어 기술력 부족을 극복하고 풍부한 자원을 활용할 수 있는 중수로를 개발하게 되었다. 중수는 1 L 당 수십만 원에 달하는 고가이지만 캐나다에서는 중수를 어렵지 않게 구할 수 있기에 중수로를 경제적으로 운영할 수 있다.

중수로는 천연우라늄을 사용하기 때문에 우라늄 농축에 드는 기술과 비용을 줄일 수 있고, 우라늄농축시설을 이용하여 핵무기에 사용되는 고농축우라늄을 생산할 염려도 없다. 또한 가압경수로와 달리 운전 중에도 핵연료의 교환이 가능하여 발전소의 가동률을 높일 수 있으며, 핵연료에 포함된 우라늄-235의 양이 적어 재처리 후 방사성폐기물로 처리되는 핵분열생성물의 밀도가 낮은 장점이 있다. 반면, 중수의 생산과 발전소를 건설하는 비용이 경수로보다 많이 들고, 적은 양의 우라늄-235와 중수의 높은 감속효율은 잦은 핵연료 교체를

168) 가압중수로(pressurized heavy water reactor, PHWR)라고도 함.

유발하여 사용후 핵연료[169]의 양을 증가시킨다. 결과적으로 중수로는 핵연료를 자주 교체하므로 핵연료를 재처리하여 핵무기에 사용될 수 있는 플루토늄-239를 획득하기 용이하다. 또한 중수는 감속재로 사용되면서 일부 중성자를 흡수함으로써 삼중수소를 생성하는데, 이는 증폭핵분열탄 또는 수소폭탄의 원료로 사용될 수 있다.

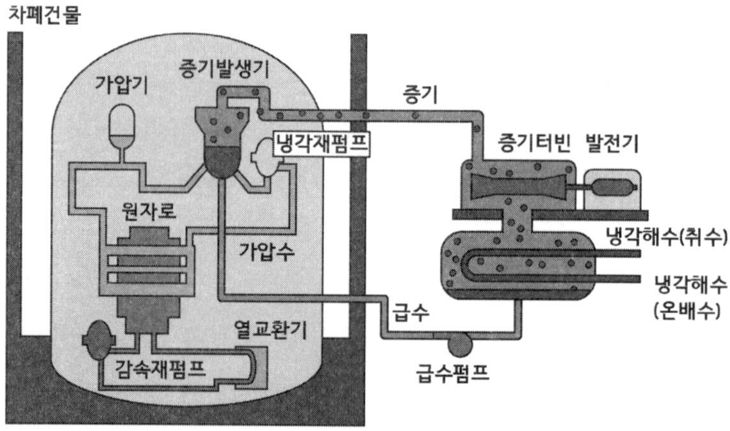


그림 4-7 가압중수로의 구조

표 4-4 가압경수로와 가압중수로 비교

| 구 분 | 가압경수로 | 가압중수로 |
|---|---|---|
| 공통점 | ·1차 계통과 2차 계통이 분리되어 있음<br>·가압기와 증기발생기 보유, 2차 계통에서 증기 발생하여 터빈 구동 | |
| 차이점 | ·중성자 감속재와 냉각재로 경수($H^2O$) 사용<br>·핵연료로 우라늄-235를 2 ~ 5% 농축한 저농축우라늄 사용<br>·운전 정지 후 핵연료 교환<br>·전 세계 원자로의 약 65% 차지 | ·중성자 감속재와 냉각재로 중수($D^2O$) 사용<br>·핵연료로 천연우라늄 사용<br>·운전 중 핵연료 교환 가능<br>·전 세계 원자로의 약 6% 차지 |

169) 사용후 핵연료는 원자로에서 연료로 사용된 후 배출되는 핵연료로 우라늄-235, 우라늄-238, 플루토늄-239, 핵분열생성물 등으로 구성됨. 사용후핵연료를 재처리하여 우라늄과 플루토늄은 핵연료로 재사용하고, 연료로 사용할 수 없는 핵분열생성물은 방사성폐기물로 처리함.

## Question. 중수로에서는 어떻게 천연우라늄을 핵연료로 사용할 수 있을까?

경수로에서 사용하는 중성자 감속재는 물($H_2O$)이다. 물을 구성하고 있는 질량수가 1인 수소원자($^1H$)는 중성자와 그 질량이 거의 동일하기 때문에 두 입자가 충돌할 경우 마치 당구공이 부딪히는 것과 같이 운동량 전달이 높아서 중성자의 속도를 효율적으로 감소시킨다. 그러나 물은 좋은 감속재이기는 하지만 중성자를 흡수하려는 성질이 강하여 핵분열 연쇄반응을 어렵게 한다. 그러므로 물을 감속재로 사용하는 경수로에서는 적은 수의 중성자로도 연쇄적인 핵분열을 일으킬 수 있도록 우라늄-235를 2 ~ 5 % 로 농축시킨다.

반면, 중수($D_2O$)를 구성하는 수소원자($^2H$)는 중성자를 1개 가지고 있기 때문에 물(경수, $H_2O$)를 구성하는 수소($^1H$)보다 중성자를 흡수하는 경향이 적다. 많은 수의 중성자는 핵분열이 일어날 가능성을 높여주므로 중성자 감속재로 중수를 사용하는 것은 천연우라늄의 농축을 불필요하게 만든다. 또한 중수로 특유의 역학적 배열은 중수를 낮은 온도로 유지시킴으로써 감속재로서의 기능을 더욱 효율적으로 만들어준다.[170] 이는 중성자의 운동에너지를 더 효율적으로 전환시켜줌으로써 핵분열 연쇄반응을 용이하게 해준다.[171]

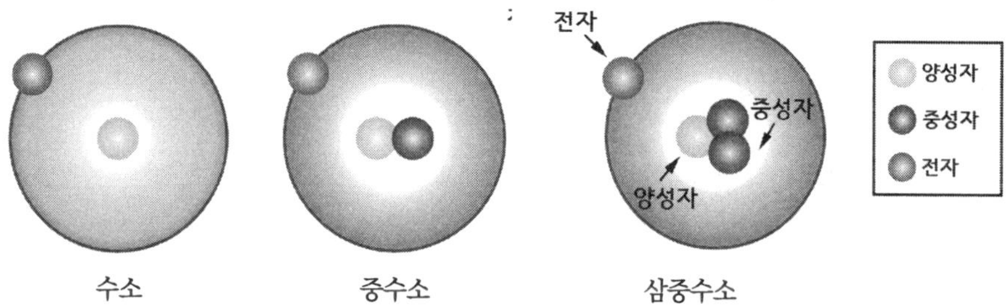


수소 동위원소

170) 냉각수와 감속재가 분리되어 있으며, 냉각수에만 약 100기압이 가압되고 감속재는 대기압을 유지함. 그러므로 냉각수는 고온·고압의 특성을 가지는 반면, 감속재는 저온·저압 상태가 유지됨.

171) 우라늄-235의 양이 적을 경우 임계질량을 유지하기 위해서는 중성자의 운동에너지를 흡수함으로써 속도를 낮춰주는 장치가 필요한데 이것이 바로 중성자 감속재임.

Question. 중수로의 구조적 특징은?

중수로는 1차와 2차 계통이 분리되어 에너지가 생산되고 전달되는 과정이 가압경수로와 유사하지만 원자로의 구조적 특성에서 차이가 난다. 칼란드리아(Calandria)라고 불리는 원통형의 원자로 용기가 수평으로 놓여 있고, 이 칼란드리아 내부로 직경이 약 10 cm 인 압력관들이 수평방향으로 수백 개 관통하고 있다. 또한 칼란드리아 내부에는 감속재인 중수가 채워져 있어서 핵분열 효율을 증대시킨다. 각각의 압력관 내에는 핵연료가 장전되고, 냉각재로 중수가 포함되어 있는데 끓는 것을 방지하기 위하여 약 100기압으로 가압된다. 압력관 내부의 냉각재와 외부의 감속재는 서로 분리되어 있으며, 외부의 감속재는 가압을 할 필요성이 없어 칼란드리아 내부의 압력은 대기압에 가깝다. 각각의 압력관들이 증기발생기 및 냉각재 펌프와 각각 연결되어 있어 운전 중에도 압력관 단위로 핵연료를 교환할 수 있으며, 별도의 설계변경 없이 압력관의 개수를 증가시키는 것만으로 출력을 높일 수 있다.

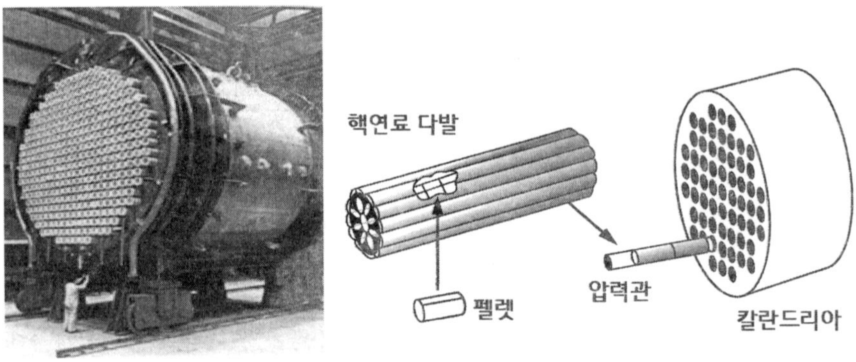


칼란드리아와 핵연료

### 4) 고속증식로

고속증식로는 제4세대 원자로로서 미국 에너지성이 2030년까지 실용화하는 것을 목표로 한 차세대 원자로이다. 고속증식로는 플루토늄-239를 연료로 사용하며, 이 플루토늄은 핵연료에 포함되어 있는 우라늄-238이 변환되어 생산된다. 경수로나 중수로의 연료로 사용되는 우라늄-235와 달리 우라늄-238은 높은 에너지를 지닌 고속중성자에 의해서만 변환된다. 이처럼 고속중성자에 의해 우라늄-238이 소모되면서 핵연료로 사용되는 플루토늄-239가 생성된다는 의미에서 고속증식로라고 이름 붙여졌다. 천연우라늄에는 우라늄-238이 99.7 %를 차지하고 있으므로 이를 핵연료로 사용할 수 있게 되면 에너지 자원 활용 기간이 대폭 늘어날 수 있고, 사용후 핵연료를 재처리하여 많은 부분을 연료로 재활용함으로써 방사성폐기물의 양도 대폭 줄일 수 있다. 그래서 고속증식로를 '꿈의 원자로'라고도 부른다.

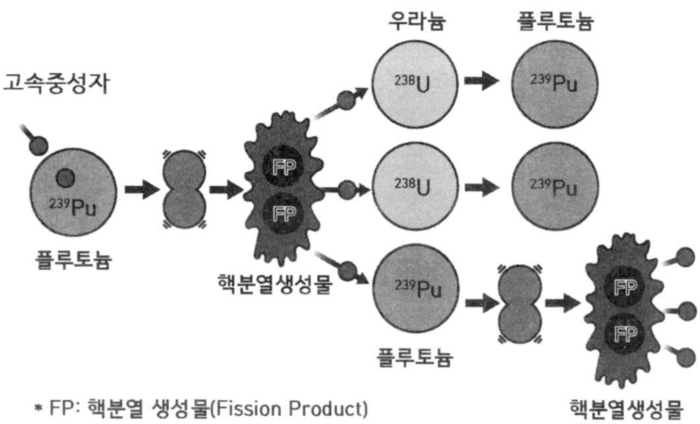


그림 4-8 고속증식로 핵연료 증식

고속증식로는 핵연료 생성뿐만 아니라 에너지 생산 과정에서도 고속중성자를 사용하므로 중성자 감속재를 필요로 하지 않는다. 플루토늄-239는 고속중성자에 의해 핵분열되면서 2 ~ 3 개의 고속중성자를 방출시키고, 이는 핵분열 연쇄반응을 유발하여 대량의 에너지를 만들어낸다. 현재 나트륨(Na)172)을 냉각재로 하는 고속증식로에 대한 개발이 진행 중인데, 제4세대 미래 원자력시스템 국제포럼이 선정한 6개 신개념 원자로 중에서 실현가능성이 가장 높은 것으로 평가받고 있다. 나트륨은 대기압에서도 약 880 ℃ 까지 액체 상태를 유지하는 특성으로 인해 압력으로 인한 위험이 줄고 열용량이 커서 냉각효율이 높다. 또한 운영 중에 중성자와 충돌하여 발생하는 방사성 동위원소인 나트륨-24는 반감기가 약 15시간밖에 되지 않으며, 해체 후에 남아 있는 방사성 동위원소 중에서 가장 긴 반감기를 지닌 것

172) 경수로·중수로에서 냉각재로 쓰이는 물과 달리 중성자를 감속시키지 않음.

은 2.6년에 불과하다. 그러나 나트륨이 공기나 물속의 산소와 반응할 경우 폭발을 일으키고 파이프 등을 쉽게 부식시킴에 따라 상용화를 위해서는 이를 안정적으로 다루는 기술을 확보해야 한다. 1995년, 일본에서 가동되었던 '몬쥬'는 냉각재로 쓰는 나트륨의 누출로 인한 화재발생 등의 문제로 인해 운전을 개시한 지 4개월 만에 가동이 중지되었다. 또한 핵연료로 사용되는 플루토늄은 독성이 매우 강하고, 고속증식로를 통해 플루토늄이 대량 생산될 경우 핵무기 확산의 우려가 있다. 우리나라는 1997년부터 나트륨을 냉각재로 하는 고속증식로인 칼리머-600(kalimer-600)의 기본 설계에 착수하였고, 2001년 제4세대 원자로 국제포럼에서 우수모델로 선정되었다. 현재 칼리머-600을 상세설계하고 최적화하는 단계를 진행 중이며, 2028년까지 개발을 완료하는 것을 목표로 많은 노력을 기울이고 있다.

표 4-5 가압경수로·중수로와 칼리머-600 비교

| 구 분 | | 가압경수로 | 중수로 | 칼리머-600 |
|---|---|---|---|---|
| 핵연료 | | 저농축우라늄 | 천연우라늄 | 플루토늄 |
| 냉각재 | 종류 | 경수($H^2O$) | 중수($D^2O$) | 나트륨(액체) |
| | 압력 | 150기압 | 100기압 | 1기압 |
| | 온도 | 330℃ | 310℃ | 550℃ |
| 감속재 | | 경수($H^2O$) | 중수($D^2O$) | 없음 |
| 중성자 | | 저속(열) 중성자 | 저속(열) 중성자 | 고속 중성자 |

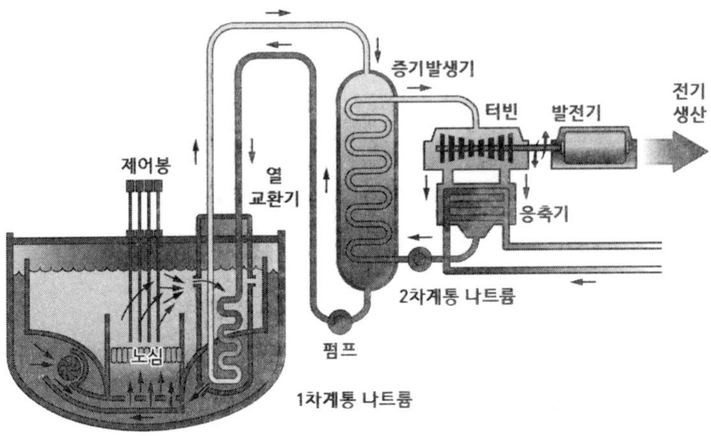


그림 4-9 나트륨 냉각 고속증식로

## Question. 나트륨 이외에 고속증식로에 사용할 수 있는 냉각재는 없을까요?

경수로나 중수로에 사용되는 물은 중성자를 감속시키는 특성이 있으므로 고속 중성자에서 냉각재로 사용될 수 없다. 현재까지 고속증식로에는 액체 금속을 이용한 냉각방식이 시도되었다. 최초의 고속증식로에는 수은이 사용되었는데, 대기압에서 끓는점이 약 356℃ 정도로 낮고 유독하며 중성자 흡수율이 높아서 냉각재로 사용하기에는 적합하지 않았다. 다음으로 납-비스무트 합금이 시도되었다. 납-비스무트 합금은 중성자 흡수율이 낮고 끓는점이 높으며, 공기나 물과 반응하여 폭발할 염려도 없다. 그러나 녹는점이 123.5℃로 높아 원자로의 온도가 낮을 경우 고체로 변할 수 있으며, 운영 간 방사성 동위원소로 독성이 매우 높은 폴로늄(Po)[173]이 생성되고, 반감기가 수십~수천만 년인 것들도 발생하여 오랜 기간 동안 방사능을 띠게 된다.

현재 나트륨과 함께 가장 관심을 받고 있는 방법은 초고온가스를 이용한 냉각이다. 헬륨을 냉각재로 사용하고 중성자 감속재로는 흑연을 사용하는 초고온가스로는 제4세대 미래원자력시스템 국제포럼이 선정한 6개 신개념 원자로 중에서 가장 안전하고 경제성이 높은 방법으로 평가받고 있다. 자연적인 열전달방식인 대류·전도·복사 방식을 이용하여 가스의 자연적인 흐름으로 원자로를 냉각시키므로, 전원공급이 끊기고 운전원이 장치를 조작할 수 없어도 핵연료에서 발생하는 잔열[174]을 제거함으로써 원자로의 폭발을 방지할 수 있다.

2015년 11월, 한국원자력연구원에서는 초고온가스로의 '원자로 공동 냉각장치(reactor cavity cooling system, RCCS)'를 25% 규모로 축소한 실험모형인 '자연냉각시험장치'를 이용하여 피동안전성[175] 모의검증 시험에 성공하였다. 핵연료에서 발생된 잔열은 대류·전도·복사 과정을 통해 원자로 용기와 피동 안전장치인 원자로 공동 냉각장치로 전달된다. 이 열로 인해 장치 내부에서 가열된 공기는 밀도가 작아져서 상부의 자연 순환 상승관(굴뚝 출구)을 통해 외부로 배출되며, 공기가 빠져나간 자리에는 외부의 찬 공기가 굴뚝 입구를 통해 흡입된다. 자연 대류현상에 의해 공기의 배출과 흡입이 반복되고, 이와 같은 자연 순환 과정을 통해 인위적인 조작이 없어도 원자로의 냉각이 이루어진다.

173) 강한 방사선을 방출하는 독성이 매우 큰 원소. 같은 무게의 청산가리보다 약 25만 배나 독성이 큼. 2006년 영국에서 일어났던 전(前) 러시아 비밀경찰(KGB) 요원 암살에 사용되었음.

174) 운전 중이던 원자로가 중지되어도 핵연료 내 방사성 물질들이 붕괴(분열)하면서 발생되는 열.

175) 후쿠시마 원전 사고와 같이 원자로에 외부전원 공급이 중단되고 운전원이 조작할 수 없을 때의 안정성을 피동안전성(passive safety)이라고 함. 반대로 작업자나 기계가 물리적으로 조작 및 작동해야 원전이

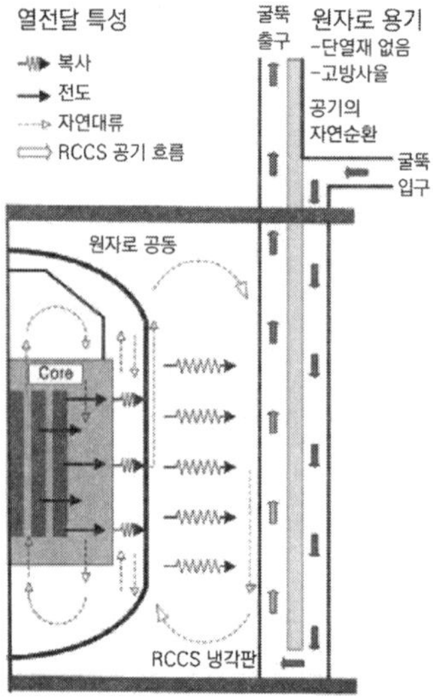


초고온가스로 피동안전 원리

초고온가스로는 원자로에서 발생하는 950℃가 넘는 열에너지를 2차 계통으로 전달함으로써 약 50%에 달하는 높은 효율로 전기를 생산한다. 또한 물은 1,000℃에 가까운 온도에서 요오드 등을 촉매로 하여 수소와 산소로 분해되므로, 초고온가스로를 이용할 경우 새로운 에너지원으로 각광받는 수소를 대량으로 생산하여 다양한 산업 분야에 활용할 수 있다.

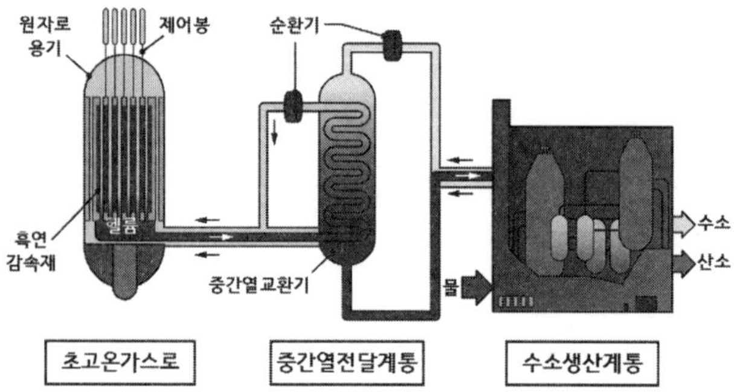


초고온가스로의 구조

Question. 북한 영변에 있는 5 MWe 흑연감속로는 무엇인가요?

영국에서 상업용 목적과 핵무기급 플루토늄 생산을 목적으로 만들어진 콜더홀 원자력발전소(50 MWe 마그녹스 원자로, Magnox)를 10 % 규모로 축소한 원자로이다. 천연우라늄을 연료로 사용하므로 농축시설이 필요하지 않고, 전기생산뿐만 아니라 양질의 플루토늄 생산도 가능하다

## 나. 제어봉

원자로에서 방출되는 에너지는 우라늄-235가 중성자와 부딪혀 핵분열이 일어나면서 발생하는데, 원자로 내에서 중성자가 생성되는 것과 소멸되는 비율이 동일하여 핵분열 연쇄반응이 일정하게 유지되는 경우를 임계라고 한다. 만약, 생성되는 중성자가 더 많을 경우에는 핵분열이 증가하여 에너지 출력이 증가하고, 반면 소멸되는 중성자가 많을 경우에는 원자로의 출력이 감소하게 된다. 제어봉은 원자로에서 중성자 수를 제어함으로써 핵분열 연쇄반응이 일어나는 비율을 조절하는 긴 막대 모양의 장치로, 중성자를 흡수하는 붕소나 카드뮴 같은 물질로 이루어져 있다. 제어봉을 원자로에 삽입하면 중성자를 흡수하여 핵분열을 감소시키고, 반대로 원자로에서 제어봉을 제거하면 핵분열이 증가하면서 에너지 발생량이 증가하는 것이다. 가압경수로나 중수로는 제어봉이 원자로 윗부분에 설치되어 있고, 전자기적 힘에 의해 리프팅 기계장치에 붙어 있기 때문에 전력공급이 차단될 경우에는 중력에 의해 원자로 속에 자동으로 삽입되어 핵분열 반응을 정지시킨다. 반면, 비등경수로는 원자로에서 발생되는 증기를 분리시키는 장치 등이 원자로 위쪽에 설치되어 있기 때문에 제어봉은 원자로 하부에 설치되어 있고 유압을 이용하여 삽입한다.

안전한 상태를 유지하는 것은 능동안전(active safety)임.

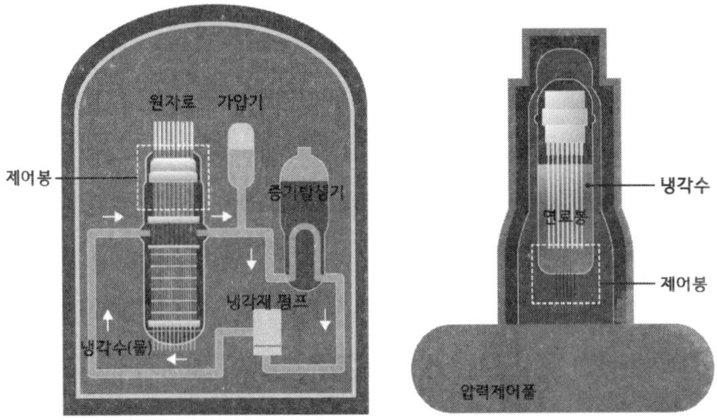


그림 4-10 가압경수로와 비등경수로 제어봉 비교

## 다. 냉각재

냉각재는 뜨거워진 원자로를 냉각시키는 물질로서 원자로에서 발생하는 열을 흡수하여 외부로 전달하는 역할을 한다. 이러한 역할을 하기 위해서는 냉각 능력이 우수하고 중성자를 흡수하지 않아야 하며, 고온에 견디면서 화학적으로 안정하여 감속재 등과 반응하지 않아야 한다. 대표적인 냉각재로는 경수($H^2O$)와 중수($D^2O$)가 있으며, 원자로의 종류에 따라 이산화탄소나 나트륨 등도 사용된다. 가압경수로와 중수로에서 사용되는 냉각재는 원자로를 통과하여 1차 계통을 순환하는 1차 냉각재와 증기발생기와 복수기를 통과하면서 2차 계통을 순환하는 2차 냉각재로 구분된다.[176] 1차 냉각재는 핵분열이 일어나는 원자로를 통과하여 순환하기 때문에 방사능오염이 될 수 있는 반면, 2차 냉각재는 1차 냉각재와 분리되어 순환하므로 방사능을 띠지 않는다.

## 라. 중성자 감속재

중성자 감속재는 핵분열 시 발생되는 고속중성자와 충돌하여 속도를 감소시키는 매개물로서, 고속중성자를 열중성자[177]로 변환시켜 핵분열 연쇄반응을 유지시킨다. 우라늄-235는 속도가 느린 열중성자와 충돌하면 불안정해지면서 핵분열을 통해 2개의 원자핵으로 나누어

176) 비등경수로는 1차 계통과 2차 계통이 분리되어 있지 않기 때문에 냉각재의 구분이 없음.

177) 충돌에 의해 에너지를 잃고 속도가 느려져 매질과 열적 평형상태를 이룬 중성자.

지며 2 ~ 3개의 중성자를 발생시킨다. 핵반응에 의해 방출된 중성자는 1 ~ 2 MeV의 높은 에너지를 가지고 있기 때문에 속도가 매우 빠르다.[178] 핵분열이 일어나는 확률은 중성자의 속도에 따라 달라지는데, 천천히 오는 공보다 빨리 날아오는 공을 받기가 어려운 것처럼 중성자의 에너지가 1 MeV 이상에서는 우라늄-235의 핵분열 확률이 매우 낮아져 핵분열 연쇄반응이 일어나지 않게 된다. 그러므로 원자로에서 연속적으로 에너지를 생산하기 위해서는 중성자의 속도를 감속시키는 물질이 필요하다. 대표적인 중성자 감속재로 경수·중수·흑연·베릴륨 등이 있으며, 질량이 작고 충돌에 의한 산란률이 높으며 중성자 흡수율은 낮을수록 좋다.

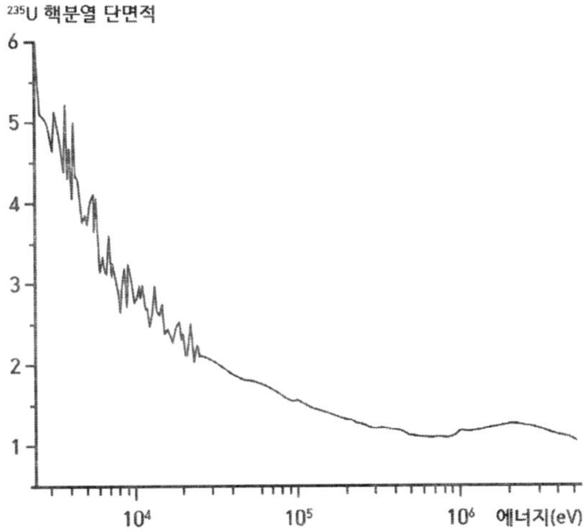


그림 4-11 중성자 에너지에 따른 우라늄-235 핵분열 단면적[179]

## 마. 가압기 및 증기발생기

가압기는 냉각재 배관에 이어져 수직으로 설치된 원통형의 압력용기로서 노심에서 냉각재가 끓는 것을 방지하는 장치이다. 원자로에서 핵분열 연쇄반응이 일어나면 방대한 에너지가 발생하면서 온도가 높아진다. 이를 식히기 위해서 냉각재가 원자로를 통과하게 되는데,

178) $E = \frac{1}{2} mv^2$

179) 핵분열에 대한 원소 또는 핵종의 단면적으로 핵분열이 일어나는 확률$(16 = 1 \times 10^{-28} cm^2)$

이 냉각재가 끓지 않고 계속 순환할 수 있도록 액체상태를 유지하도록 냉각재 순환계통의 압력을 높여주는 것이다.180) 가압기 내부에는 냉각재 계통을 순환하는 것과 동일한 냉각재가 들어 있는데, 가압기 하부에 설치된 전열기와 상부의 살수노즐을 이용해서 압력을 조절한다. 압력을 높일 경우에는 전열기로 가압기 내부의 냉각재를 증발시키고, 반대로 압력을 낮출 경우에는 살수노즐을 통해 저온의 냉각재를 공급한다. 사고 등으로 인해 가압기 내부의 압력이 설계 최대한도를 초과할 경우 증기를 밖으로 뺄 수 있는 안전밸브(Pilot-Operated Relief Valve, PORV)가 상부에 설치되어 있다.

증기발생기는 원자로에서 발생한 열을 이용하여 증기를 만드는 장치로서 내부에 수천 개의 '역 U자' 형태의 전열관을 포함하고 있다. 핵반응에 의해 뜨거워진 냉각재가 배관을 따라 이동하다가 전열관을 통과하면서 증기발생기 내부의 물을 끓여 1차 계통의 열에너지를 2차 계통으로 전환시키는 것이다. 이때 전열관을 흐르는 물과 증기발생기 내부의 물은 완전히 분리되어 있어서 1차 계통의 순환수가 2차 계통의 순환수와 섞일 수는 없다. 일반적으로 증기발생기는 원자로 내에 2~3개 설치된다.

가압기와 증기발생기는 가압경수로와 가압중수로에만 있고, 노심에서 바로 증기를 생성하는 비등경수로에는 설치되어 있지 않다.

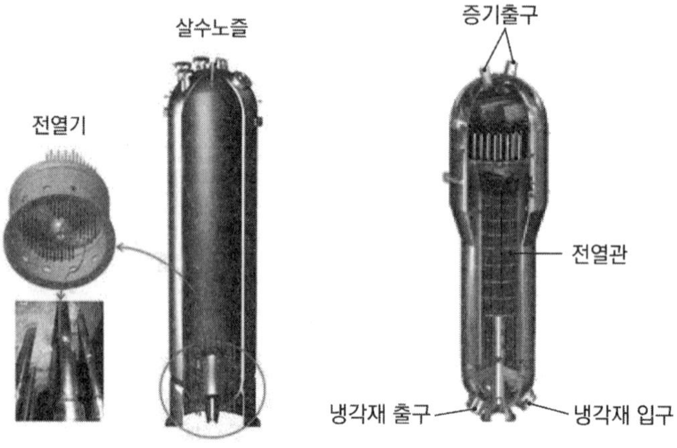


그림 4-12 가압기와 증기발생기

180) 물의 끓는점은 100℃로 알려져 있는데 이것은 1기압일 때의 경우이며, 압력이 높아질수록 물의 끓는 점도 높아짐. 가압기를 통해 압력을 높여줌으로써 300℃ 이상의 물이 배관을 타고 1차 계통을 순환함.

## 바. 핵연료

원자로에서 연쇄적으로 핵분열을 일으켜 에너지를 발생시키는 물질을 핵연료라고 한다. 대표적으로 가압경수로·중수로·비등경수로 등에서 사용되는 우라늄을 들 수 있는데, 우라늄이 연료로 사용되기 위해서는 광산에서 채광한 후 연료봉 속에 들어가는 형태로 가공되기까지 여러 과정을 거치게 된다.[181]

광산에서 채광한 우라늄에는 여러 불순물들이 섞여 있다. 이 불순물들을 제거하기 위해 분쇄와 화학적 여과 등의 정련 과정을 거치면 노란색 가루형태를 얻게 되는데 이를 우라늄 정광 또는 옐로우 케이크(yellow cake)라고 한다. 중우라늄산염의 형태를 띠고 있고, 천연우라늄과 동일하게 0.7 % 의 우라늄-235와 99.3 % 의 우라늄-238로 구성되어 있다. 우라늄 정광에는 우라늄-235의 양이 적기 때문에 경수로용 핵연료로 사용하기 위해서는 우라늄을 농축시켜 주는 과정이 필요하다.[182] 이를 위해서 먼저 중우라늄산염에서 순수 우라늄을 분리한 후 농축에 용이하도록 기체상태의 육불화우라늄($UF_6$)[183]으로 변환시킨다. 변환된 육불화우라늄은 여러 가지의 분류법을 이용해서 우라늄-235를 농축시키는데, 질량의 차이를 이용해서 두 원소를 분리시키는 원심분리법과 기체확산법이 주로 사용된다. 우라늄-235가 2 ~ 5 % 농축된 육불화우라늄은 화학적으로 안정된 이산화우라늄($UO_2$)으로 변환된 후에 담배필터 모양의 펠렛(직경 8 mm, 높이 1 cm)으로 가공된다. 펠렛은 수백 개가 한 그룹을 이루어 내식성을 가진 연료봉[184] 속에 들어가고, 연료봉도 수백 개의 다발로 묶어서 연료집합체를 형성한 후 노심에 장전된다.

181) 핵연료주기(선행 핵연료 주기): 광석으로 채광되어 정련-변환-농축-가공단계를 거쳐 에너지 생산을 위해 원자로에서 사용된 후 재처리과정을 통해 재활용되거나 폐기물로 영구 처분되기까지의 전 과정.

182) 중수로는 핵연료로 천연우라늄을 사용하므로 우라늄 정광을 이산화우라늄($UO_2$)으로 변환시킴.

183) 우라늄과 불소의 화합물로 상온에서는 고체 상태이나, 56.5℃에서 기체로 승화함.

184) 과거에는 스테인리스강이 사용되었으나, 현재 대부분의 연료봉은 내식성이 높고 중성자 흡수율이 낮은 지르코늄 합금으로 만들어졌음.

그림 4-13 우라늄 정광(옐로우 케이크)와 펠렛-연료봉-연료집합체

이밖에도 이산화우라늄과 같은 산화물 연료인 MOX(Mixed Oxide Fuel), 세라믹 연료인 탄화우라늄(UC), 액체 연료인 용융염 등이 핵연료로 사용되었거나 주목을 받고 있다. MOX는 우라늄산화물($UO_2$)과 플루토늄산화물($PuO_2$)을 혼합하여 만든 혼합 핵연료로서 저농축우라늄을 대체하여 사용할 수 있으며, 사용후 핵연료에서 추출된 플루토늄을 연료로 사용함에 따라 잉여 플루토늄을 처리할 수 있는 장점을 가지고 있다. 핵연료 주기에 대한 내용은 5장에서 보다 자세히 살펴보겠다.

### Question. 우리나라도 핵연료를 농축할까요?

아니다. 우리나라는 핵연료를 만드는 과정인 '우라늄 채굴-정련-변환-농축-가공'에서 가공 과정을 제외한 전 과정을 해외에 의존하고 있다. 농축시설을 건설하고 운영하는 것은 막대한 비용이 소요되고, 특히 한·미 원자력협정에 의해 우라늄을 농축하는 것이 금지되어 있다. 그러므로 농축되어 있는 우라늄을 수입한 후 국내에서 이산화우라늄($UO_2$)으로 변환시켜 가공한다.

우라늄을 농축하는 기술을 보유할 경우 원자력 발전에 사용되는 저농축우라늄뿐만 아니라 핵무기에 사용되는 90% 이상의 고농축우라늄도 생산할 수 있기 때문에 국제사회에서는 핵확산을 방지하기 위해 농축기술을 엄격히 통제하고 있다.

우라늄 변환 및 농축시설 현황[185]

185) WNA-Market Report, 2013

| 구 분 | 변환 용량 (톤 U/년) | 농축 용량 (톤 SWU[186]/년) |
|---|---|---|
| 미국 | 15,000 | 6,000 |
| 러시아 | 25,000 | 27,600 |
| 영국 | 6,000 | 14,600 |
| 프랑스 | 14,000 | 12,050 |
| 중국 | 3,000 | 2,250 |
| 기타 | 12,590 | 76 |

### Question. 한 개의 펠렛은 에너지를 얼마나 생산할까?

핵연료로 사용되는 펠렛은 원기둥 형태로서 직경 8 mm, 높이 1 cm, 무게 5.2 g 이다. 그러나 이 작은 크기의 핵연료는 1개당 1,600 ~ 2,000 kWh를 생산하는데, 이는 4인 가족이 8개월간 사용할 수 있는 전력량이다. 국내의 경수로에 사용되는 연료봉에는 펠렛 385개가 들어가며, 이 연료봉 236개가 묶여 연료집합체를 만든다. 1,000 MWe 급의 원자로에는 177개의 연료집합체가 장전된다.

## 4. 원자력발전 현황

### 가. 세계 각국의 원자력발전 현황

2016년 6월 국제원자력기구에서 발표한 내용에 따르면 전 세계 30개국에서 총 445기의 원자력발전소가 가동되고 있고, 15개국에서 64기가 건설 중에 있으며, 26개국에서 173기를 추가로 건설하는 것을 계획하고 있다. 후쿠시마 원전사고를 겪은 일본의 경우, 사고의 여파로 인해 2013년 원자력발전에 의한 발전량이 전체 생산전력의 11 % 미만으로 떨어져 1982년 이래로 가장 낮은 수준을 기록하기도 하였으나 이후 발전량이 계속 증가하고 있으며 2030년까지 그 수치는 더욱 높아질 것으로 예상된다.

186) Separative Wo가 Unit: 농축서비스 단위

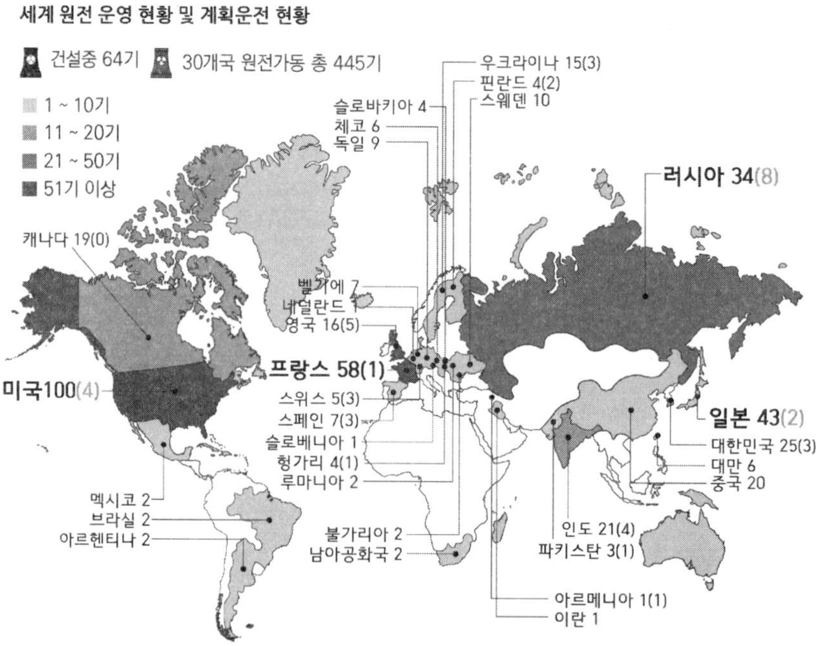


그림 4-14 세계 원자력발전 현황

표 4-6 세계 원자력발전 현황[187]

| 구 분 | 원자로 (기수) | 설비용량 (MWe) | 국가 수 |
|---|---|---|---|
| 운전중 | 445 | 381,665 | 30 |
| 건설중 | 64 | 64,217 | 15 |
| 계획중 | 173 | 185,504 | 26 |
| 폐쇄 | 157 | 60,905 | 19 |

187) 국제원자력기구(IAEA), 2016

표 4-7 주요 국가 원자력발전 현황[188]

| 구 분 | 원자로 (기수) | | | | 원자력 이용 | |
|---|---|---|---|---|---|---|
| | 운전 | 건설 | 계획 | 폐쇄 | 발전량 (GWh) | 비중 (%) |
| 미국 | 100 | 4 | 18 | 33 | 797,178 | 19.5 |
| 프랑스 | 58 | 1 | 0 | 12 | 416,800 | 76.3 |
| 일본 | 43 | 2 | 9 | 16 | 4,346 | 0.5 |
| 러시아 | 35 | 8 | 25 | 5 | 195,213 | 18.6 |
| 한국 | 25 | 3 | 8 | 0 | 157,196 | 31.7 |
| 중국 | 34 | 21 | 42 | 0 | 170,355 | 3.0 |
| 캐나다 | 19 | 0 | 2 | 6 | 98,375 | 16.6 |
| 독일 | 8 | 0 | 0 | 28 | 86,810 | 14.1 |
| 우크라이나 | 15 | 2 | 2 | 4 | 82,300 | 56.5 |
| 영국 | 16 | 0 | 4 | 30 | 63,895 | 18.9 |

### 1) 미국

미국은 1958년 상업운전을 시작한 시핑포트(Shippingport) 원자력발전소를 시작으로 그 수를 계속 확대하여 현재 100기의 원자로를 가동하는 세계 최대의 원자력 강국이다. 세계 원자력 발전량의 30 % 이상을 차지하며 자국의 전체 발전량 중 19.5 %인 약 80만 GWh[189]를 원자력으로 생산한다. 최근 자국에서 대량생산되는 천연가스로 인해 가격 경쟁력이 약화되고 후쿠시마 원전 사고로 인한 그 안전성 우려가 높아짐에도 불구하고, 화석연료 비중과 온실가스 배출을 줄이기 위해 원자력 발전에 대한 관심이 높아지고 있다. 1979년 펜실베니아주 쓰리마일섬(Three Mile Island, TMI) 원자력발전소 사고 이후 일제히 중단되었던 신규원전 건설이 34년 만에 다시 재개되었고, 원전 건설에 대한 인센티브를 부여하는 등 원전 산업 활성화 정책을 추진하고 있다.

---

188) 국제원자력기구(IAEA), 2016

189) 에너지의 단위로서 1 GWh는 1 GW의 일률로 1시간 동안 하는 일의 양에 해당함.
$1\ GWh = 10^9\ Wh = 3.6 \times 10^{12}\ J$

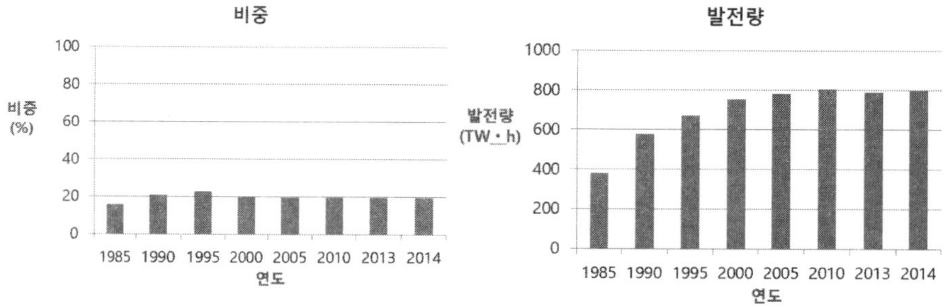


그림 4-15 미국의 원자력 비중 및 발전량 변화[190]

## 2) 프랑스

프랑스는 총 58기의 상업용 원자로가 가동 중이며 발전량과 규모 면에서 미국에 이어 세계 2위 수준이다. 자국의 전체 발전량 중에서 73 % 이상을 원자력발전이 차지하며, 중국·핀란드·체코·사우디 등 해외로도 원전을 수출한다. 그러나 가동 중인 원전의 절반가량이 1970년 후반에서 1980년 초반에 건설되어 2020년이 되면 40년의 설계수명에 도달하며, 후쿠시마 원전 사고 이후 원자력발전 비율을 낮추고 재생에너지 비율을 높이기로 하는 '녹색성장을 위한 에너지전환법'이 마련되었다. 2016년 2월, 프랑스 정부는 원자력 발전소 수명을 기존의 40년에서 50년으로 연장시키는 방안을 발표하였다.[191]

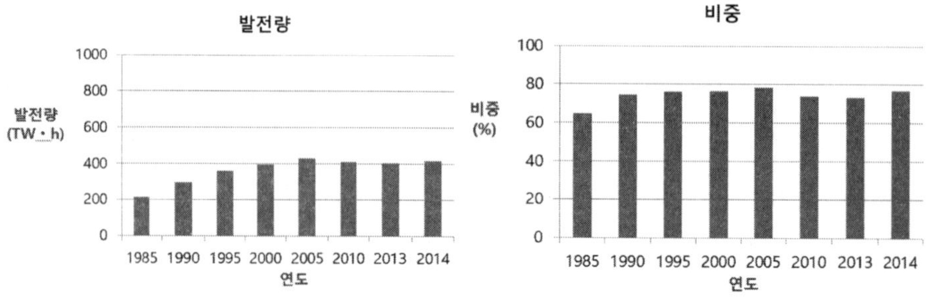


그림 4-16 프랑스의 원자력 발전량 및 비중 변화[192]

190) 국제원자력기구(IAEA), 2015

191) 프랑스 원자력안전청(ASN) 동의 시 연장하는 것으로 발표함. 프랑스 원자력안전청은 안정적인 에너지 공급을 위해서는 원자로 추가 건설 및 기존 원전에 대한 수명 연장 필요성을 주장하였음.

### 3) 일본

일본은 17개의 원자력발전소에서 54기의 원자로를 가동하고 있으며 원자력에 의한 전기 생산이 전체의 약 30%를 차지하였다. 그러나 2011년 3월에 발생한 후쿠시마 원전사고 이후 일본 내 일부 원자로가 폐쇄되었고, 원자력발전의 위험성에 대한 인식이 확산되면서 2013년 9월부터는 모든 원전의 가동이 중단되었다. 원전 가동을 중지함에 따라 부족한 전력을 생산하기 위해 화력발전에 대한 의존도가 높아지고, 연료로 사용되는 화석연료의 수입 비용이 증가하면서 무역적자가 커지게 되었다. 2010년과 비교하였을 때 2014년에 14.4조 엔의 적자가 발생하였고, 이중 화석연료 수입이 총 적자의 약 50%에 달하는 7조엔이나 되었다. 연료 수입비용의 증가는 전기요금 인상을 유발하였고,[193] 전력소모량이 많은 제조업 등에 큰 타격을 주어 자국 경제에 부정적인 영향을 미쳤다(그림 4-17). 이에 따라 일본은 2014년에 '에너지 기본계획'을 통해 후쿠시마 원전사고 이후 내세웠던 '원전 제로화' 방침을 철회하고, 안전이 확인된 원전의 재가동을 추진하기로 결정하였다. 뿐만 아니라 2030년 발전량에서 원자력이 차지하는 비중을 15~20% 수준으로 검토하고 있다.[194]

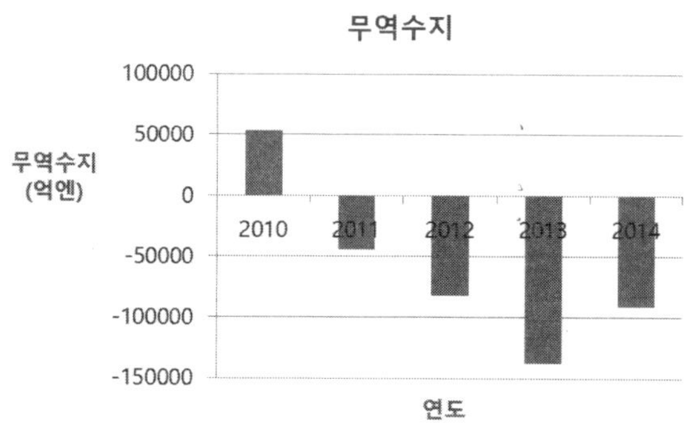


그림 4-17 연도별 일본 무역수지 변화

192) 국제원자력기구(IAEA), 2015

193) 2010년과 비교하여 2014년에 가정용 전기요금은 25%, 산업용 전기요금은 38% 증가하였음. 에너지 관련 소비자 물가도 크게 증가하여 등유 38%, 가솔린은 23% 증가함.

194) 일본 에너지경제연구원은 '2030년 원전정책 시나리오 분석에 대한 보고서'에서 최적의 원자력발전 점유 수준을 25%로 권고하고 있음.

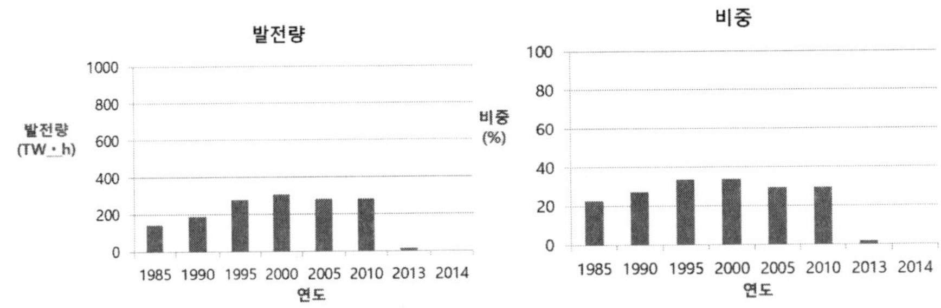


그림 4-18 일본의 원자력 발전량 및 비중 변화[195)]

### 4) 러시아

러시아는 1954년에 5 MWe 규모의 오빈스크 원자로에서 세계 최초로 원자력을 이용하여 전기를 생산하였고, 이후 1980년대 중반까지 25기의 원자로를 가동하면서 원자력 대국으로서의 모습을 갖추게 된다. 비록 1986년에 발생한 체르노빌 원전사고와 구소련의 몰락으로 인해 러시아의 원전 산업이 잠시 주춤하던 시기가 있었으나, 원자로의 안정성과 경제성을 확보하고 원자력을 국가 핵심 수출산업으로 선정하여 국가차원의 지원을 하고 있다. 이란과 8기의 원전 건설 협정을 체결하고 요르단과 100억 달러 규모의 사업을 추진하고 있으며, 중국·인도·핀란드·터키 등 국제 원전 시장에서 큰 성과를 거두고 있다. 자국 내 발전량에서도 원전이 18 % 이상의 높은 비중을 차지하며, 현재 가동되고 있는 35기의 원자로에 추가하여 33기의 원자로 건설을 계획하고 있다.

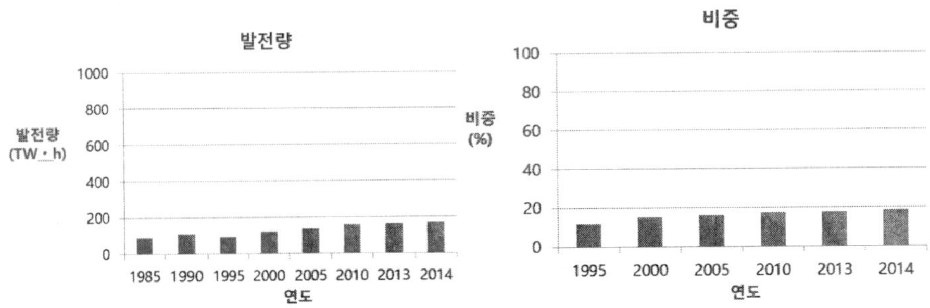


그림 4-19 러시아의 원자력 발전량 및 비중 변화[196)]

195) 국제원자력기구(IAEA), 2015

### 5) 중국

중국은 총 34기의 원자로를 가동 중이며, 급속한 경제성장에 따른 전력수요 증가와 대기오염 문제를 해결하기 위해 원자력발전의 비중을 대폭 증대시키고 있다. 현재 63기의 원자로를 건설 또는 계획하고 있고, 2020년까지 미국과 프랑스에 이어 세계 3위 규모의 원전 강국으로 부상할 것으로 전망된다.[197] 뿐만 아니라 루마니아·파키스탄·아르헨티나 등에 원전 투자 및 건설을 계획하는 등 해외 원전수출 사업도 적극적으로 추진하고 있다.

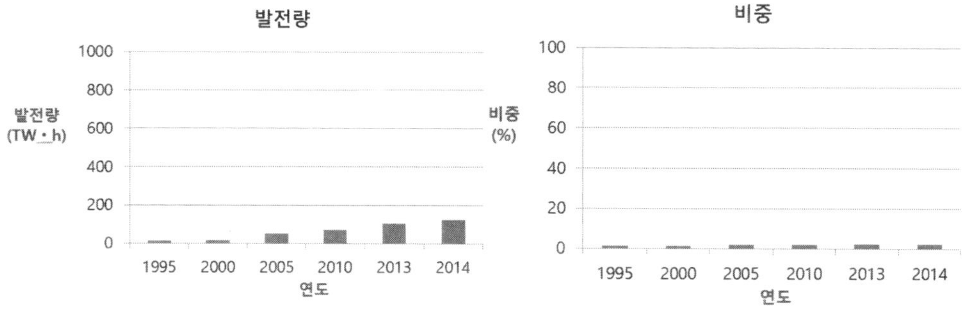


그림 4-20 중국의 원자력 발전량 및 비중 변화[198]

## 나. 국내 원자력발전 현황

우리나라는 2016년 기준으로 25기의 원자력발전소를 운영하고 있으며 전체 발전량의 30%가 넘는 약 16만 GWe를 생산하고 있다. 규모면에서 미국·프랑스·일본·러시아·중국에 이은 세계 6위의 원전 강국이며, 2009년에는 아랍에미리트와 원전 수주 계약을 맺음으로써 세계 6번째의 원전 수출국이 되었다. 최초의 상업용 원자로는 고리 1호기로써 1971년에 착공하여 1978년부터 운전을 시작하였으며 세계에서 21번째 원전 보유국이 되었다. 1980년대에는 8기의 원자로를 추가로 건설하였으며, 1984년 정부의 원전기술자립계획에 따라 연구를 지속하여 1996년에는 국내 기술로 한국표준형 원전(KNSP)을 개발하여 가동하고 있다. 한국표준형 원전은 인도네시아와 베트남 등 아시아 시장으로의 진출을 위해

---

196) 국제원자력기구(IAEA), 2015

197) 에너지개발전략행동계획('14~'20)에 의하면 2020년의 원전 설비용량은 58 GWe 규모로 2014년의 19 GWe 보다 약 3배 증가될 전망임.

198) 국제원자력기구(IAEA), 2015

OPR-1000으로 상품명을 바꾸었고, 현재 한빛·한울·신고리·신월성 발전소에서 10기가 운전 중이다. 제3세대 원전인 APR-1400은 2008년에 신고리 3호기를 착공하여 2016년 5월부터 상업운전을 실시할 예정이고, 신고리 4호기 등 3개의 원전이 건설 중에 있다. 뿐만 아니라 2020년대 후반에는 100% 순수 국내 기술로 개발한 신형경수로인 APR+를 건설할 계획이다. APR+는 현재 개발 중인 전 세계 차세대 원전 가운데 가장 발전용량이 큰 1,500 MWe 급의 대용량 원전으로 2014년 8월에 표준설계인가를 취득하였으며, APR-1400의 기본구조를 바탕으로 출력과 안전성을 높였다. APR-1400보다 핵연료집합체를 추가하고 원자로의 크기를 증가시킴으로써 출력을 상승시켰고, APR-1400에서 해외에 의존해야 했던 '원자로 냉각펌프(RCP), 원전 계측제어 시스템(MMIS), 원전 설계 핵심코드'등을 자체기술로 확보함으로써 최초로 원전의 완전 국산화를 이루었다. 안전성도 보강되어 전기가 끊겨도 최대 3일간 냉각수가 공급될 수 있도록 비상발전기와 패시브 냉각장치[199]의 기능이 강화 또는 추가되었으며, 외벽 두께가 APR-1400보다 15 cm 증가된 120 cm로 설계되었다. APR+는 국내 원전수출의 기폭제 역할을 할 것으로 기대받고 있다.

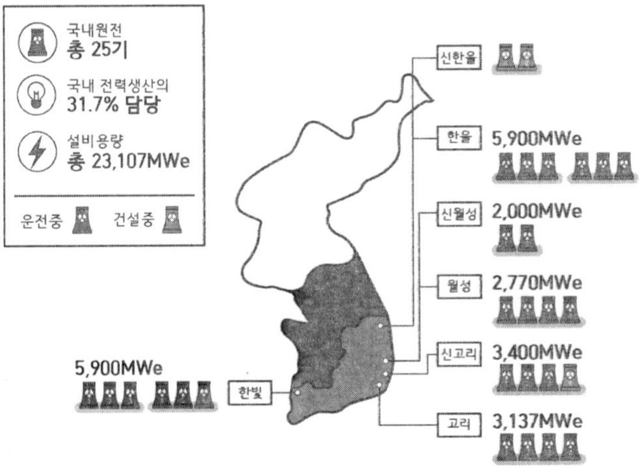


그림 4-21 국내 원자력발전 현황

199) 원자로에서 발생한 뜨거운 증기가 파이프를 통해 원자로 위의 물탱크를 통과하면서 냉각되어 물로 변하고, 물은 중력을 받아 다시 아래쪽 원자로로 공급되면서 전기가 끊긴 상태에서도 중력과 대류 원리를 통해 냉각수를 공급하는 장치임.

표 4-8 국내 원자력발전 현황[200]

| 구 분 | | | 원자로 유형 | 설비용량 (MWe) | 위 치 | 상업운전 개시일 |
|---|---|---|---|---|---|---|
| 가동중 | 한빛 | # 1 | 가압경수로 (PWR) | 950 | 전남 영광 | 1986. 8 |
| | | # 2 | | 950 | | 1987. 6 |
| | | # 3 | | 1,000 | | 1995. 12 |
| | | # 4 | | 1,000 | | 1996. 3 |
| | | # 5 | | 1,000 | | 2002. 5 |
| | | # 6 | | 1,000 | | 2002. 12 |
| | 한울 | # 1 | | 950 | 경북 울진 | 1988. 9 |
| | | # 2 | | 950 | | 1989. 9 |
| | | # 3 | | 1,000 | | 1998. 8 |
| | | # 4 | | 1,000 | | 1999. 12 |
| | | # 5 | | 1,000 | | 2004. 7 |
| | | # 6 | | 1,000 | | 2005. 4 |
| | 고리 | # 1 | | 587 | 부산 | 1978. 4 |
| | | # 2 | | 650 | | 1983. 7 |
| | | # 3 | | 950 | | 1985. 9 |
| | | # 4 | | 950 | | 1986. 4 |
| | 신고리 | # 1 | | 1,000 | 울산 | 2011. 2 |
| | | # 2 | | 1,000 | | 2012. 7 |
| | | # 3 | | 1,400 | | 2016. 5 (예정) |
| | 신월성 | # 1 | | 1,000 | 경북 경주 | 2012. 7 |
| | | # 2 | | 1,000 | | 2015. 7 |
| | 월성 | # 1 | 중수로 (PHWR) | 670 | | 1983. 4 |
| | | # 2 | | 700 | | 1997. 7 |
| | | # 3 | | 700 | | 1998. 7 |
| | | # 4 | | 700 | | 1999. 10 |
| 건설중 | 신고리 | # 4 | 가압경수로 | 1,400 | 울산 | 2017. 2 (예정) |
| | 신한울 | # 1 | | 1,400 | 경북 울진 | 2017. 4 (예정) |
| | | # 2 | | 1,400 | | 2018. 2 (예정) |
| 계획중 | 신고리 | # 5 | | 1,400 | 울산 | 2021. 3 (예정) |
| | | # 6 | | 1,400 | | 2022. 3 (예정) |
| | | # 7 | | 1,500 | | - |
| | | # 8 | | 1,500 | | - |
| | 신한울 | # 3 | | 1,400 | 경북 울진 | 2022.12 (예정) |
| | | # 4 | | 1,400 | | 2023.12 (예정) |
| | 천지 | # 1 | | 1,500 | 경북 영덕 | 2026.12 (예정) |
| | | # 2 | | 1,500 | | 2027.12 (예정) |

200) 세계원자력협회(WNA), 2016

국내 원전기술의 우수성은 원자로 정지율과 설비이용률을 통해서도 알 수 있다. 원자로의 운영 경험과 관련 기술의 축적으로 인해 최근 10년간 국내 원자로의 고장정지율은 원자로 1기당 평균 1건 미만을 유지하고 있고, 원자로가 정지하지 않은 상태의 사고 또는 고장 횟수를 포함하더라도 그 비율은 평균 1건 미만이다. 설비이용률은 원자력발전소의 연간 최대 발전가능량에 대한 실제 생산된 발전량의 백분율로서 발전설비의 효율적인 운영능력을 나타내는 척도이다. 설비이용률은 운전정비·장비 신뢰성·조직적 요인과 인적 수행력 등에 의해서 영향을 받는데 설비개선과 운영기술 발전 등을 통해 향상시킬 수 있다. 우리나라는 세계 최고수준인 90% 이상의 설비이용률을 보이다가 최근 3년간 80% 수준으로 다소 떨어진 상태인데, 이는 2011년 후쿠시마 원전사고 이후 정부의 원전안전성 강화정책으로 인해 원전의 가동중단 및 예방정비 일수가 늘어났기 때문이다.[201]

표 4-9 국내 가동 중 원자로 정지 현황[202]

| 구 분 | '05 | '06 | '07 | '08 | '09 | '10 | '11 | '12 | '13 | '14 |
|---|---|---|---|---|---|---|---|---|---|---|
| 가동 원전 수 | 20 | 20 | 20 | 20 | 20 | 21 | 22 | 23 | 23 | 23 |
| 총 정지 횟수 | 19 | 14 | 17 | 9 | 7 | 6 | 8 | 10 | 7 | 7 |
| 호기당 평균 정지율 | 0.95 | 0.70 | 0.85 | 0.45 | 0.35 | 0.29 | 0.36 | 0.43 | 0.30 | 0.30 |

표 4-10 국내 원전사고 발생원인별 현황[203]

| 구 분 | 계 | 정지 사고 | 정지 외 사고 | 발생원인별 사고 횟수 | | | | |
|---|---|---|---|---|---|---|---|---|
| | | | | 인적 원인 | 전기적 원인 | 기계적 원인 | 계측제어 원인 | 외부 영향 |
| '05 | 21 | 19 | 2 | 6 | 4 | 7 | 4 | 0 |
| '06 | 19 | 14 | 5 | 2 | 4 | 5 | 6 | 2 |
| '07 | 20 | 17 | 3 | 2 | 7 | 6 | 4 | 1 |
| '08 | 14 | 9 | 5 | 4 | 2 | 1 | 5 | 2 |
| '09 | 11 | 7 | 4 | 1 | 1 | 8 | 1 | 0 |

201) 정기검사 기간으로 인해 연간 70~75%의 설비이용률 달성 시 양호한 상태라고 할 수 있음.

202) 원자력안전연감, 2014

203) 원자력안전연감, 2014

| '10 | 14 | 6 | 8 | 3 | 2 | 2 | 5 | 2 |
|---|---|---|---|---|---|---|---|---|
| '11 | 12 | 8 | 4 | 3 | 3 | 4 | 2 | 0 |
| '12 | 16 | 10 | 6 | 3 | 2 | 2 | 9 | 0 |
| '13 | 8 | 7 | 1 | 1 | 1 | 3 | 3 | 0 |
| '14 | 15 | 7 | 8 | 2 | 3 | 1 | 6 | 3 |

표 4-11 국내 원전 설비이용률[204)]

| 구 분 | '04 | '05 | '06 | '07 | '08 | '09 | '10 | '11 | '12 | '13 | '14 |
|---|---|---|---|---|---|---|---|---|---|---|---|
| 국내평균 | 91.4 | 95.5 | 92.3 | 90.3 | 93.4 | 91.7 | 91.2 | 90.7 | 82.3 | 75.5 | 85.0 |
| 세계평균 | 78.8 | 79.3 | 79.5 | 78.7 | 79.4 | 76.0 | 79.0 | 76.8 | 69.7 | 69.1 | 75.8 |

국내 원자력기술의 자립과 우수성은 대용량 원전에만 국한되는 것이 아니라 중소형 원전에도 적용된다. 후진국이나 개발도상국의 경우 열악한 인프라와 작은 투자규모 등으로 인해 1기당 건설비용이 3조원을 넘는 대용량 원전을 도입하는데 많은 어려움이 따른다. 또한 국토는 크지만 인구밀도가 작은 국가의 경우에는 대형원전에 따른 송전망을 구축하는데 막대한 비용이 들어가므로 중소형 원전을 다수 건설하여 전력을 공급하는 것이 더 효율적일 수 있다. 전 세계적으로도 지역난방이나 수소생산 등 비발전 분야의 수요가 증가하면서 이에 대해 탄력적으로 대응할 수 있는 중소형 원자로 개발에 대한 관심이 점점 높아지고 있다. 미국 에너지부에 따르면 중소형 원전의 세계시장 규모는 2050년까지 3,500억 달러(약 400조원)에 달하고 최대 1,000기의 수요가 발생할 것으로 예측하고 있다. 우리나라는 순수 국내기술로 개발한 중소형 일체형 원자로인 SMART[205)]의 표준설계인가를 2012년 7월에 세계 최초로 획득함으로써 중소형 원전 시장에서 선두주자로서의 기반을 마련하였다. 일체형 원전은 기존의 원전과 달리 가압기·증기발생기·냉각재 펌프 등 원자로 계통의 주요 기기들이 연결배관 없이 하나의 압력용기 안에 모두 설치되어 있다.[206)] 배관 연결 없이 주요 기기들을 설치함으로써 기존의 분리형 원자로의 취약점인 배관 파손으로 인한 냉

204) Nucleonics Week, 2015

205) SMART : System-integrated Modular Advanced ReacTor

206) 노심 · 핵연료 · 증기발생기 8대 · 가압기 1대 · 냉각재펌프 4대가 하나의 압력 용기 내에 설치됨.

각재가 누출되는 사고를 원천적으로 방지할 수 있어 안전성이 획기적으로 향상되었다. 설비 용량은 대용량 원전의 약 10% 수준인 100 MWe 규모로서 인구 10만 명이 사용하는데 필요한 전기를 생산할 수 있다. 뿐만 아니라 원자로에서 발생하는 열을 이용하여 바닷물을 담수로 전환시키는 해수담수화가 가능하여 일일 4만 톤의 식수공급을 할 수 있다. 이런 장점으로 인해 2015년 3월, 우리나라는 사우디아라비아와 SMART 건설 및 원자력 인력 양성을 위한 양해각서를 체결하는데 성공하였다.

사우디아라비아는 SMART를 이용하여 중소도시에 전력을 공급하고 물 부족 현상을 해소할 계획이다.

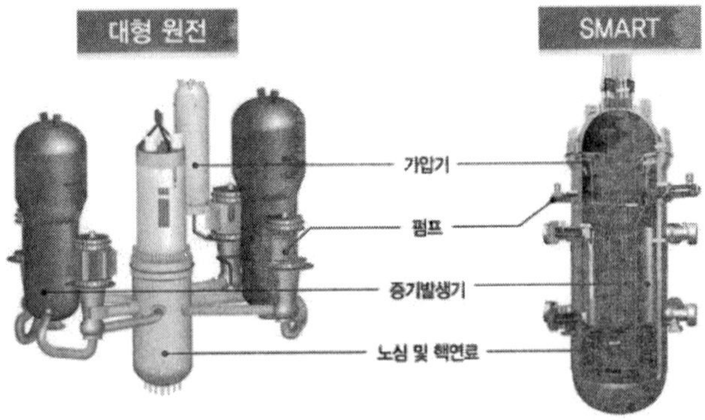


그림 4-23 대형 원전과 SMART의 비교

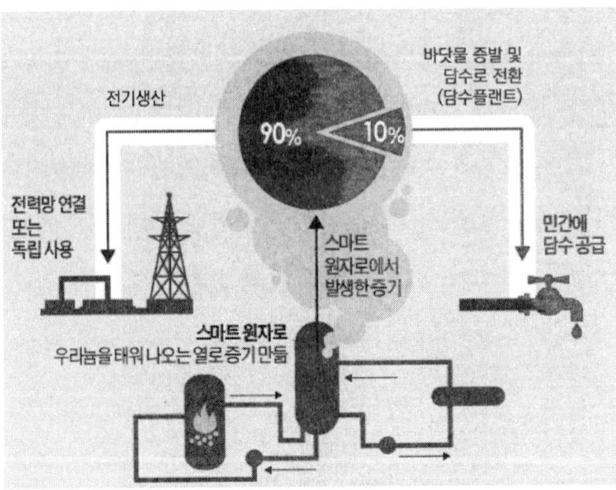


그림 4-24 SMART의 전력 및 식수생산

**Question. 우리나라 원자력발전은 언제부터 시작되었는가?**

우리나라 원자력발전의 시작은 1956년으로 거슬러 올라간다. 6·25전쟁이 끝나고 폐허가 된 국가를 복구하는데 여념이 없던 중, 이승만 대통령은 미국의 워커 시슬러[207] 박사를 만나게 된다. 그 자리에서 시슬러 박사는 작은 상자를 보여주면서 "이것은 에너지 박스입니다. 이 상자 안에 든 것은 1.5 kg 의 우라늄으로 이것을 이용하여 1,200만 kWh 의 전기를 생산할 수 있습니다. 동일한 무게의 석탄을 연소시킬 경우 4.5 kWh의 전기가 생산된 것을 감안하였을 때 250만 배 이상의 전기 생산능력을 가지고 있는 것입니다."라고 하였다. 당시 남한지역의 발전시설은 무척이나 열악하였고, 특히 전쟁의 여파로 인해 에너지원이 시급한 상황에서 원자력발전은 한줄기 빛과 같은 것이었다. 이에 따라 원자력관련 전담부서를 신설하고, 1957년에는 국제원자력기구(IAEA)의 회원국으로 가입함으로써 원자력 연구개발 및 평화적 이용을 위한 발판을 마련하였다. 이후 원자력법을 제정하고 원자력연구소를 설립하였으며, 1962년에는 우리나라 최초의 연구용 원자로인 '트리가마크 II (TRIGA MARK II)'[208]가 가동되었다.

## 5. 원자력발전의 필요성과 안전성

### 가. 원자력발전의 필요성

빠른 인구증가와 경제성장은 급격한 에너지 수요의 증가를 가져왔다. 세계 인구는 1990년대에 50억 명이었던 것이 2000년에는 70억 명으로 늘어났고, 2050년에는 90억 명을 넘어설 것으로 예상된다. 또한 경제성장에 따른 대량생산과 대량소비는 국가안보를 위한 필수적인 요소로서 에너지자원 확보의 중요성을 부각시키고 있다. 1970년대 일어났던 두 차례의 석유파동과 러시아의 우크라이나에 대한 가스공급 중단 사태 등은 불안정한 에너지 공급의 위험성을 보여주는 대표적인 사례이다. 현재 에너지자원의 가장 큰 비중을 차지하고

207) 제2차 세계대전 이후 유럽 전력 복구를 성공적으로 지휘하여 '세계 전기기술의 대가'라는 명성을 얻음. 세계 에너지협의회 의장, 에디슨 전기협회 회장, 미국 원자력산업회의 의장을 역임하였음.

208) 미국 제너럴아토믹사가 공급한 열출력 100 kWt 의 우리나라 최초 소형 연구용 원자로. 1979년에 열출력을 250 kWt 로 올림. 1995년 1월 가동을 중단할 때까지 총 2만 6,535시간 운전하였음.

있는 석유·석탄과 같은 화석연료는 매장지역이 편중되고 매장량 또한 한정되어 있다. 이는 장기적으로 볼 때 화석연료 가격의 증가로 이어질 것이고 우리나라와 같은 비산유국의 경우 큰 부담으로 작용할 것이다. 우리나라는 세계 10위 안에 드는 에너지 소비국으로서 지난 30년간 에너지 소비량이 약 6배 증가하였으나 에너지자원의 해외의존도는 96 %에 달하여 에너지 공급이 불안정한 실정이다. 2013년 에너지 수입에 사용된 비용은 주력 수출품목인 자동차·선박·반도체 수출액을 모두 합친 금액보다 많은 약 1,500억 달러로 이는 전체 수입액의 약 30 %에 달한다. 이중 99 %는 석유·석탄과 같은 화석연료가 차지한다. 반면 원자력발전의 원료로 사용되는 우라늄 수입은 약 0.5 %에 불과하였는데, 우라늄은 화석연료와 달리 전 세계적으로 고르게 분포되어 있고 적은 양으로도 대량의 전기를 생산할 수 있어서 에너지원으로서 안정적인 공급이 가능하다.

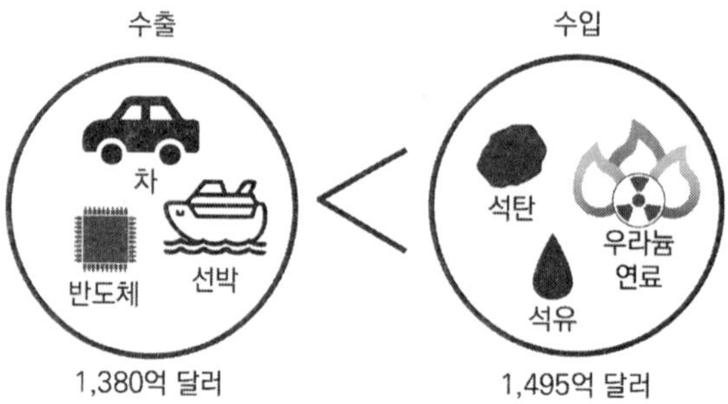


그림 4-25 에너지 수입 비중(2013년)

원자력발전은 다른 에너지원에 비해 매우 경제적이다. 원자력발전에 필요한 직·간접비용뿐만 아니라 원전해체비용과 폐기물 관리/처리 비용 등을 모두 원전단가에 반영하더라도 가장 싼 전력원이다. 2014년 기준으로 전기 생산 형태별 1 kWh의 전기를 생산하는 비용은 각각 원자력발전 54.7원, 석탄 65.1원, LNG 160.9원이었다. 만일 원전을 모두 폐쇄할 경우 전기 생산비용은 석탄으로 대체시 45%, LNG로 대체시 71 % 상승할 것이다. 후쿠시마 원전사고 이후 원자력발전소 가동을 모두 중지하였던 일본도 급격한 전기요금 인상으로 인해 점진적으로 원전을 재가동하고 있다.

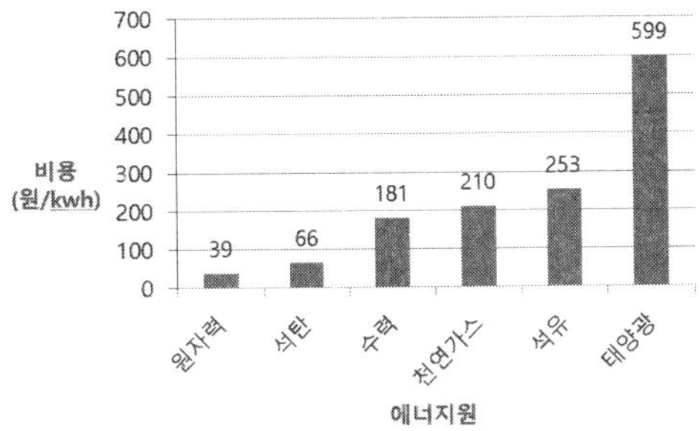


그림 4-26 에너지원별 전기 생산비용[209]

원전의 필요성은 경제적인 면에만 국한되지 않는다. 인구의 급증과 중화학공업을 중심으로 한 경제성장은 지구온난화라는 심각한 환경문제를 초래하였다. 실제로 화석연료 사용 결과 배출된 온실가스의 증가로 인해 지난 100년 간 지구의 평균온도는 1℃가량 상승하였다. 지구온난화는 사막을 확장시키고 홍수나 가뭄과 같은 이상 기온현상을 유발하여 생태계에 큰 피해를 주고있다. 지구온난화를 일으키는 온실가스 중에서 이산화탄소가 차지하는 비중이 약 90％라는 점에서, 원자력발전은 친환경 에너지원으로서의 장점도 지니고 있다. 원자력발전은 화석연료의 연소가 아닌 핵분열을 통해 에너지를 생산하기 때문에 원전 가동 중에는 이산화탄소가 전혀 배출되지 않으며, 우라늄 채광에서부터 발전소 건설 및 폐로 등 모든 과정을 포함하더라도 이산화탄소 배출량이 가장 적다. 2014년 한해의 원자력발전량을 석탄으로 대체할 경우 이산화탄소 배출량은 약 1억 3천만 톤이 증가하고, LNG의 경우에는 약 5,700만 톤이 증가하게 된다.

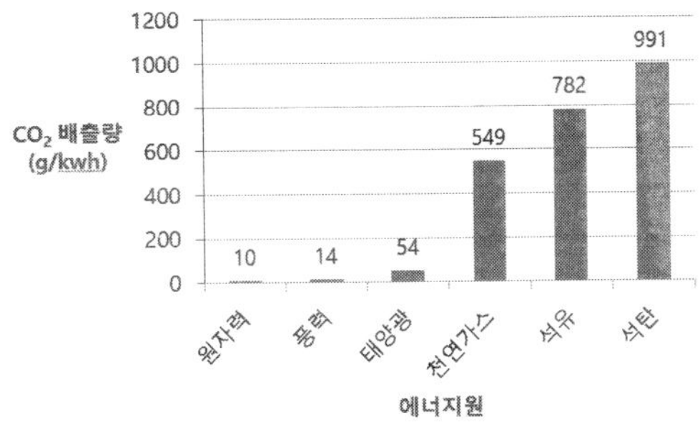


그림 4-27 에너지원별 이산화탄소 배출량(2014년 기준)[210]

209) 한국수력원자력, 2012

## 나. 주요 원자력발전 사고

원자력발전소는 핵분열 연쇄반응을 통해 순식간에 엄청난 폭발력을 발생시키는 핵폭탄과 달리 제어봉으로 핵분열을 조정하여 핵분열 연쇄반응을 임계상태로 유지시킴으로써 장기간에 걸쳐 일정한 에너지를 생산한다. 그러나 연료로 핵물질을 사용하고 대규모의 시스템이 한데 묶여 있는 거대한 시설이기 때문에 사고가 일어날 경우 그 피해는 국가적 수준을 넘어서 전 세계에 영향을 미칠 수 있다. 국제원자력기구에서는 '국제 원자력 사고 · 고장 등급(International Nuclear Events Scale, INES)'을 만들어 사고·고장의 규모를 판단하는데 이용하고 있다. 그 내용을 살펴보면 원자력시설의 정상적인 가동에 문제가 될 만한 사건 중에서 시설에 중대한 손상을 끼쳤거나 환경에 방사선 피해를 유발하는 것은 '사고', 그 외에 방사선과 관련되지 않은 것은 '고장'으로 분류하고 있으며, 안전과 관련이 없을 경우에는 그 수준에 따라 '등급 이하' 또는 '등급 외'로 구분하여 평가한다.211)

표 4-12 국제 원자력사고·고장 등급(INES)

| 구 분 | 등 급 | 평가 기준 |
|---|---|---|
| 사고 | 7 | ·대량의 방사성물질 외부방출(수만 TBq 이상) |
| | 6 | ·방사성물질의 상당량 외부방출(수천 TBq 이상) |
| | 5 | ·방사성물질의 제한적 외부방출(수백 TBq 이상) |
| | 4 | ·소량의 방사성물질 외부방출(1 mSv 이상 피폭) |
| 고장 | 3 | ·방사성물질에 의한 소내 중대오염 |
| | 2 | ·방사성물질에 의한 소내 상당량 오염 |
| | 1 | ·운전제한 범위를 벗어남 |
| 등급 이하 | 0 | ·안전상 중요하지 않은 고장 |
| 등급 외 | - | ·안전과 무관한 고장 |

210) 산업통상자원부, 2013

211) 우리나라는 1993년부터 국내 원자력발전소에서 발생하는 사고와 고장에 대해 '원자력 사고 · 고장 등급(INES)'을 바탕으로 등급을 평가하고 결과를 공개하고 있음.

### 1) TMI 원전사고

1979년 미국 펜실베니아주 쓰리마일섬(Three Mile Island)에 건설된 원자력발전소에서 일어난 노심 용융사고로서 미국 역사상 최초이자 최악의 원전사고이다. 당시 원자로는 가압경수로형으로 주 급수펌프계통의 고장으로 인해 2차계통에 있는 냉각수 공급이 중단되면서 문제가 발생하기 시작하였다. 증기발생기로 냉각수가 공급되지 않으면서 원자로 내부를 순환하는 1차계통의 냉각수가 끓기 시작하였고, 발생한 수증기로 인해 원자로 내부압력이 증가하였다. 이에 따라 자동으로 긴급노심냉각장치(ECCS)가 작동되면서 비상 냉각재가 주입되었고, 압력 조절밸브가 열리면서 1차계통의 압력이 낮아졌다. 그런데 문제는 1차계통의 압력이 다시 낮아졌음에도 불구하고 압력 조절밸브가 다시 닫히지 않고 열린 채로 유지가 되면서 낮은 압력으로 인해 물의 끓는점이 낮아지게 된 것이다. 이로 인해 물이 다시 증발하고 1차계통을 순환하는 냉각수의 양은 점점 줄어들게 되었다. 여기에 설상가상으로 주 급수펌프 고장 시에 가동되는 비상펌프도 3개 중 2개가 작동 되지 않았고, 제어실에 있는 계기판은 복잡하게 배치되어 있어 신속한 상황파악이 어려웠다. 물은 계속 끓어서 증발하고 있었지만 비상 냉각재가 주입되면서 가압기 내의 수위가 계속 상승한다고 판단한 운전원은 긴급노심냉각장치의 작동을 중지시켜버렸다. 그 결과 1차계통의 냉각수가 증발되면서 증기압력이 높아져 파이프가 파괴되고 냉각수가 유출되었으며 원자로 내부의 온도가 5,000℃ 이상 급격히 상승하였다. 높아진 온도로 인해 핵연료가 녹아내려 원자로 바닥에 고착되었고 건물 내의 방사능 수치는 정상수치보다 1,000배나 높아졌으며 일부 방사성기체는 대기 중으로 누출되기도 하였다. 그러나 다행이도 원자로 용기는 파손되지 않았고, 1 m 두께의 격납건물 덕분에 원자력발전소를 중심으로 반경 16 km 이내의 주민들의 방사능 노출 정도는 X선 촬영을 2~3번 정도 하였을 때 피폭되는 수준에 그쳤다. 비록 원자로 노심에는 중대한 손상이 있었지만 누출된 방사성물질의 양이 적어 국제 원자력 사고·고장 등급 기준으로 5등급 사고로 분류되었다.

TMI 원전사고는 작은 고장 또는 설계상의 문제가 중대한 사고로 이어질 수 있음을 보여주었다. 비록 인명피해는 없었지만 핵연료가 녹아내리는 사고로 인해 경제성과 환경친화적인 면에서 꿈의 에너지로 각광받던 원전에 대한 불신과 공포가 증대되었다. 사고 후 미국은 새로운 원전을 건설하지 않겠다고 선언하였으며, 건설이 승인된 129개의 원전 중 이미 건설 중인 53개를 제외한 나머지 계획은 모두 취소하였다. 한편, 이 사고로 인해 인적실수를 포함한 일어날 수 있는 모든 사고의 가능성을 고려하여 안전대책을 마련함으로써 원자력발전의 안전성이 획기적으로 강화되는 계기가 되었다.

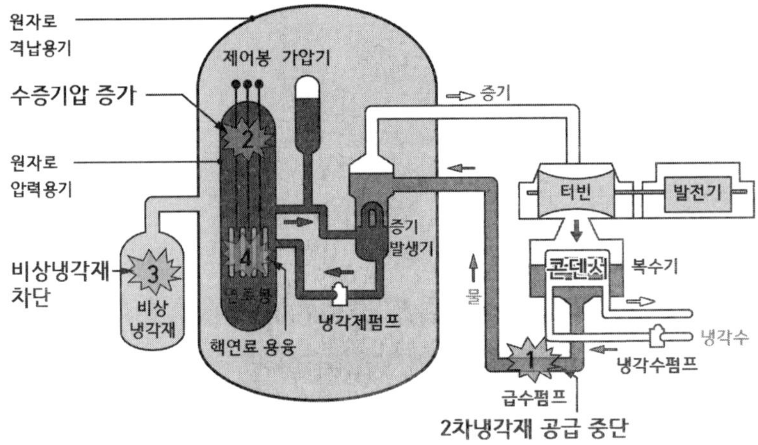


그림 4-28 TMI 원전사고

## 2) 체르노빌 원전사고

1986년 4월, 무모한 실험에 의해 원자로가 파괴되면서 다량의 방사성물질이 대기 중으로 누출된 인류 최악의 원자력사고이다. 원자로의 형태는 흑연감속 비등경수로(RBMK)로서 감속재로는 흑연을, 냉각수는 경수를 사용하였다. 냉전시대 핵무기 원료 제조를 위해 설계되었던 것을 상업용으로 급조한 것으로 격납건물이 없는 등 안전대책이 상당히 취약하였다.

그림 4-29 사고 후의 체르노빌 원자력 발전소와 붉은 숲

사고의 발단은 정전이 되었을 때 원자로에 전력을 공급하는 방법으로 관성에 의해 회전하는 원전의 터빈을 사용할 수 있는지 여부를 알아보는 실험에서 시작되었다. 정전에 대비하여 비상용 발전기가 있었지만 이 발전기들이 충분한 전력을 생산하기까지 약 1분의 시간이 소요되어 즉각적으로 전력을 공급할 수 있는 방법을 연구하고자 한 것이다. 실험은 원자로의 열 출력을 정격 열 출력의 20 ~ 30 %수준인 700 MWe로 낮추어 실시할 계획이었고, 실험간 원자로 작동이 완전히 멈춰버리는 것을 방지하기 위하여 긴급노심냉각장치(ECCS)를 차단하였다.[212] 그러나 실험 도중 키예프 지역에 전력을 공급하기 위해 실험을 장시간 중단하면서 노심에 다량의 제논-135이 축적되기 시작하였다.[213] 전력공급이 끝난 후 실험을 재개하여 출력을 목표수준으로 낮추는데 성공하였지만, 출력이 갑자기 30 MWe 까지 떨어지면서 출력을 높이기 위해 제어봉을 제거하기 시작하였다. 제어봉 제거 후 핵분열 반응이 증대되면서 출력이 다시 증가하였으나, 다량 축적되어 있던 제논-135가 핵분열 시 발생하는 중성자를 흡수하면서 200 MWe 에서 출력은 더 이상 오르지 않았다. 출력을 목표수준인 700 MWe 로 높이기 위해 안전기준을 훨씬 초과하여 대부분의 제어봉을 인출하였다. 대부분의 제어봉이 인출된 상태에서 실험이 진행되었고, 줄어든 전기공급으로 인해 냉각펌프에 전달되는 전력도 감소하면서 냉각수의 양이 줄어들었다. 그 결과 노심이 과열되면서 내부 증기압이 증가하고 출력이 급격하게 상승하였다. 실험을 진행하던 운전원들이 서둘러 제어봉을 삽입하였지만 너무 많이 인출되어 있던 탓에 출력을 제어하기에 너무 많은 시간이 소요되었고, 제어봉 삽입과정에서 중성자를 흡수할 수 있는 냉각수가 밀려나가기까지 하였다. 핵분열에 의해 발생한 중성자의 수는 이미 제논-135가 흡수할 수 있는 수준을 훨씬 넘어서면서 폭발이 일어났다. 폭발로 인해 노심과 원자로의 콘크리트 천장을 파괴되면서 대량의 방사성물질이 대기 중으로 방출되었다. 40종 이상의 방사성물질이 대기 중으로 방출되었고, 그 양은 히로시마 원폭투하 시 방출된 양의 500배 이상인 약 $1.2\times10^{18} Bq$에 달하여 국제 원자력 사고 등급 기준으로 최고등급인 7등급으로 평가되었다. 방사성물질은 유럽 곳곳으로 퍼져나가 세슘-137의 농도가 37 kBq이상인 지역이 약 20만 $km^2$에 달하였으며,

212) 원자로 작동이 중단되면 핵분열 연쇄반응을 일으키기 위해 원자로를 재가동시켜야 하는 불편함 때문에 안전준칙을 어기고 긴급노심냉각장치를 차단함.

213) 낮은 출력으로 인해 노심 내의 중성자수가 감소하였고, 이는 중성자를 흡수하여 안정해지는 제논-135의 축적을 유발함.

멀리 떨어져 있는 스웨덴과 영국에서도 검출되었다. 체르노빌 근처의 아랫바람 지역에 위치해 있던 벨라루스의 경우는 전 국토의 20 ~ 30 %가 오염되었다. (그림 4-30)

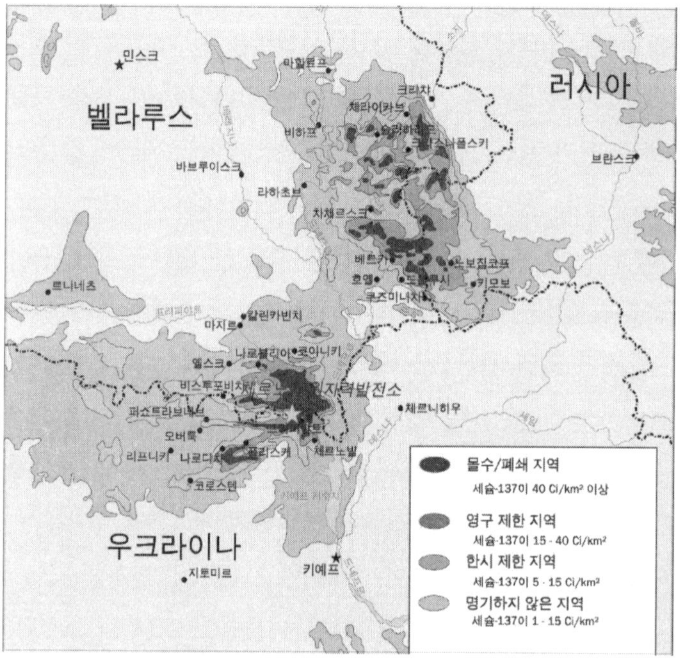


그림 4-30 체르노빌 원전사고 오염지역

### 3) 후쿠시마 원전사고

2011년 3월 11일 일본 혼슈 동북부지역 앞바다에서 발생한 진도 9의 지진과 지진해일로 인해 후쿠시마 제1 원자력발전소가 파괴되면서 대량의 방사성물질이 누출된 사고로서, 체르노빌 원전사고와 함께 국제 원자력 사고 등급에서 최고 수준인 7등급으로 평가된다.

후쿠시마 인근에서 지진이 발생하자 안전을 위해서 원자로 운전이 긴급 정지되었다. 이때 지진으로 인해 송전탑이 무너지면서 원자력발전소로의 전력공급이 차단되었고, 비상용 발전기마저도 15 m가 넘는 해일이 방벽을 넘고 발전소를 덮칠 때 침수되어 비상전력을 공급하지 못하였다. 그 결과 냉각펌프 가동이 중단되었고, 이에 따라 원자로 내부의 온도가 상승하였다. 원자로 내부온도의 상승은 노심의 냉각수가 증발을 촉진하여 노심의 온도 및 압력이 급격히 상승하게 되었다. 냉각수 증발로 인해 노심의 수위가 낮아지고 내부온도가

1,000 ℃ 이상 상승하면서 핵연료는 물론이고 20 cm 두께의 철제 원자로 용기도 녹아내렸으며, 수증기가 핵연료 피복물질인 지르코늄(Zr)과 반응하여 대량의 수소가 발생하였다. 원자로 건물 내에 축적된 대량의 수소는 결국 폭발을 일으켜 격납용기를 파괴시켰고 많은 양의 방사성물질이 외부로 누출되었다.

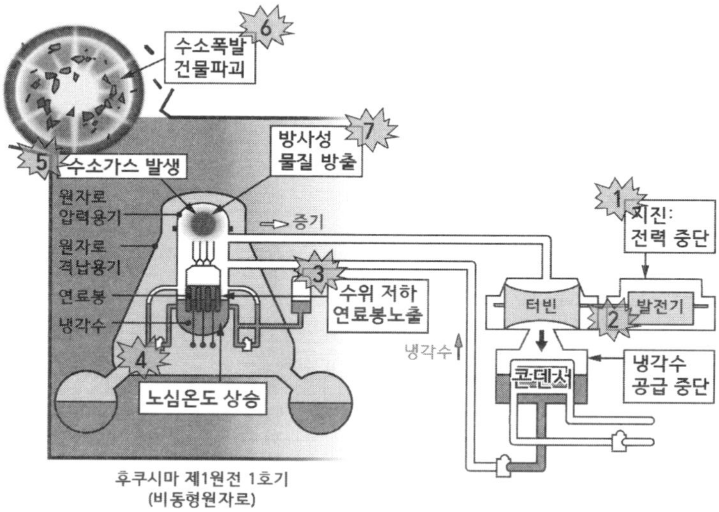


그림 4-31 후쿠시마 원전사고 경과

그림 4-32 사고 당시 후쿠시마 원자력발전소

사고로 인해 방사성물질이 대기·토양·지하수·바다 등으로 누출되면서 광범위한 지역에 걸쳐 피해가 확산되었다. 대기 중으로 방출된 방사성물질의 양은 체르노빌 원전사고의 약 3 %인 $3.7\times10^{17}Bq$ 로 추정되고 있으며, 2013년 9월 기준으로 세슘-137과 스트론튬-90

의 일일 배출량이 $6.6\times10^{10}Bq$에 달하였다[214] (그림 4-33). 또한 하루 400톤 규모로 원전 지하를 통과하는 지하수를 통해 방사성물질이 누출되면서 오염수를 형성하였고, 원전을 냉각시키기 위해 사용되었던 바닷물이 저장탱크 밖으로 누출되면서 방사능 오염수가 바다를 통해서도 확산되었다. 비록 방사선 피폭으로 인한 직접적인 인명피해는 없었지만 사고지점으로부터 반경 20 km 이내 지역의 주민 출입이 금지되었고 약 15만 명의 피난민이 발생하였다. (그림 4-34)

표 4-13 방사성물질 누출량 비교[215]

| 핵종 | 반감기 | 추정 누출량(Bq) | |
|---|---|---|---|
| | | 체르노빌 원전사고 | 후쿠시마 원전사고 |
| 제논-135 | 5.3일 | 6,500 | 11,000 |
| 요오드-131 | 8일 | 최대 1,760 | 160 |
| 스트론튬-89 | 52일 | 최대 115 | 2 |
| 세슘-134 | 2년 | 최대 47 | 18 |
| 세슘-137 | 30년 | 최대 85 | 15 |

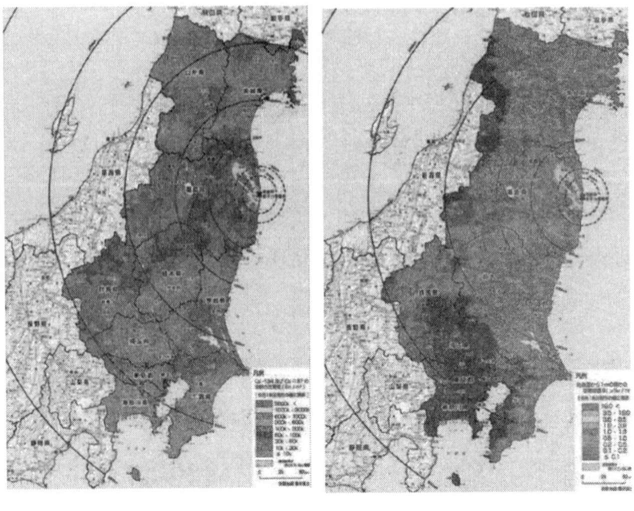

그림 4-33 후쿠시마 원전사고로 인한 공간선량률 및 토양오염도

214) 사고 직후 일일 100조 Bq 이상의 세슘-137과 스트론튬-90이 누출되었음.

215) 원자력안전보안원, 체르노빌 포럼 보고서(IAEA, 2006), Netwon(2014)

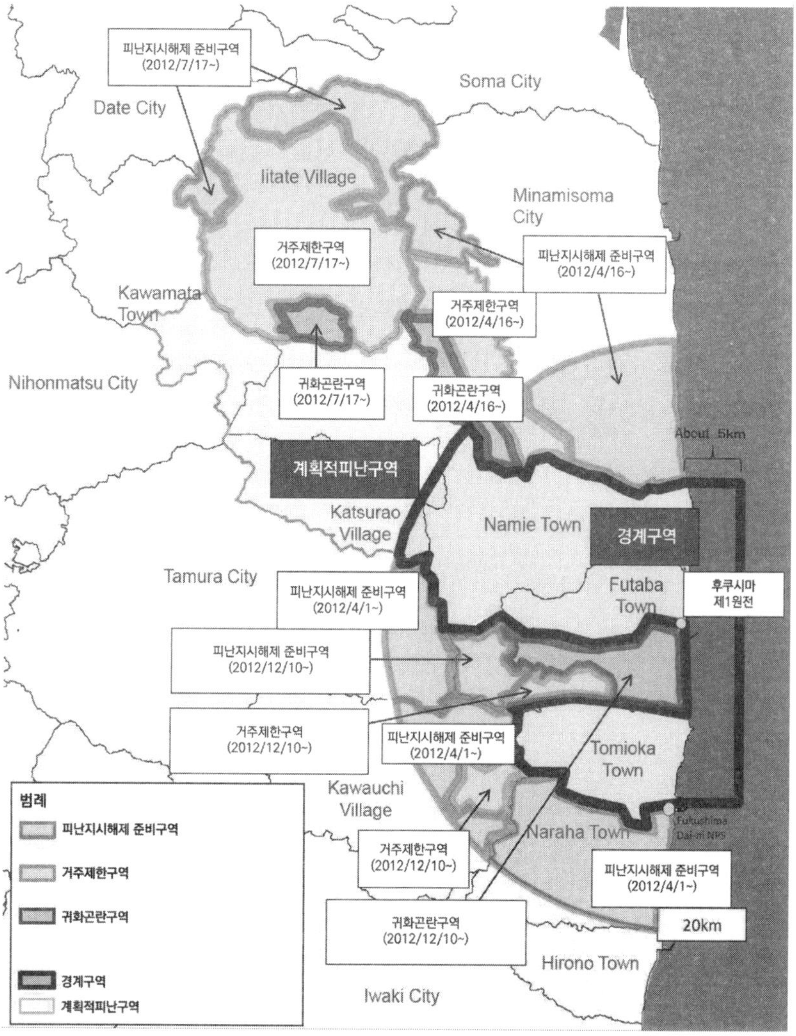


그림 3-34 후쿠시마 원전사고로 인한 피난구역 설정(2012년 말)

### 다. 원자력발전의 안전대책

핵분열을 통해 발생되는 에너지를 이용하는 원자력발전은 체르노빌이나 후쿠시마 원전사고의 사례에서도 알 수 있듯이 사고가 발생할 경우 치명적인 결과를 초래한다. 그러므로 원자력발전은 설계에서부터 가동 및 해체에 이르기까지 전 과정에 걸쳐 안전을 확보하기 위해 많은 조치를 취하게 된다. 지진과 같은 자연재해에 대한 안전성 심사과정을 거쳐 원자력발전소 건설부지를 선정하고, 시설과 성능에 대한 사용전 검사를 통과한 후에야 정상운전을 하게 된다. 운전허가를 받은 후에도 정기검사[216]와 주기적 안전성평가[217]를 실시하여 시설과 성능이 안전한 상태로 유지되고 있는지 확인하며, 원자력발전소에는 사고를 미리 예측하고 비상상황이 발생하였을 경우 신속히 조치될 수 있도록 보호·제어·감시 기능을 갖춘 원전계측제어시스템을 보유하고 있다. 또한 사고를 예방하고 발생한 사고에 대해서는 피해를 최소화하기 위하여 단계별로 적절한 방어체계를 설정하고 있는데 이를 심층방어라고 한다. 우리나라는 5단계의 목표를 설정하고 그 목표에 따른 다양한 안전장치를 마련함으로써 원자력발전소 내부의 사고 및 외부 충격에 의한 파괴 등에 대비하고 있다.

표 4-14 심층방어 단계별 방호체계

| 구 분 | 목표 | 주요 안전장치 |
|---|---|---|
| 1 단계 | ·정상상태 유지<br>·심각한 사고 가능성 최소화 | ·여유 있고 고품질 설계<br>·보수적 운영 |
| 2 단계 | ·이상상태 조기대응 | ·다양한 감시체계 구비<br>·신속한 현장대응 |
| 3 단계 | ·설계기준 이내로 사고범위 제어<br>·중대사고로의 진전 방지 | ·안전계통 구비 및 정상작동<br>·사고대응능력 강화 |
| 4 단계 | ·사고 완화<br>·방사성물질 외부누출 방지 | ·격납건물 안전성 강화<br>·추가적 안전설비 사고 관리 |
| 5 단계 | ·방사성물질 대량 누출로 인한 피해 최소화 | ·방사선 외부 비상대응<br>·주민대피 조치 |

우리나라의 원자력발전소는 설계시부터 만약의 사고가 발생하더라도 그 피해를 최소화하기 위한 다중성, 독립성, 다양성의 3원칙이 적용되었다. 다중성이란 중요한 안전 설비를 2개 이상 중복해서 설치함으로써 한 설비에 문제가 발생하더라도 다른 설비를 이용해서 대처할 수 있도록 하는 것이며, 독립성은 중요한 설비는 분산 설치하여 독립적으로 작동시킴

216) 발전용 원자로는 최초로 상업운전을 개시한 후 또는 검사를 받은 후 20개월 이내, 연구용 원자로는 24개월 이내에 정기검사를 실시하여야 함.(원자력안전법 시행규칙 제19조)

217) 운영허가를 받은 날부터 10년마다 가동 중인 원자력발전소 시설 전체를 대상으로 안전성평가를 실시함.(원자력안전법 제23조 및 시행령 36조)

으로써 한 가지 원인에 의하여 모든 기능이 상실되지 않도록 하는 개념이다. 다양성은 중요한 설비의 작동 원리를 다양하게 구성하는 것으로, 예를 들면 전력 공급방식으로 모터 구동방식과 터빈 구동방식을 모두 채택함으로써 전력 공급이 중단되는 확률을 최소화하였다. 이밖에도 5중 방호벽을 설치하여 방사성물질이 외부로 누출되는 것을 방지하고 있다. 제1 방호벽은 연료체인 펠렛으로 핵분열에 의해 발생되는 방사성물질의 대부분이 펠렛 안에 갇힌다. 제2 방호벽은 펠렛을 담고 있는 핵연료봉이다. 핵연료봉을 구성하는 지르코늄이라는 합금이 펠렛을 빠져나온 방사성물질을 흡수하여 밀폐시킨다. 원자로에서 발생되는 방사성물질은 제1 방호벽과 제2 방호벽에 의해 외부누출이 차단되지만, 만일의 경우를 대비하여 추가적인 방호벽이 설치되어 있다. 제3 방호벽은 원자로 용기로서 두께 20 cm이상의 강철로 이루어져 있고, 제4 방호벽은 격납용기의 내벽에 설치되어 있는 6 ~ 7 mm두께의 강철판이다. 최종 방벽인 제5 방호벽은 격납용기의 외벽으로 두께가 120 cm에 달하는 철근콘크리트로 이루어져 있어 외부충격과 자연재해로부터도 원자로를 보호하고 있다.

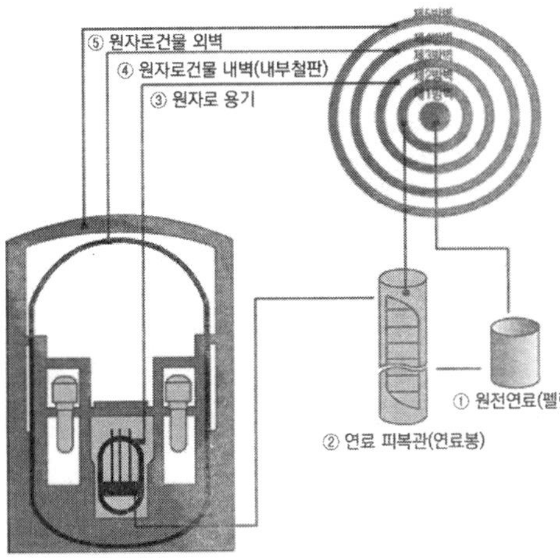


그림 4-35 5중 방호벽

격납용기의 안전성은 1988년 미국 샌디아 국립연구소에서 실시한 비행기 충돌실험을 통해 확인할 수 있다. 실험을 위해 무게 27톤의 팬덤 전투기를 800 km/ hr 의 속도로 격납용기 모형에 충돌시켰고, 그 결과 팬덤기는 먼지처럼 산산조각이 났지만 격납용기의 철근콘크리트 벽은 단지 깊이 5 cm 정도만 파손되는데 그쳤다.

그림 4-36 원자력발전소 격납건물 외벽 충돌실험

그림 4-37 원자로발전소 격납건물의 단면

**Question. 우리나라 원자력발전소는 지진과 해일로부터 안전한가?**

우리나라 원자력발전소는 단층이 없는 단단한 암반 위에 건설하고 있고, 원자로 건물 바로 아래에서 규모 7.0의 지진이 발생하더라도 안전하게 정지되도록 설계되었다.[218] 설계지진 이상의 지진이 발생하더라도 대형사고로 이어지지 않도록 재료의 강도를 기준값보다 여유를 두고 높게 설정하며, 주요 구조물 및 기기에는 지진계측장비가 설치되어 있어 지진동의 크기가 0.01 g 이상 발생할 경우 자동으로 경보가 발생한다.[219] 최근에는 지진에 대한 안정성을 더욱 높이기 위해 땅에서 전달되는 지진력을 흡수하는 시스템에 대한 연구가 활발히 진행되고 있다.

해일에 대비해서는 높이 10 m의 해안방벽을 설치하여 발전소가 침수되는 것을 방지하며, 방수문과 배수펌프 등을 설치하여 발전소가 침수되더라도 비상발전시설에 물이 침투되는 것을 차단하고 있다. 노후된 발전소는 스트레스 테스트를 실시하여 지진과 해일 등의 극단적인 상황에 대한 발전소의 안전성과 대응능력을 확인한다.

## 6. 핵융합발전

중수소·삼중수소와 같은 가벼운 원소들이 서로 융합하여 헬륨과 같은 보다 무거운 원소를 형성하게 되면 질량결손이 일어나게 되는데, 핵융합발전은 이 과정에서 발생하는 에너지를 이용하는 발전방식이다. 기본원리는 핵융합물질을 고온으로 가열하여 플라즈마[220] 상태로 만들고, 1억 ℃이상의 초고온 상태가 되면 자발적으로 핵융합반응이 일어나면서 대량의 에너지가 발생되는 것이다. 이를 위해서는 1억 ℃ 의 플라즈마 $1 \times 10^{14}/m^3$개를 핵융합장치에 1초 이상 가둘 수 있어야 하는데, 자기장 또는 관성을 이용하는 방식이 사용된다.

**Question. 원자로 내부의 급격한 온도 상승과 수소폭발을 방지하기 위한 대책은?**

가장 최근에 피해를 낳았던 후쿠시마 원전사고는 냉각재가 제 기능을 하지 못함에 따라 원자로 내부의 온도가 급격하게 증가하게 되었고 결국 폭발을 일으켰다. 만약 비상시에 원자로를 냉각시키는 시스템이 정상적으로 작동하였다면 폭발은 일어나지 않았을 것이다. 우리나라의 원자력발전소는 비상시에 원자로를 냉각시킬 수 있는 장치를 다양하게 구비함으로써 사고발생 가능성을 대폭 낮추고 있다. 첫째로 원자로를 순환하는 1차계통의 냉각재가 급격히 감소할 경우 신속히 비상냉각재를 주입해주는 비상노심냉각계통을 갖추고 있어서 핵분열 시 발생하는 열을 냉각시킬 수 있다. 비상냉각재는 중성자 흡수능력이 뛰어난 붕소를 함유하고 있어 핵분열 반응을 감소시키는 역할도 한다. 두 번째로 원자로가 정지하더라도 일정기간 동안 냉각재를 공급해주는 정지냉각계통이 있다. 원자로 운전이 정지되더라도 핵분열 생성물에 의한 붕괴열과 기타 잔열이 지속적으로 발생되는데, 후쿠시마 원전사고 시 정지냉각계통의 전원공급이 차단되면서 붕괴열을 냉각하지 못하였다. 우리나라는 비상시에도 전력공급이 가능하도록 비상발전기를 구비해놓고 있고, 최근 설계되는 원자로에는 전기가 공급되지 않더라도 냉각기능이 유지되도록 자연적인 열전달방식인 대류현상을 이용한 수동형 냉각장치를 갖추고

218) 1972년 고리 원자력발전소 설계부터 내진설계 기준인 설계지진 개념이 도입됨. 초기에는 설계지진을 규모 6.5 이상으로 설정하였으나 최근에는 규모 7.0 이상으로 강화시켜 안정성을 더욱 높였음.

219) 지진동의 크기 1 g은 중력가속도 9.8 $m/s^2$에 해당함.

220) 초고온 상태에서 전자와 양전하를 띤 원자핵으로 분리된 기체 상태이며, 전체적인 전하는 중성상태임. 고체·액체·기체와 더불어 물질의 네 가지 형태 중 하나임.

있다. 마지막으로 원자로 내부 온도와 압력이 급격히 상승하게 되면 건물 상부에 설치되어 있는 살수장치에 의해 붕소를 함유한 냉각재가 분사되도록 준비되어 있다.

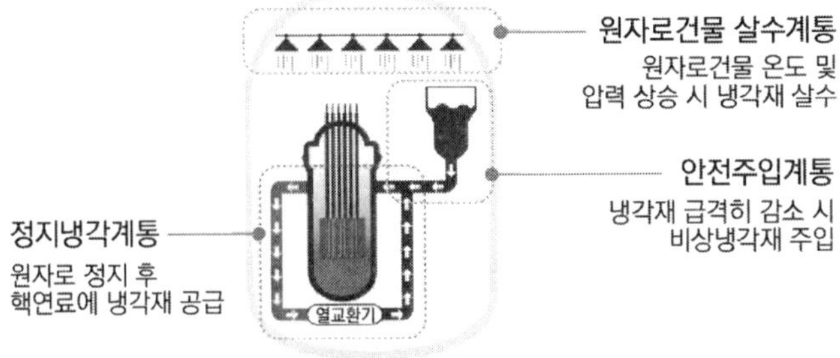


**원자로 비상냉각장치**

최근 후쿠시마 원전사고에서의 폭발은 핵연료에 의한 것이 아니라 원자로 내에서 대량 발생된 수소가 산소와 반응하면서 폭발한 것이다. 원자로 안에 있는 냉각수가 줄어들면서 핵연료봉이 대기 중에 노출되면 핵연료봉의 피복관으로 쓰이는 지르코늄이 수증기와 반응하면서 대량의 수소가 발생되는데, 건물 상부에 모인 고농도의 수소가 산소와 반응하면서 수소폭발이 일어나 방사성물질들이 외부로 누출되었던 것이다.

수소폭발을 방지하기 위해서 여러 방안들이 사용될 수 있는데, 첫째는 수소제거설비의 설치이다. 일반적으로 대기 중 수소의 농도가 10% 이상일 때 폭발이 일어나므로, 수소제거설비는 수소의 농도를 낮추기 위해 수소를 산소와 결합시켜서 물로 바꾸거나 수소가 발생하는 즉시 태워서 없애버리는 방식을 취한다. 기존에 설치되었던 수소제거설비는 전기로 작동되었는데 , 후쿠시마 원전사고 이후 우리나라의 모든 원전에는 정전 시에도 작동하는 수소제거설비를 의무적으로 설치하도록 규정하고 있다. 비상시에 압력을 신속히 조절할 수 있는 압력밸브를 많이 설치하거나 수소를 많이 수용할 수 있도록 건물의 부피를 크게 하는 것도 수소폭발을 억제할 수 있다. 실제로, 우리나라의 주 원자로인 가압경수로는 후쿠시마 원전과 같은 비등경수로에 비해 발전소 규모가 5배 이상 크므로 상대적으로 수소폭발이 발생할 가능성이 낮다.

자기장을 이용하여 초고온 상태의 플라즈마를 가두는 장치로는 '토카막(tokamak)'을 예로 들 수 있다. 1950년대 중반 구소련의 과학자들에 의해서 고안되었는데, 토카막은 러시아어로 자기장 구멍이라는 뜻이다. 이름에서도 알 수 있듯이 토카막은 도너츠 형태의 진공용기로서 초전도 자석으로 서로 수직방향의 토로이달 자기장[221]과 폴로이달 자기장[222]을 만들어 플라즈마를 가둔다. 즉, 플라즈마 상태에서 분리되어 있는 전자와 원자핵이 두 자기장에 의해 형성된 자기력선을 따라 나선형으로 계속 돌면서 갇히게 되는 것이다. 우리나라도 2007년에 토카막 형태의 실험용 핵융합로를 독자적으로 개발 완료하였다. 기존의 토카막과 달리 초전도 코일을 사용함으로써 효율을 향상시켰다.

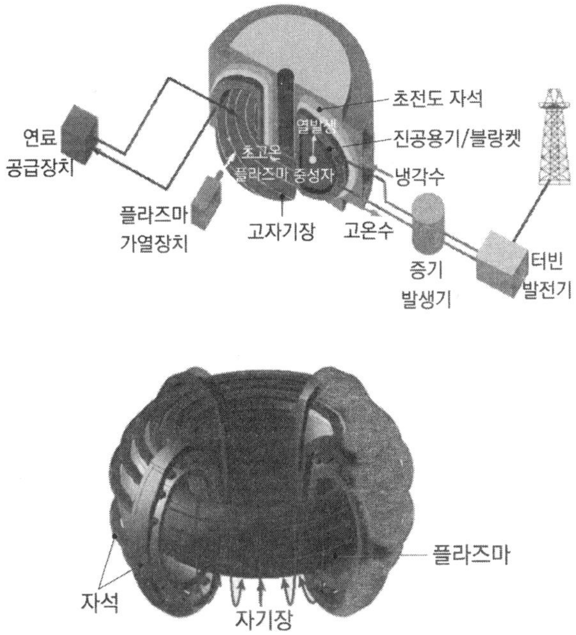


그림 4-37 핵융합발전과 토카막

관성을 이용하는 방식은 레이저를 이용하는 방법이 대표적이다. 핵융합연료가 봉입되어 있는 직경 1~2 mm의 소결체를 초고출력의 레이저로 조사하여 이때 형성되는 플라즈마

221) 바닥에 놓여 있는 도너츠 형태 물체의 원통을 따라 코일을 수직으로 감았을 때 생기는 자기장. 바닥과 수직으로 흐르는 전류에 의해 자기장의 방향은 바닥과 수평으로 형성됨.

222) 토로이드 자기장과 반대 개념. 바닥과 수평으로 코일을 감았을 때 생기는 자기장. 바닥과 수평으로 흐르는 전류에 의해 자기장의 방향은 바닥과 수직으로 형성됨.

를 가두는 것이다. 초고출력의 레이저가 조사되면 소결체의 표면에서 플라즈마가 형성되고 폭발이 일어나는데, 폭발에 의해 생기는 반발력으로 인해 관성이 소결체 내부로 작용한다. 이 관성에 의해 플라즈마는 중심부로 향하여 높은 압력을 형성하게 된다. 비슷한 원리가 적용된 예로 핵융합폭탄을 들 수 있는데 제어가 불가능하다는 점에서 레이저를 이용한 핵융합과는 다르다.

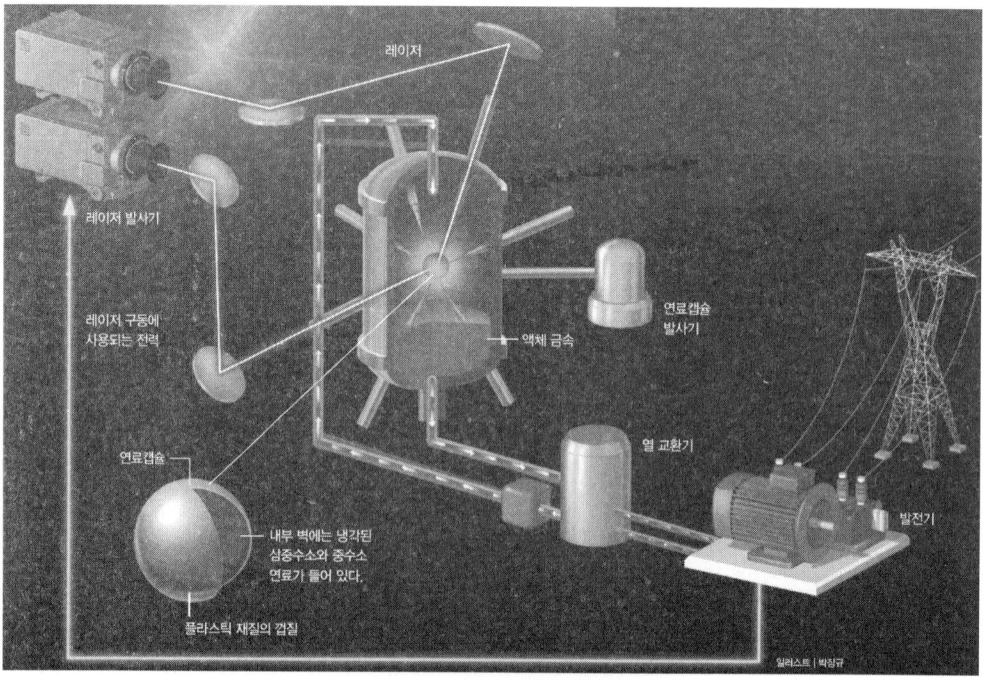


그림 4-38 레이저를 이용한 핵융합 방식

표 4-15 토카막과 레이저를 이용한 핵융합발전 비교

| 구 분 | 토카막 | 레이저 |
|---|---|---|
| 핵융합 방식 | 자기 밀폐방식<br>(Magnetic confinement fusion) | 관성 밀폐방식<br>(Inertial confinement fusion) |
| 원 리 | ·자기장을 이용하여 초고온<br>플라즈마 상태의 핵원료 가둠 | ·고에너지 레이저로 연료캡슐<br>가열 및 압력을 가해 연료 점화 |
| 비 고 | ·1초 이상 고압 상태 유지 가능<br>·상대적으로 압력이 낮음 | ·10-9 ~ 1초 동안 압력 유지<br>·토카막보다 10억 배 더 강한 압력 필요 |

# V

# 핵폐기물 처리



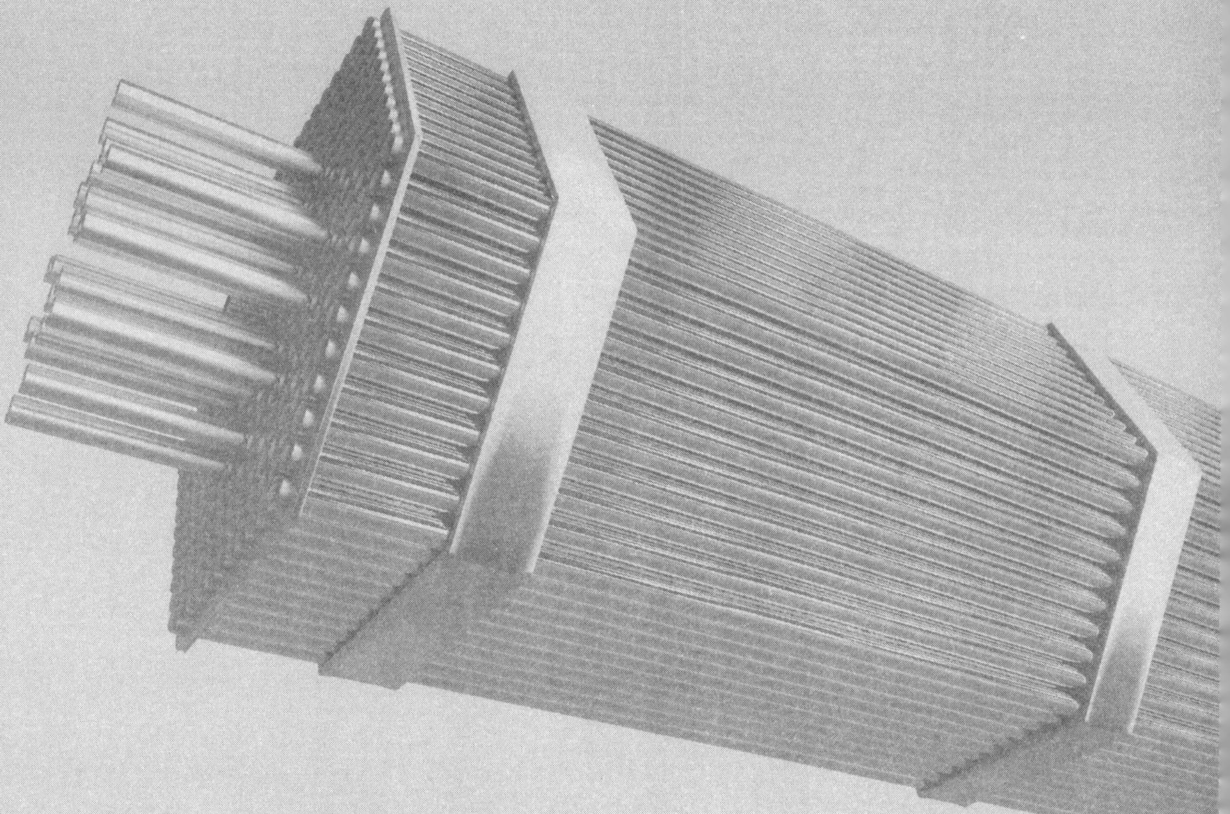

지금까지 핵으로부터 발생되는 에너지를 군사적으로 이용하는 핵무기와 평화적으로 전기를 생산하는 원자력발전에 대하여 알아보았다. 핵무기는 핵분열 연쇄반응을 폭발적으로 일으켜 막대한 에너지를 일순간에 발생시키는 반면, 원자력발전은 이러한 핵분열 연쇄반응을 일정하게 조절함으로써 막대한 핵에너지를 오랫동안 일정하게 사용할 수 있다. 원자력발전의 경제적이고 친환경적인 장점으로 인해 현재 25기[223]인 국내 원자로는 2022년까지 8기가 추가되어 총 33기가 될 전망이며, 이에 따라 원자력발전에 의한 전기생산량이 크게 증가할 것으로 보인다. 원자력발전의 증가는 핵폐기물의 증가를 수반하므로 효과적이고 경제적인 처리방법이 필요하다. 이번 장에서는 핵연료 주기를 통해 핵폐기물의 발생으로부터 재처리 및 처분과정까지 살펴보도록 하겠다.

## 1. 핵연료 주기

핵연료 주기란 우라늄의 채광으로부터 에너지 생산을 위한 핵연료 장전 및 운전, 그리고 최종적으로 영구 처분 될 때까지의 일련의 단계를 말한다. 핵연료 주기는 크게 우라늄을 핵연료로 가공하여 원자로에서 사용하기까지의 선행 핵연료 주기와 원자로에서 사용한 핵연료를 폐기 및 재처리하는 후행 핵연료 주기로 구분하며, 재처리 여부에 따라 재처리를 하지 않는 열린 연료주기(Open Fuel Cycle)와 재처리를 실시하는 닫힌 연료주기(Closed Fuel Cycle)로 구분하기도 한다.

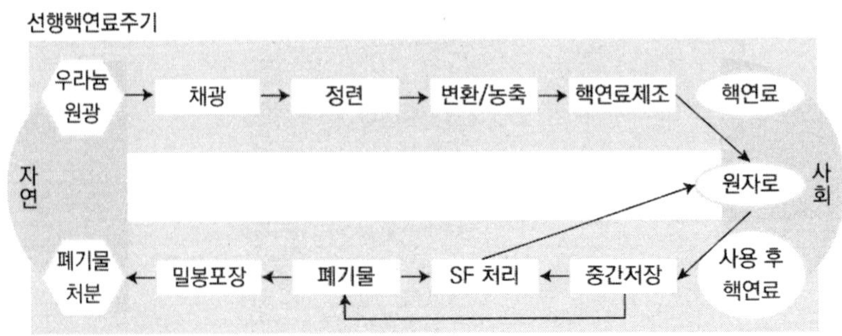


그림 5-1 핵연료 주기

223) 한국원자력산업회의 세계 원전 현황

경수로용 핵연료(연료집합체 500 kg 기준) 속에 포함된 우라늄-235의 양은 사용 전에는 22.5 kg (3 %) 이고 사용 후에도 4.9 kg (1 %) 이 남아있기 때문에 반응하지 않고 남아있는 우라늄-235를 재처리하여 사용할 수 있다. 자연 상태에서는 우라늄($^{238}$U, $^{235}$U)함량이 0.1 ~ 0.15 % 이상($^{235}$U의 경우 0.001 %)이면 채광할 가치가 있는 것으로 보기 때문에 사용 후 핵연료에 경제성있는 우라늄이 많이 포함되어 있다는 것을 알 수 있다. 한편, 중수로용 핵연료(연료다발 20 kg 기준)의 경우에는 사용 후 핵연료에 미량의 우라늄-235만이 남아 있기 때문에 회수하여 재사용 하는 것이 경제적으로 제한되나, 발전과정에서 생산된 플루토늄-239를 재처리 과정을 통해 얻을 수 있다.

표 5-1 원자로 형태별 발전 전·후 핵연료 조성 변화

| 구 분 | 경수로 연료집합체 | | 중수로 핵연료다발 | |
|---|---|---|---|---|
| | 사용 전 | 사용 후 | 사용 전 | 사용 후 |
| 형 태 | 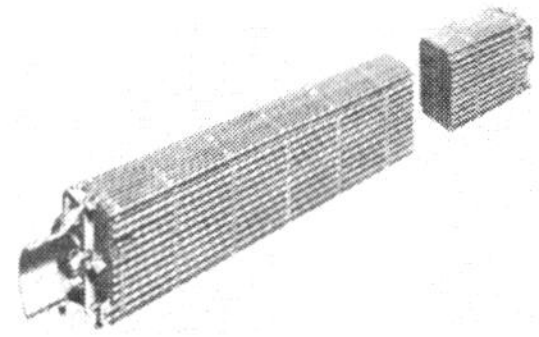 | |  | |
| 우라늄-235 | 22.5 kg (3 %) | 4.9 kg (1 %) | 0.14 kg (0.7 %) | 0.004 kg (0.02 %) |
| 우라늄-238 | 477.5 kg (95.5 %) | 465.6 kg (93.1 %) | 19.86 kg (99.3 %) | 19.76 kg (98.8 %) |
| 악티나이드 | · | 6.3 kg (1.3 %) | · | 0.08 kg (0.4 %) |
| 핵분열물질 | · | 23.2 kg (4.6 %) | · | 0.15 kg (0.75 %) |

## 가. 선행 핵연료 주기

### 1) 채광 및 정련(Mining and Milling)

핵연료 주기의 시작은 우라늄을 채취하는 것으로부터 시작된다. 금보다 약 500배 정도 흔하게 존재하는 우라늄은 대부분 암석과 토양 속에서 발견되며 때로는 강이나 깊은 해저에서 발견되기도 한다. 이렇게 발견되는 우라늄은 보통 주석, 텅스텐, 몰리브덴 등의 금속과 섞여 있어 우라늄 광석이라 부른다. 물론 우라늄 광석이 발견되었다고 해서 모든 우라

늄을 채취하여 핵연료로 사용할 수 있는 것은 아니다.

우라늄은 주로 두 개의 동위원소로 구성되어 있는데 핵연료로 사용될 수 있는 우라늄-235의 비율이 높은 것을 양질의 우라늄으로 보며 채산성(採算性)여부의 기준이 된다. 2007년 기준 전 세계적으로 채산성이 있는 우라늄(130 $ / Kg·U)의 매장량은 약 990만톤으로 약 100년간 재처리 없이 공급이 가능한 수준이며[224] 원자력발전의 수요가 커짐에 따라 우라늄의 수요 또한 증가하여 새로운 광맥을 찾기 위한 노력도 증가하고 있다. 전 세계 20개국에서 우라늄을 생산하고 있으며 이중 카자흐스탄(39 %), 캐나다(22 %), 호주(9 %)의 생산량이 전체의 2/3 이상을 차지한다[225].

표 5-2 세계 우라늄 생산량(ton)[226]

| 국 가 | 2010년(%) | 2011년(%) | 2012년(%) | 2013년(%) | 2014년(%) | 2015년(%) |
|---|---|---|---|---|---|---|
| 카자흐스탄 | 17,803(33.1) | 19,451(36.4) | 21,317(36.5) | 22,451(37.8) | 23,127(41.1) | 23,800(39.3) |
| 캐나다 | 9,783(18.2) | 9,145(17.1) | 8,999(15.4) | 9,331(15.7) | 9,134(16.3) | 13,325(22.0) |
| 호주 | 5,900(11) | 5,983(11.2) | 6,991(12.0) | 6,350(10.7) | 5,001(8.9) | 5,672(9.4) |
| 니제르 | 4,198(7.8) | 4,351(8.1) | 4,667(8.0) | 4,518(7.6) | 4,057(7.2) | 4,116(6.8) |
| 러시아 | 3,562(6.6) | 2,993(5.6) | 2,872(4.9) | 3,135(5.3) | 2,990(5.3) | 3,055(5.1) |
| 나미비아 | 4,496(8.4) | 3,258(6.1) | 4,495(7.7) | 4,323(7.3) | 3,255(5.8) | 2,993(5.0) |
| 우즈베키스탄† | 2,400(3) | 2,500(4.7) | 2,400(4.1) | 2,400(4.0) | 2,400(4.3) | 2,385(4.0) |
| 중국† | 824(1.5) | 885(1.7) | 1,500(2.6) | 1,500(2.5) | 1,500(2.7) | 1,616(2.7) |
| 미국 | 1,660(3.1) | 1,537(2.9) | 1,596(2.7) | 1,792(3.0) | 1,919(3.4) | 1,256(2.1) |
| 우크라이나† | 850(1.6) | 890(1.7) | 960(1.6) | 922(1.6) | 926(1.7) | 1,200(2.0) |
| 남아프리카 | 583(1.1) | 582(1.1) | 465(0.8) | 531(0.9) | 573(1.0) | 393(0.7) |
| 인도† | 400(0.8) | 400(0.8) | 385(0.7) | 385(0.7) | 385(0.7) | 385(0.7) |
| 체코 | 254(0.5) | 229(0.7) | 228(0.4) | 215(0.4) | 193(0.3) | 155(0.3) |
| 루마니아† | 77(0.1) | 77(0.4) | 90(0.1) | 77(0.1) | 77(0.1) | 77(0.1) |
| 파키스탄† | 45(0.1) | 45(0.1) | 45(0.1) | 45(0.1) | 45(0.1) | 45(0.1) |
| 브라질† | 148(0.3) | 265(0.1) | 231(0.4) | 231(0.4) | 231(0.4) | 44(0.1) |
| 프랑스 | 7(0.1) | 6(0.1) | 3(0.1) | 5(0.1) | 3(0.1) | 2(0.1) |
| 독일 | 8(0.1) | 51(0.1) | 50(0.1) | 27(0.1) | 33(0.1) | 0(0.0) |

224) Uranium(OECD/NEA, 2007)

225) World Nuclear Association
(http://www.world-nuclear.org/information-library/nuclear-fuel-cycle/mining-of-uranium/world-uranium-mining-production.aspx)

226) The Nuclear Fuel Report(World Nuclear Association, 2015)

| 말라위 | 670(1.3) | 846(1.6) | 1,101(1.9) | 1,132(1.9) | 369(0.7) | 0(0.0) |
|---|---|---|---|---|---|---|
| († : 예상치) | | | | | | |

우라늄 광석을 생산하는 방법은 노천 또는 갱내 채광, 지중(地中) 용액침출채광법(in situ leaching, ISL)227), 그리고 동 또는 금을 생산하는 과정에서 부산물로 얻어진다. 전통적인 채굴 방법인 노천 또는 갱내 채광의 경우 우라늄의 함량이 1 % 미만인 광석을 채광 하여 처리하므로 많은 양의 폐석이 발생하는 단점이 있지만, 지중 용액침출채광법의 경우는 이와 같은 폐석의 발생이 거의 없다는 장점이 있다.

그림 5-2 나미비아 뢰싱(Rössing) 우라늄 노천 광산

지중 용액침출채광법은 탄산암모늄이나 황산 등의 침출용액을 주입시켜 우라늄을 녹여내는 방법이다. 광맥이 불투수성의 암석으로 있을 때 사용할 수 있으며 침출용액에 의한 지하수 오염이 발생하지만, 갱도 붕괴·분진 및 방사선 노출사고 등의 위험이 낮고 우라늄 생산원가가 저렴하며 대규모 광미장(Tailing field)을 유지하지 않아도 된다는 장점으로 인해 점차 널리 사용되고 있다. 2016년을 기준으로 세계 우라늄 생산의 48 %가 지중 용액침출채광법으로 생산되었다.

227) 북미에서는 ISR(in situ recovery)라 하기도 한다.

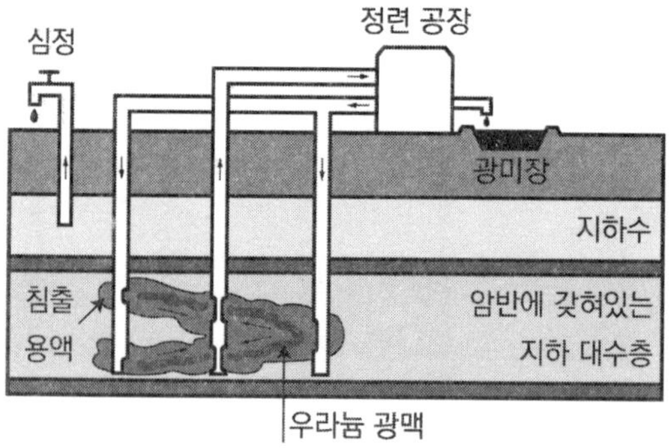


그림 5-3 지중 용액침출채광법 체계

이렇게 채광된 우라늄에는 불순물이 다량 포함되어 있으므로 정련과정을 거쳐 불순물을 제거한다. 이를 위해 채광된 우라늄 광석을 잘게 부수어 균일한 크기로 만들고 황산 또는 탄산염으로 녹여 산화 우라늄으로 만든다. 이렇게 만들어진 산화 우라늄으로부터 이온교환을 통해 우라늄만 분리한다.

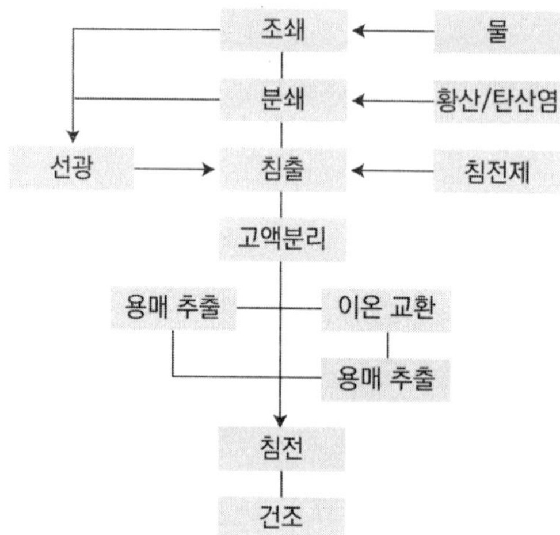


그림 5-4 우라늄 정련 공정 흐름도

## Question. 북한은 우라늄 광산을 보유하고 있나요?

북한은 평양 북쪽의 박천과 남동쪽의 평산 두 곳에 우라늄 광산 및 농축시설을 보유하고 있으며, 2006년부터 그 활동이 꾸준히 증가하고 있다. 북한의 발표에 의하면 북한지역에 매장되어있는 우라늄의 양은 약 2,600만 톤이며, 이중 채산성이 있는 매장량도 약 400만 톤에 달한다고 한다.

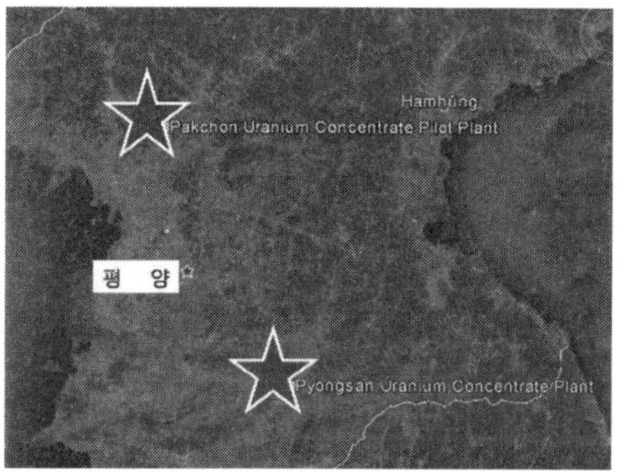


▲북한의 우라늄 광산 위치

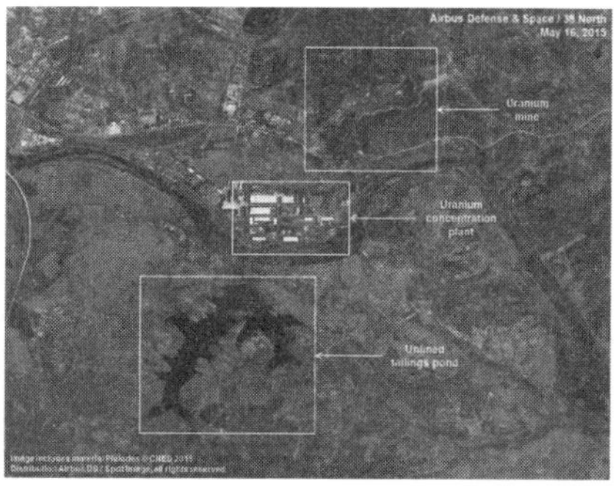


▲우라늄 광산 및 정련 시설 위성사진

▲채광 후 발생한 흙더미(광미장, 좌측부터 2003년, 2006년, 2011년)

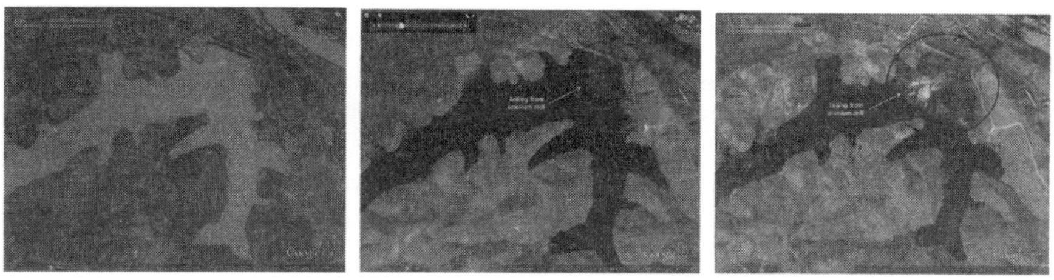

▲우라늄 정련시 발생한 폐수로 오염된 면적 증가 (2003년, 2006년, 2011년)

## 2) 변환(Conversion)

정련과정을 거쳐 불순물이 제거된 상태를 우라늄 정광이라고 한다. 자연 상태에 존재하는 우라늄에는 우라늄-235의 함량이 0.7 % 밖에 되지 않기 때문에 경수로용 핵연료[228]로 사용하기 위해서는 농축과정을 거쳐야 한다. 고체 상태의 우라늄을 분리하여 농축하는 것은 매우 어렵다. 그러므로 먼저 기체 상태로 만드는 변환의 과정을 거친다. 변환 과정에서는 우라늄에 여섯 개의 불소를 결합시켜 육불화 우라늄($UF_6$)을 만든다.

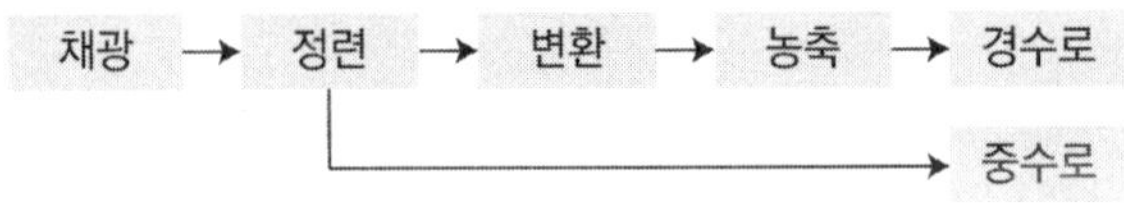


그림 5-5 경수로와 중수로의 선행 핵연료주기 비교

육불화 우라늄을 만들기 위해서는 먼저 우라늄 정광을 이산화 우라늄으로 만들어야 한다. 우라늄 정광을 질산에 용해시킨 후 질산을 제거하면 이산화 우라늄이 생성된다.

$$2\,U_3O_8 + 14\,HNO_3 \rightarrow 6\,UO_2 + NO_2 + NO + 7\,H_2O$$

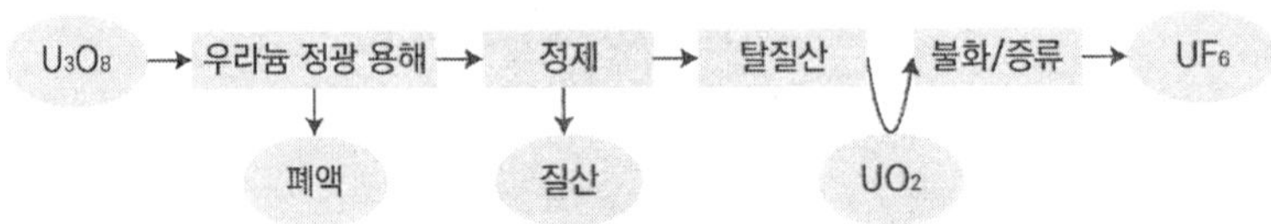


그림 5-6 우라늄 전환 공정

이렇게 생성된 이산화 우라늄은 불화수소(Hydrogen Fluoride)와 불소(Fluorine)에 의해 불화되는데 반응성이 매우 높아 우라늄과 강하게 반응한다.

$$UO_2 + 4\,HF \rightarrow UF_4 + 2\,H_2O$$
$$UF_4 + F_2 \rightarrow UF_6$$

불화화합물은 한번 반응하여 화합물이 된 후에는 화학적, 열적으로 매우 안정하다. 이러

228) 중수로용 핵연료는 전환과 농축 과정 없이 핵연료로 제작하여 사용할 수 있다(그림 5-5)

한 불화화합물의 특징을 이용한 대표적인 예가 테플론(Tetra Fluoride Ethylene, Teflon)으로 주방용 후라이팬의 코팅제로 사용되고 있다. 불화 과정을 거친 우라늄은 끓는점이 4,131℃에서 56.5℃로 낮아져 농축과정에서 기체상태로 존재할 수 있다.

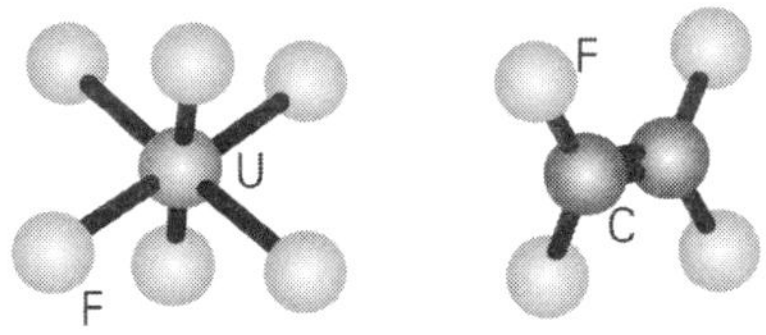


그림 5-7 육불화 우라늄과 테플론의 분자 구조

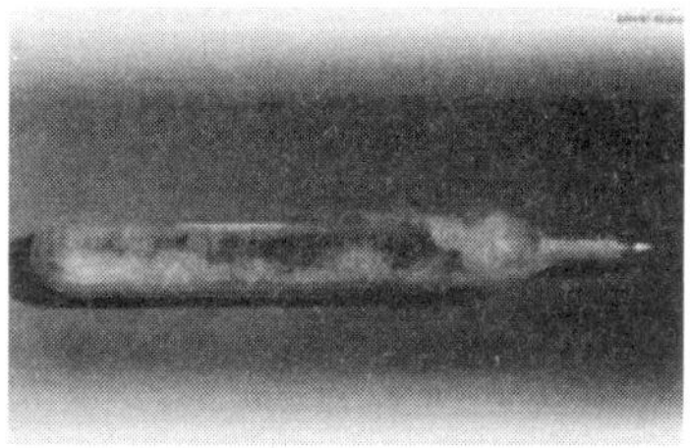

그림 5-8 우라늄(옐로우 케이크)과 육불화 우라늄

### 3) 농축(Enrichment)

농축은 질량차이를 이용하여 0.7% 우라늄-235를 약 3~5%(원자력 발전소용), 또는 90% 이상(핵무기용) 으로 만드는 것을 말한다. 농축방법 및 과정에 대한 내용은 2장에서 자세히 다룬바 있다.

### 4) 핵연료 가공(Fabrication)

원자력 발전소의 핵연료는 보통 펠렛의 형태로 사용한다. 가공된 펠렛형 핵연료는 원래의 금속 우라늄에 비해 밀도가 낮고 열전도도가 낮지만, 구조적·화학적으로 안정하여 사용 중에 뒤틀림 현상이 없고 사고로 피복관에 결함이 발생해도 냉각수와의 반응이 거의 일어나지 않는다.

펠렛을 제조하기 위해서는 육불화 우라늄($UF_6$)을 다시 산화우라늄($UO_2$)으로 재전환하여 고체의 형태로 만들어야 한다. 고체 우라늄은 1,400℃ 이상의 고온에서 녹게 되므로 소결[229]하여 길이 1 cm, 지름 0.8 cm, 무게 약 5.2g인 원기둥 형태의 펠렛으로 만든다. 흙을 빚어 도자기를 굽는 것처럼 우라늄을 고온과 고압에서 구워내는 것이다. 이렇게 만들어진 펠렛은 내부식성 금속 합금관 안에 넣어져 연료봉을 이룬다. 연료봉의 재질은 과거 주로 스테인리스를 사용하였으나 현재는 열중성자의 흡수율이 낮고[230] 핵분열 연쇄반응에 유리한 지르코늄 합금을 주로 사용하고 있다.

## 나. 후행 핵연료 주기

원자력 발전에 사용된 핵연료의 겉모습은 사용 전과 동일하지만 내부에는 방사성 핵종들이 생성되어 환경과 인체에 해를 끼칠 수 있다. 방사선을 방출하는 핵폐기물은 오랜 기간 동안 잔류하면서 지속적으로 영향을 주므로 이러한 핵폐기물의 처분은 상당한 노력과 시간, 비용을 필요로 한다.

**표 5-3 가압경수로 사용 후 핵연료 집합체 내 핵분열생성물 조성(g/tU)**[231]

| 구 분 | | 인출 직후 | 1년 후 | 10년 후 | 20년 후 | 50년 후 | 백년 후 | 천년 후 |
|---|---|---|---|---|---|---|---|---|
| 핵종 | Sr-90 | $7.44\times10^{2}$ | $7.26\times10^{2}$ | $5.86\times10^{2}$ | $4.62\times10^{2}$ | $2.26\times10^{2}$ | $6.88\times10^{1}$ | $3.42\times10^{-8}$ |
| | Y-90 | $1.96\times10^{-1}$ | $1.82\times10^{-1}$ | $1.47\times10^{-1}$ | $1.16\times10^{-1}$ | $5.67\times10^{-2}$ | $1.73\times10^{-2}$ | $8.58\times10^{-12}$ |
| | Tc-99 | $1.02\times10^{3}$ | $1.03\times10^{3}$ | $1.03\times10^{3}$ | $1.03\times10^{3}$ | $1.03\times10^{3}$ | $1.03\times10^{3}$ | $1.02\times10^{3}$ |
| | I-129 | $2.33\times10^{2}$ | $2.35\times10^{2}$ | $2.35\times10^{2}$ | $2.35\times10^{2}$ | $2.35\times10^{2}$ | $2.35\times10^{2}$ | $2.35\times10^{2}$ |
| | Cs-137 | $1.61\times10^{3}$ | $1.58\times10^{3}$ | $1.28\times10^{3}$ | $1.02\times10^{3}$ | $5.08\times10^{2}$ | $1.60\times10^{2}$ | $1.49\times10^{-7}$ |
| | Ba-137m | $2.47\times10^{-4}$ | $2.41\times10^{-4}$ | $1.96\times10^{-4}$ | $1.55\times10^{-4}$ | $7.77\times10^{-5}$ | $2.45\times10^{-5}$ | $2.28\times10^{-14}$ |

229) 가루나 또는 가루를 어떤 형상으로 압축한 것을 녹는점 이하의 온도로 가열하였을 때, 가루가 녹으면서 서로 밀착함.

230) 지르코늄의 열중성자 흡수 크로스섹션은 0.18 barn으로 철(2.4 barn)이나 니켈(4.5 barn)보다 낮다.

231) 고준위 방사성 폐기물 관리(김창효, 2009)

### 1) 사용 후 핵연료 재처리

사용 후 핵연료란 원전에서 전력생산을 위해 연료로 사용한 후 인출한 핵연료 또는 기타의 방법으로 핵분열 시킨 핵물질을 말한다. 사용 후 핵연료를 재처리 하는 목적은 크게 세 가지로 정리할 수 있는데, 첫째는 핵연료로 재사용하기 위해 우라늄이나 플루토늄을 분리 및 회수하는 것이다. 앞서 알아본 바와 같이 저농축 핵연료(우라늄-235, 3%)를 원자로에 장입하여 3년간 발전하였을 때 사용 후 핵연료에 남아있는 우라늄-235의 함량은 약 1%에 달하며 이는 천연 우라늄에서 보다 높은 함량이다. 그러므로 남아있는 우라늄-235를 재처리 한다면 경제적인 효과와 함께 핵폐기물을 줄이는 효과도 얻을 수 있을 것이다.[232] 두 번째로는 핵분열 시 발생하는 방사성 핵분열물질들을 분리 및 제거하는 것이다. 핵분열 시 다량의 방사성 핵분열물질들이 발생되며 인체와 환경에 유해하므로 재사용할 수 있는 물질들과 분리하여 처분할 필요가 있다. 쓰레기를 재활용품목과 폐기물로 분리수거하는 과정과 비슷하다. 마지막은 유해한 방사성 물질을 포함하고 있는 사용 후 핵연료를 안전하게 오랜 기간 동안 저장 가능한 형태로 변환시키는 것이다.

분리수거를 통해 쓰레기 더미에서 다시 사용할 수 있는 자원을 재활용 한다

**그림 5-9 쓰레기 재활용과 핵연료 재처리의 비교**

사용 후 핵연료는 초우라늄계 원소(TRU : Transurinics), 핵분열생성물(FP : Fisson Product), 그리고 기타 핵연료물질인 우라늄-238로 구성된다. 초우라늄계 원소는 인공적으로 만들어진 우라늄보다 무거운 원소로서 원자로에 장입되었던 핵연료의 우라늄이 중성자를 흡수하여 넵투늄

232) 핵연료 재처리시 현재 우라늄 매장량으로 3600년간 사용 가능

(NP)·플루토늄(Pu)·아메리슘(Am)·퀴륨(Cm) 등으로 변하며 생성되는데 이들은 높은 방사선을 방출시킬 뿐만 아니라 반감기가 수백 년에서 수만 년으로 길어 지속적인 관리가 필요하다. 경수로에서 사용한 핵연료에는 약 1 %의 플루토늄과 약 0.1 %의 넵투늄·아메리슘·퀴륨 등이 존재한다.

핵분열생성물이란 원자로 내부에서 우라늄이 두 개의 핵종으로 분열되는 과정 중에 생성되는 물질들을 말하며, 사용 후 핵연료의 약 5.6 %를 차지한다. 장반감기 핵종(0.16 %)과 고방열핵종(0.53 %), 그리고 단반감기 핵종(4.95 %)으로 구분된다.

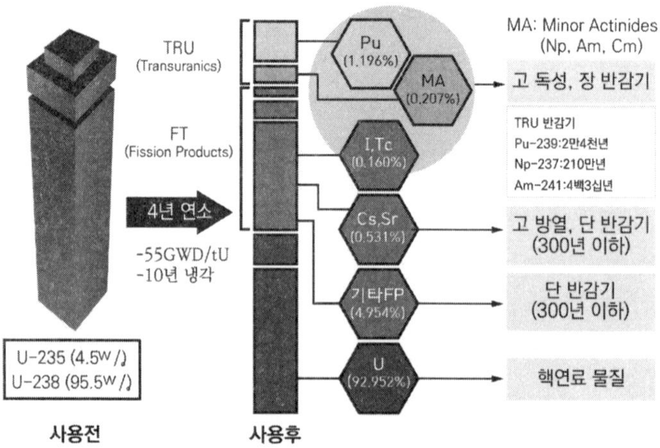


그림 5-10 경수로용 사용 후 핵연료의 조성

사용 후 핵연료의 재처리 방법에는 우라늄을 회수하지 않고 핵분열 생성물과 함께 폐기하여 플루토늄만 회수하도록 고안된 인산 비스무스(Bismuth Phosphate) 공법233)과 우라늄과 플루토늄을 동시에 회수하기 위한 용매추출법(REDOX 공법234), BUTEX 공법235), PUREX 공법 등)이 있다. 용매 추출법은 습식 재처리라고도 불리며 주로 PUREX 공법을 사용하여 재처리 과정을 통해 플루토늄을 생산할 수 있다. 이에 따라 핵무기 확산 방지를 위해 건식 재처리 파이로 프로세싱(Pyro-Processing) 공법이 권유되고 있는 추세이다.

233) 인산 비스무스가 플루토늄만을 침전시키므로 플루토늄의 생산이 가능하다.

234) 산화·환원 반응을 반복하여 사용 후 핵연료로부터 우라늄과 플루토늄만을 생산한다.

235) REDOX 과정에서 질산염 사용시 질산염이 폐기물에 남는 단점을 개선한 방법. 원리는 REDOX와 같음.

### 가) PUREX (Plutonium and Uranium Extraction) 공법

PUREX 공법은 사용 후 핵연료를 질산에 용해시켜 우라늄과 플루토늄을 분리하는 공법이다. 사용하는 용매의 휘발성과 가연성이 낮고 비용이 저렴하며 폐기물의 양도 줄어들고 방사능의 세기도 감소하는 장점이 있다.

그림 5-11 PUREX 공정 흐름도

PUREX 공법은 먼저 연료집합체에서 분리해낸 연료봉의 피복을 벗겨내는 용해준비로부터 시작된다. 연료봉을 0.5인치에서 2인치 크기로 잘게 잘라 도데칸(Dodecane)[236]으로 희석시킨 TBP(Tri-Butyl-Phosphate)[237]용액에 용해시킨다. 이때 연료봉 내부의 핵연료 물질만 용해되고 지르코늄 피복관은 녹지 않아 핵물질을 분리시킬 수 있다. 다음 단계로 질산을 이용하여 우라늄과 플루토늄을 동시에 추출해내며 마지막 단계에서는 철 이온과 하이드록실아민이 포함된 수용액으로 처리하여 우라늄은 용액에 녹아있는 상태로, 플루토늄은 금속염의 고체 상태로 석출하여 분리한다.

### 나) 파이로 프로세싱(Pyro-Processing)

핵 비확산의 목적을 달성하면서도 재사용 가능한 핵물질을 생산하기 위한 방법이 바로 건식 재처리 방식인 파이로 프로세싱이다. 파이로(Pyr = fire)에서도 알 수 있듯이 높은 온도를 이용하는 방식으로, 고온에서 매우 안정한 염화리튬(LiCl) 또는 염화리튬과 염화칼륨(LiCl-KCl)의 혼합물을 사용하여 전기화학반응을 통해 우라늄과 초우라늄 원소들을 회수한다. 이 과정에서 순수 플루토늄을 구별하여 추출하지 않기 때문에 핵 비확산에 기여할 수 있으며, 공정이 단순하여 소규모 설비로도 운용이 가능하다. 또한 용매를 사용하여 추출할 때보다 발생하는 폐기물의 양이 줄어들어[238] 환경 친화적이고 폐기물의 저장에도 유리하다. 이에 따라

236) 알칸(Alkane)족 탄화수소로 탄소의 수가 12개이다.

237) $(CH^3CH_2CH_2CH_2O)_3PO$

238) 사용 후 핵연료의 부피는 1/20, 발열량은 1/100, 방사능 반감기는 30만년에서 300년으로 줄일 수 있음.

미국·일본·러시아 등의 핵 선진국에서 관련 기술을 연구하여 왔고, 우리나라도 한·미 원자력협정 개정안이 발효(2015년 4월 22일)되면서 파이로 프로세싱을 이용한 핵연료 재처리의 가능성을 열어 두었다.

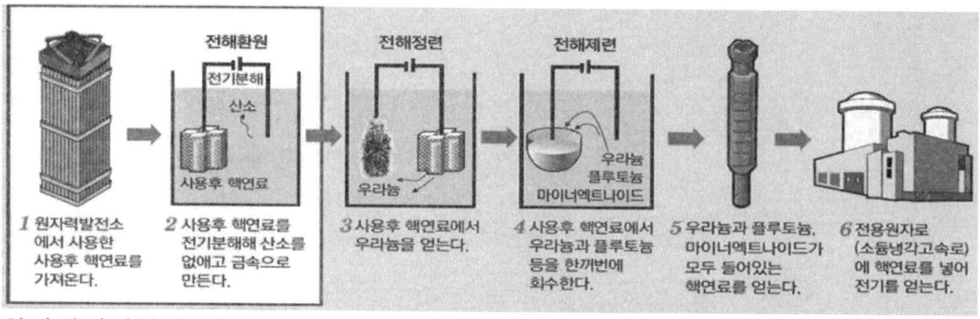

한미원자력협정 허용범위

그림 5-12 파이로 프로세싱 공정 흐름도

현재까지 한·미 원자력 협정에서 허용하고 있는 범위는 핵연료를 전기분해하여 산소를 제거하는 과정까지이므로 파이로 프로세싱의 핵심 공정은 실시할 수 없다. 사용 후 핵연료에서 우라늄만 빼내어 활용한다 해도 플루토늄이 안에 남아 있으므로 이로 인한 핵무기 확산 가능성을 배제할 수 없기 때문이다. 그러나 2020년경에는 파이로 프로세싱의 전 과정에 대한 동의를 얻을 수 있을 것으로 예상하고 있다. 이를 통해 포화상태에 달한 국내의 사용 후 핵연료 처리를 가능하게 하고, 재처리한 핵연료를 사용하여 생산원가를 낮출 수 있을 것이다.

## Question. 우리나라는 왜 핵연료 재처리를 할 수 없는가? 새롭게 개정된 한·미 원자력협정의 주요 내용은 무엇인가?

우리나라 원자력발전의 역사는 1956년 2월 3일, 한·미 양국이 원자력의 비군사적 사용에 관한 협정에 서명하면서 시작되었다. 이때 핵연료의 농축기술이나 원자로 운용간 발생되는 플루토늄이 핵무기 개발과 직결되므로 원자력을 비군사적 목적에만 사용하기로 약속하였다. 그 뒤로 1974년까지 세 차례의 개정이 있었지만 핵무기 제조의 우려가 있는 우라늄 농축과 플루토늄 추출의 우려가 있는 사용 후 핵연료 재처리는 국내에서 금지되고 있다.

그러나 사용 후 핵연료 처리에 관한 문제가 대두되면서 2010년부터 미국과의 지속적인 협상을 실시하여 지난 2015년 4월 22일 한미 원자력 협정을 개정하였다. 사용 후 핵연료의 관리에 있어 중간저장·재처리 및 재활용(파이로 프로세싱)·영구처분 방식과 해외 위탁처리에 대한 구체적인 협력방식을 규정하였다. 이를 통해 국내에서도 사용 후 핵연료의 형상 및 내용을 변형시키는 활동이 가능해지면서 파이로 프로세싱 연구가 보다 자유롭게 되었을 뿐만 아니라 저장·수송·처분 등의 기술 교류도 활발히 이루어지게 되었다.

또한 장래 20% 미만의 우라늄 농축이 가능해지고 비상시 원전연료 수급이 제한될 때 비상 핵연료 지원, 연구 개발 및 의료용 동위원소 생산, 제3국에 대한 원전 수출[239] 등 새롭게 개정된 원자력협정에서는 우리나라의 당면한 문제들이 상당부분 해결되었다.

2015년 4월 22일, 박노벽 외교부 원자력협정 대사(우), 마크 리퍼트 주한 미국대사(좌)가 한미 원자력협정 개정에 서명하였다.(외교부)

## 2) 방사성 폐기물의 처리

재처리를 통해 다시 사용할 수 있는 우라늄과 플루토늄을 제외한 나머지를 방사성 폐기물이라 한다. 우리나라에서 1년 동안 발생하는 방사성 폐기물의 양은 약 750톤[240]으로 이를 보관하는 임시 저장용량이 곧 한계에 도달할 것으로 예상되고 있다.

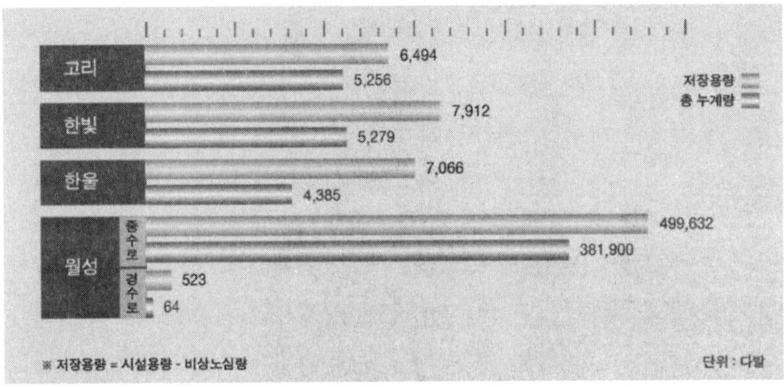


그림 5-13 사용 후 핵연료 저장 현황(2014년 3월 기준)

방사성 폐기물은 내부에 존재하는 불안정한 핵종들이 방사성 붕괴를 거듭하며 열과 방사선을 방출시키는 특성이 있다. 따라서 일반적인 폐기물 처분 방법으로는 이들을 효과적으로 처리할 수 없다. 방사성 폐기물은 사용 후 핵연료뿐만 아니라 원자로에서 작업하는 인원이 착용하는 작업복이나 덧신, 내부 환기 필터 및 작은 부품까지 다양하다.

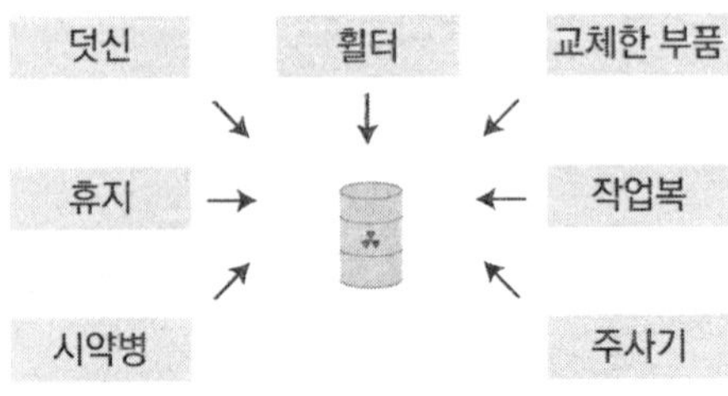


그림 5-14 방사성 폐기물의 종류[241]

239) 한·미 양국이 원자력협정을 맺고 있는 국가에 원자력 수출시 별도의 동의가 필요 없음.

240) 경수로 350톤, 중수로 400톤

241) 사진 출처: 한국원자력환경공단

방사성 폐기물은 형태와 발생되는 방사선 세기 및 열 등이 다양하기 때문에 각각 다른 방식의 처분 방법이 필요하다. 방사성 폐기물은 방출하는 방사선의 세기나 열에 따라 고준위·중준위·저준위로 구분하며 형태에 따라 고체·액체·기체 폐기물로 구분한다.

고준위 폐기물은 주로 사용 후 핵연료로 그램당 4천 베크렐 이상의 방사선을 방출하고 단위부피($m^3$)당 2 kW의 붕괴열(원자로 가동시의 약 6 %)을 발생시키는 폐기물을 말한다. 중준위 폐기물은 핵연료를 농축하거나 재처리하는 과정에서 발생하는 농축 폐액이나 폐수지 등을 말한다. 우리나라는 고준위 폐기물 이외의 모든 방사성 폐기물을 중·저준위 폐기물로 분류하여 관리해왔으나 2009년 국제 원자력 에너지기구(IAEA)의 권고에 따라 2014년부터 방사성 폐기물의 분류기준을 4단계(고준위, 중준위, 저준위, 극저준위)로 세분화하였다. 기존의 모호했던 중·저준위 폐기물의 분류기준이 명확해졌고, 극저준위 및 저준위 폐기물의 경우에는 비원자력시설에서 처리가 가능하므로 포화상태에 도달직전인 방사성 폐기물을 처리하는데 기여하고 있다.

표 5-4 IAEA 권고 후 개정 전·후 방사성 폐기물의 분류[242)]

〈개정 전〉

| 분 류 | 주요 폐기물 | 영국, 일본, 프랑스, 캐나다 등 | 대한민국 |
|---|---|---|---|
| 고준위 | 사용 후 핵연료 | 4,000 Bq/g 이상<br>열발생율 2 kW/$m^3$ 이상 | |
| 중준위 | 농축 폐액, 폐수지 | 4,000 Bq/g 이상 | 고준위 외<br>모든 방사성 폐기물 |
| 저준위 | 잡고체(장갑, 장화) | 4,000 Bq/g 이하 | |

〈개정 후〉

| 구 분 | 분 류 기 준 |
|---|---|
| 고준위 | 4,000 Bq/g 이상, 열발생율 2 kW/$m^3$ 이상<br>발열량을 고려해야 하는 폐기물 |
| 중준위 | 저준위보다 방사선이 높지만 붕괴열을 고려하지 않아도 되는 폐기물 |
| 저준위 | 4 Bq/g보다 크지만 400 Bq/g을 초과하지 않는 폐기물 |
| 극저준위 | 방사능(4 Bq/g 이하)이 낮아 위해도가 크지 않은 종이, 플라스틱 등 |

242) 정부 방폐장 추진정책의 문제와 지속가능한 방안(석광훈, 2005)

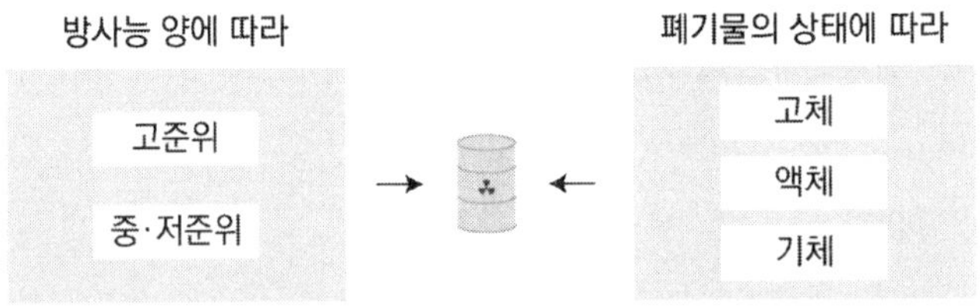


그림 5-15 방사선 세기와 상태에 따른 방사성 폐기물의 분류

### 가) 방사성 폐기물의 처리 원칙

방사성 폐기물을 처리하는 원칙은 다음과 같다. 첫째, 원자력 발전소의 가동부터 해체까지 모든 기간 동안 발생하는 방사성 폐기물의 양은 최소화되어야 한다. 폐기물의 양을 최소화하는 방법은 크게 두 가지로 원자로 설계시부터 중성자를 적게 흡수하는 재료를 사용하여 방사화(放射化)가 적게 일어나게 하는 방법이 있으며 방사성 폐기물이 발생했을 때 알맞게 분류하고 제염 등의 방법을 통해 최종 처분해야 하는 양을 최소화하는 방법이 있다. 이때 폐기물 최소화의 노력은 원자력발전소 시설의 안전성을 감소시키지 않는 선에서 실시되어야 한다. 둘째, 방사성 폐기물로 인한 후대의 부담이 최소화되어야 한다. 이것은 폐기물 처리에 있어 현재의 환경 보호나 경제성 등의 조건도 중요하지만 더 나아가 우리의 후손들에게도 부담이 되어서는 안 된다는 것을 의미한다. 마지막 세번째 원칙은 발생자 부담의 원칙이다. 영어로 'Polluter's pay'. 즉, 오염시킨 사람이 비용을 지불한다는 뜻이다. 따라서 방사성 폐기물을 발생시킨 기관이나 기업체가 이를 안전하고 책임성 있게 관리해야 하며 이를 처리하기 위한 기술 또한 개발해야 한다. 국내에는 방사성 폐기물 관리와 기술 개발을 위해 한국원자력환경공단과 한국원자력안전기술원 등이 있다.

### 나) 상태에 따른 방사성 폐기물 처리 방법

방사성 폐기물은 물리적 상태에 따라 기체, 액체, 고체 폐기물로 구분할 수 있는데 물리적 상태의 차이에 따라 각기 다른 방법을 선택하여야 한다. 기체 폐기물은 방사성 물질이 공기 중으로 누출되지 않도록 일반적인 먼지 등은 HEPA 필터(High Efficiency Particulate Air Filter) 또는 활성탄을 이용하여 여과 후 방출한다.

액체폐기물은 보통 폐기물에 존재하는 물을 수증기로 기화시켜 제거하는 증발법, 폐기물에 용해되어 있는 물질을 이온교환을 통하여 제거하는 이온교환법, 그리고 부유물질을 처리하는 여과법 등을 사용하여 처리한다.

기체나 액체 폐기물은 고체에 흡수시키거나 고체화시켜 처리하게 되므로 이때 발생되는 고체 폐기물을 처리해야 한다. 원자력 발전소에서 발생되는 고체 폐기물은 원자력 시설의 운전 중 발생되는 방사성 물질인 1차 폐기물과 1차 폐기물을 관리하면서 발생되는 관리자의 피복 같은 2차 폐기물이 있다.

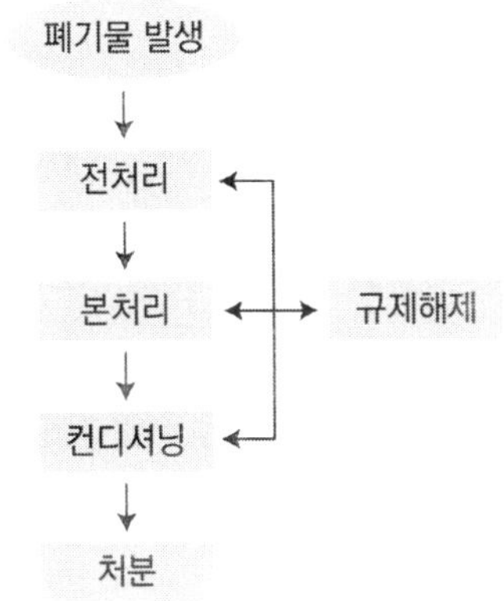


그림 5-16 방사성 폐기물 처리 과정[243)]

방사성 폐기물 처리의 첫 번째 단계인 전처리 과정은 분리, 제염, 축소의 세 단계로 구성되어 있다. 폐기물의 분류는 방사능 세기 및 상태에 따라 실시하여 각각 적절한 처리방법이 선택될 수 있도록 하며 제염은 폐기물에서 방사능 물질을 최대한 제거하는 과정을 말한다. 마지막 축소과정은 폐기물을 잘게 자르거나 분해하여 크기를 줄이는 과정이다. 가연성 폐기물의 경우는 소각 하고 남은 재를 처리하게 되며. 이때 소각로에서 발생하는 연기는 필터를 이용하여 흡착한 후 재와 함께 처리함으로써 방사성 물질의 외부 유출을 방지한다.

두번째 컨디셔닝 단계는 방사성 폐기물을 장기간 보관하기 쉽게 만드는 단계로서 시멘트, 아스팔트 및 유리를 이용하여 고화시킨다. 시멘트 고화는 원자로 작업자들의 피복류나 부품 등 2차 폐기물의 컨디셔닝에 주로 사용되며 아스팔트 고화는 기체나 액체 폐기물을

243) 규제해제란 방사선 세기가 기준치 이하로 낮아진 물질에 대하여 제한없이 처분할 수 있으며 관리의 의무가 사라진 것을 뜻함

증발시키고 남은 슬러지 등을 고화시킬 때 주로 사용된다. 아스팔트 고화법은 시멘트 고화법보다 방사성물질의 용출이 적고 비용이 적게 발생하는 장점이 있으나 화재에 취약한 단점이 있다. 유리고화는 핵연료 등 1차 폐기물의 컨디셔닝에 주로 사용되는데 유리 자체의 그물구조 내에 방사성 물질을 가두어 둠으로써 앞의 두 가지 방법보다 방사성물질의 용출을 크게 줄이고 오랜 기간(100만년)동안 유지할 수 있는 장점이 있다 (그림 5-17. 유리고화체 결정 구조).

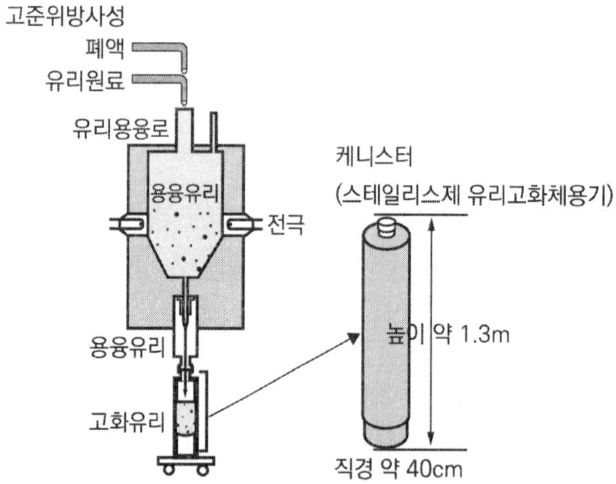

유리고화체 원리

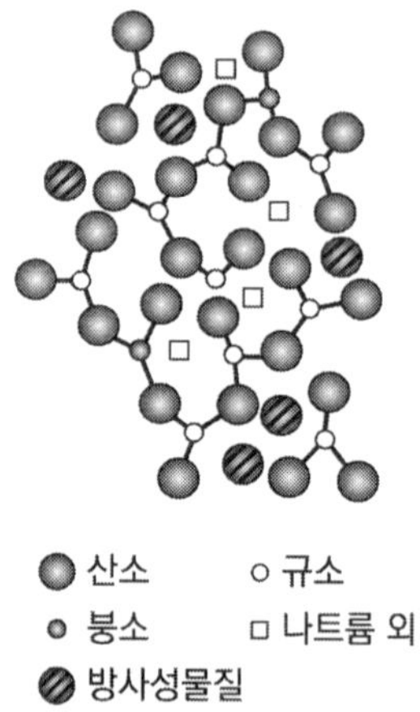

유리고화체 결정 구조

그림 5-17 유리고화체 처리

극 저준위 방사성 폐기물의 경우 전처리·본처리·컨디셔닝의 과정을 거치면 방사능의 세기가 기준치 이하로 낮아지게 되며, 이에 따라 방사성 폐기물 처리의 규제가 적용되지 않아 별도의 과정을 거치지 않고 바로 처분할 수도 있다. 그러나 저준위 이상의 방사성 폐기물을 처분할 때에는 특별한 방법이 필요하다.

### 다) 토목 구조물의 형태에 따른 방사성 폐기물 처리 방법

방사성 폐기물의 저장 방식은 토목구조물의 형태에 따라 지표저장(Area Storage), 지하저장(Subsurface Storage), 공학적 저장(Engineered Storage)으로 구분한다.

지표저장은 땅 위의 넓은 공간에 폐기물을 저장하는 방식이다. 보관용기의 부식으로 인한 방사성물질의 누출을 방지하기 위해 플라스틱 용기로 1차 포장한 후 강철재질의 용기로

2차 포장한다. 이 방법은 별도의 시설물을 건설할 필요가 없다는 장점이 있으나 주변에 경작지나 거주지가 없어야 하며 외부에 노출된 폐기물들에 대한 주기적인 검사가 이루어져야 한다. 일반적으로 지표저장은 적절하지 못한 방법이나 일부 임시저장을 위해 사용되고 있다.

그림 5-18 **미국 맥시코주의 지표 저장소**

지하저장은 지표면 지하에 방사성 폐기물을 저장하는 것으로 거주지역과 멀리 떨어지고 건조한 지역에 설치한다. 지하에 매장함으로써 방사선의 세기를 크게 감소시킬 수 있는 장점이 있으나 시설물 건설에 많은 비용이 발생한다는 단점이 있다.

그림 5-19 **미국 뉴멕시코주 사막의 지하저장소**

공학적 저장은 건물 같은 구조물을 짓고 그 안에 저장하는 방법으로 대부분의 국가에서 일반적인 창고의 형태로 저장시설을 축조하여 사용하고 있다. 차폐기능·원격 검사설비·공기

정화설비·유출물 포집설비 및 제염설비 등 다양한 설비를 갖추어 방사성 폐기물을 비교적 안전하게 보관할 수 있으나 추가적인 비용이 많이 발생된다.

그림 5-20 공학적 저장 시설

### 라) 중·저준위 방사성 폐기물 처리 방법

중·저준위 폐기물은 전체 방사성 폐기물의 약 95 %를 차지하며(저준위 폐기물 약 90 %, 중준위 폐기물 약 5 %) 발생되는 방사선은 미약하나 지속적으로 노출시 유해한 영향을 끼친다. 이들이 발생시키는 방사선은 물질 내부의 핵이 붕괴되면서 발생되기 때문에 화학적인 방법으로는 이를 중지시킬 수 없다. 이에 따라 방사선이 사라질 때까지 오랫동안 물리적으로 격리시켜 보관한다. 방사선을 방출하는 기간은 방사성 핵종의 반감기에 따라 다르다.

방사성 폐기물의 처리는 원칙적으로 방사선의 격리가 우수한 지하저장 방식으로 하고, 저장 깊이에 따라 천층처분과 심층처분[244] 방식으로 구분한다. 국내에서는 방사선 안전관리 기준에 따라 중·저준위 방사성 폐기물 처리에 천층처분 방식을 이용한다. 천층처분 방식은 구조에 따라 다시 표층처분과 동굴 처분으로 구분한다.

244) 국내에서는 고준위 방사성 폐기물을 심층처분 방식으로 처리하는 것을 고려하고 있다.

표 5-5 주요 방사성 물질의 반감기

| 핵 종 | 질량수 | 반감기 |
|---|---|---|
| 크립톤 | Kr-86 | 10년 10개월 |
| 스트론튬 | Sr-89 | 51일 |
| | Sr-90 | 28년 |
| 지르코늄 | Zr-95 | 65.5일 |
| 요오드 | I-131 | 8.1일 |
| 제논 | Xe-133 | 5.3일 |
| | Xe-133 | 9.1시간 |
| 세슘 | Cs-137 | 30년 |
| | Cs-144 | 285일 |
| 프로메튬 | Pm-147 | 2년 6개월 |
| 우라늄 | U-235 | 7억년 |
| | U-238 | 44억년 |
| 플루토늄 | Pu-239 | 2만 4110년 |

표층처분은 지표에서 약 30 m 깊이에 처분하는 방식으로 저장시설을 건축하기 위한 비용은 적게 발생하지만 방사성 폐기물의 격리도가 떨어지는 단점이 있다. 표층처분 시설은 미국, 영국, 일본, 프랑스, 스페인 등에서 운영하고 있다.

그림 5-21 표층처분 방식

동굴처분은 산이나 폐광에 터널을 뚫어 건설한 지하처분시설에 처분하는 방식이다. 초기

비용이 많이 발생하고 시설 규모의 확장에 제한이 있지만 자연 및 인위적인 사고로부터 방사성 폐기물의 격리 및 방호효과가 뛰어나다는 장점이 있다. 동굴처분 방식은 핀란드와 스웨덴 등에서 운영하고 있으며 국내 중·저준위 방사성 폐기물의 처분에는 동굴처분 방식을 사용하고 있다.

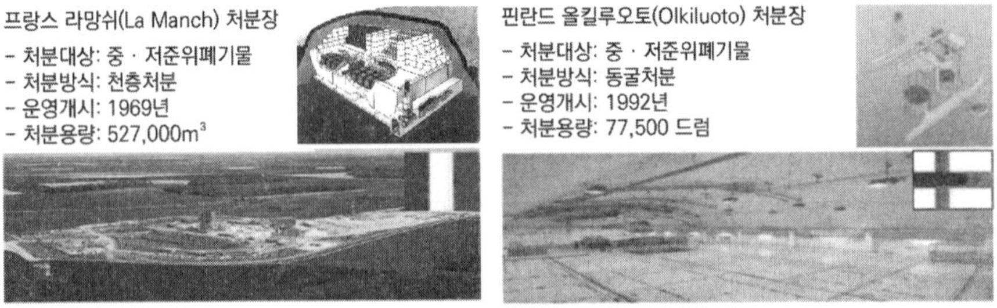


그림 5-22 동굴처분 방식

그림 5-23은 천층방식 중 표층처분과 동굴처분의 차이를 잘 보여주고 있다.

그림 5-23 표층처분 방식과 동굴처분 방식 비교

## Question. 방사능 제독 방법에는 무엇이 있는가?

방사능 제독 방법에는 물리적 방법, 화학적 방법, 그리고 전기화학적 방법이 있다. 물리적 제독은 외부에 노출된 방사능 물질을 제거하는데 사용되는 방법이다. 주로 초음파 또는 고압의 물을 뿌려 제거하거나 모래 등의 연마제를 고압으로 분사하여 제거하는 방법으로, 넓은 면적에 오염된 방사능 물질을 제거하는데 효율이 좋지만 제독시 사용된 물 또는 연마제 등을 처리해야하는 단점이 있다.

화학적 제독은 방사능 물질을 산 또는 염기, 킬레이트(chelate)제 등으로 녹여내는 방법이다. 겔 또는 거품 형태로 사용하면 제독하기가 제한되는 복잡한 물체나 좁은 틈새 등도 효과적으로 제독할 수 있다. 하지만 방사성 화학폐액이 발생하고 화학반응이 완료될 때까지 오랜 시간이 소요된다.

전기화학적 제독은 금속의 표면을 연마할 때 사용되는 전해연마기술을 사용하는 방법으로 방사성 화학폐액이 생성되고, 복잡한 형상의 물체를 제독하기에는 효율이 떨어지는 단점이 있다.

이러한 방법들을 이용하여 방사능 오염물질을 제독함으로써 다시 사용 가능하게 하거나 방사능의 세기를 낮게 하여 폐기물의 처리를 보다 용이하게 하고 있다.

후쿠시마 원전 방사능 제염

마) 고준위 방사성 폐기물 처리 방법

원전을 운영하는 국가들에게 고준위 폐기물의 처리는 큰 숙제임에 틀림없다. 왜냐하면 긴 반감기 동안 발생되는 고준위 방사성 폐기물의 강한 방사선과 높은 열로 인해 이를 직접적으로 처리할 수 있는 방법이 없기 때문이다. 현재 방사성 폐기물 처리 기술이 가장 발전된 스웨덴과 핀란드의 경우에도 영구 폐기물 처리장 건설이 2030년이나 되어야 완성될 것으로 예상되고 있다. 따라서 현재 원자력 발전을 하고 있는 세계 모든 나라들은 핵연료를 중간저장시설에 저장하고 있다.

중간저장시설은 발생된 사용 후 핵연료를 영구처분(Disposal)하기 전까지 일정기간 동안 안전하게 저장하는 것으로, 습식(Wet Storage)과 건식(Dry Storage) 저장방식이 있다. 습식 저장방식은 사용 후 핵연료를 수조에 넣어 보관하는 방식으로 수조의 물이 붕괴열을 식혀주는 냉각재인 동시에 방사선 차폐제의 역할을 한다. 좁은 부지에도 건설이 가능하고 저장 중인 사용 후 핵연료의 검사가 용이하지만, 운영 중 지속적으로 방사성 폐기물이 발생[245]되고 운영비가 많이 들며 시설을 추가로 확장시키기가 어렵다. 현재 우리나라를 포함하여 대만, 멕시코, 남아공 등 8개 국가들이 습식 저장방식을 사용하고 있다.

그림 5-24 습식 저장고(Fuel Pool)와 핵연료 검사

건식 저장방식은 기체를 냉각재로 하여 공기의 대류현상을 통해 붕괴열을 식혀준다. 넓은 공간이 필요하고 외부에 방사선 차폐 시설을 갖추어야 하는 단점이 있지만, 시설 규모 확장이 비교적 쉬워 미국·프랑스·일본을 포함한 전 세계 71 %의 국가에서 사용 중이며 점차 확대될 전망이다.

245) 냉각을 위해 사용된 냉각수가 오염된다.

건식 저장방식 중 현재 주로 사용되는 방법은 금속 캐스크(Metal Cask)방식, 콘크리트 사일로(Concrete Silo)방식, 횡형 콘크리트 모듈(Horizontal Concrete Modular Storage)방식, 볼트 저장(Vault Storage) 방식이 있다.

금속 캐스크 방식은 사용 후 핵연료를 원통모형의 금속 캐스트에 담아 보관하는 것으로 사용 후 핵연료를 하나하나 금속 저장용기에 포장해야하는 단점이 있지만 최종 저장시설로 이동시킬 때 별도의 작업 없이 수송할 수 있다.

그림 5-25 금속 캐스크 방식

콘크리트 사일로 방식은 금속 캐스크 방식과 유사하나 금속 용기 대신 콘크리트를 사용하여 비교적 저렴하지만 냉각 효율이 떨어지고 외부로부터의 충격에 약하다는 단점이 있다.

그림 5-26 콘크리트 사일로 방식

횡형 콘크리트 모듈 방식은 사용 후 핵연료를 캐니스터로 감싼 뒤 콘크리트 시설에 넣어 보관하는 것으로 작업 공정이 다소 복잡하고 오랜 시간이 걸리지만, 안전성과 경제성이 우수하고 저장용량의 확장이 쉽다.

그림 5-27 횡형 콘크리트 모듈 방식

볼트 저장 방식은 사용 후 핵연료를 강화된 콘크리트 구조에 보관하는 방식으로 안전성이 우수하지만, 시설의 구조가 복잡하여 비용이 많이 발생하고 크레인과 같은 시설이 필요하다.

그림 5-28 볼트 저장 방식

이와 같은 중간 저장시설에서 약 5년간의 중간저장을 통해 붕괴열을 식힌 후 직접 처분이나 재처리를 하게 된다.

직접 처분이란 중간저장을 거친 사용 후 핵연료를 영구 보관할 장소로 이동시켜 발생되는 방사선의 세기가 자연방사선 수준으로 낮아질 때까지 보관하는 것이다. 고준위 방사성 폐기물의 처리에는 심층처분 방식을 이용한다. 현재 핀란드의 경우 심층처분 방식으로 관련 시설을 건설 중이며 2030년쯤 운영할 수 있을 것으로 예상하고 있다.

심층처분 방식은 형태에 따라 심지층처분과 심층시추공처분으로 구분한다. 심지층방식은 지하 500 ~ 1,000 m 깊이의 지하수가 스며들지 않는 단단한 암반층에 저장시설을 건설하고 중간저장을 통해 붕괴열이 없는 사용 후 핵연료를 내부식성 구리용기에 장전하여 보관한다.

그림 5-29 심지층처분용 구리 저장 용기

그러나 열과 산소가 없는 상태에서도 구리용기가 부식될 수 있다는 가능성과 방사선 차폐가 500 ~ 1,000m의 깊이로 부족하다는 우려가 확산되어 심층시추공처분 방법이 제기되었다.

심층시추공처분 방식은 심지층처분 방식보다 더 깊은 지하에 처리하는 방법으로 지하 3 ~ 5 km 깊이의 시추공에 금속 캐니스터를 보관한다는 개념이다. 미국을 중심으로 1970년대 등장하였지만 당시 기술력의 한계로 실용화되지 못하였다가 석유 시추기술이 발달함에 따라 다시 거론되고 있다. 지진 등의 자연재해나 테러 등에도 안정적이며, 방사성 물질이 누출되더라도 지상으로부터의 거리가 멀어 방사선에 의한 피해가 최소화 될 것으로 기대하고 있다.

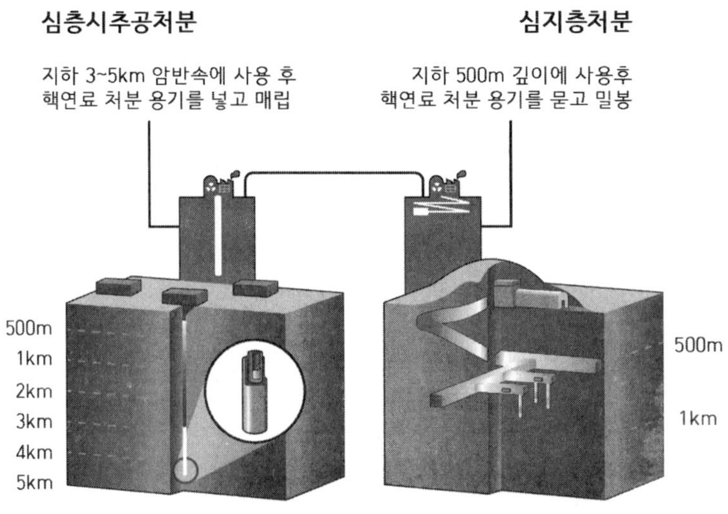


그림 5-30 심층시추공처분과 심지층처분 비교

### Question. 사용 후 핵연료 임시저장소(Fuel Pool)는 왜 푸른빛을 띠는가?

사용 후 핵연료를 보관하는 습식 저장고나 물을 냉각재로 사용하는 원자로 내부를 살펴보면 신비하게 푸른빛이 발생한 다는 사실을 알 수 있다. 이를 의아하게 여긴 러시아의 물리학자 알렉세예비치 체렌코프가 이 현상의 원리를 밝혀냈고 그 공로로 1958년 노벨 물리학상을 수상하였다. 체렌코프 현상(Čerenkov effect)이라 이름 붙여진 이 현상은 하전입자가 빛의 속도보다 빠르게 움직일 때 발생하는 것으로 비행기가 음속을 돌파할 때 발생되는 소닉붐 현상과 유사하다.

진공에서 빛의 속력은 상수 C로 표현된다. 빛이 진공이 아닌 다른 매질을 통과하게 되면 진공일 때보다 느려지게 된다. 실제로 물속을 지나는 빛의 속도는 0.75C 정도로 느려지게 되는데, 이때 방사성 물질로부터 나온 전자와 부딪히며 산란되어 푸른빛을 발생시키는 것이다. 이론적으로 체렌코프 현상은 대기 중에서도 발생하지만 높은 에너지를 보유한 전자가 매우 빠른 속도로 이동해야하기 때문에 관측되지 않는다. 하지만 높은 에너지를 가지고 있는 핵물질을 보관한 수조 안에서 관측되는 것이다.

## 2. 국내 방사성 폐기물 처리 현황

우리나라에는 고준위 폐기물 처리장은 없으며 사용 후 핵연료를 모두 임시 중간 저장시설에 보관하고 있다. 그러나 국내 방사성 폐기물의 임시 저장시설이 포화상태가 되어감에 따라 1980년대 후반부터 중·저준위 폐기물의 처분 시설의 필요성이 대두되었고, 2000년대 국민적 합의를 통해 경주에 부지를 선정하여 2014년 6월 중·저준위 폐기물 10만 드럼(200리터)을 저장할 수 있는 처리시설을 완공하였다.

### 가. 국내 중·저준위 방사성 폐기물 처리장

처분방식은 지하 깊은 곳에 터널을 뚫어 외부와 격리시킴으로써 상대적으로 안전하고 포화된 갱도만을 폐쇄하여 차단함으로써 경제적인 동굴처분 방식을 사용하였다. 동굴은 1,950 m 길이의 건설동굴과 1,415 m 길이의 운영동굴로 이루어져 있다. 운영동굴은 방사성 폐기물을 지하 처분장으로 이동시키기 위한 터널이며, 건설 동굴은 터널 건설시 발생한 폐기물을 운반하기 위한 것으로 비상시 탈출통로로 사용된다. 해발 130 m 지하 깊이에 위치한 동굴 끝에는 높이 50 m(약 26층 건물 높이), 상부직경 27.3 m, 하부직경 23.6 m의 수직형 동굴(방폐장 사일로) 6개가 위치한다.

그림 5-31 중·저준위 방사성 폐기물 처리장 전경(월성)

방폐장 사일로 1개소에는 1만 6천 드럼이 보관되며 전체 10만 드럼 정도를 보관할 예정이다. 이들 폐기물로부터 발생되는 방사선은 폐기물 드럼(1차), 처분 용기(2차), 처분고 콘크리트 벽(3차) 그리고 지하 자연암반(4차)에 의해 차폐되어 방폐장 주변에 발생되는 방사선의 세기는 0.004 mSv로 연평균 자연방사선량인 2.4 mSv보다도 낮게 관리된다.

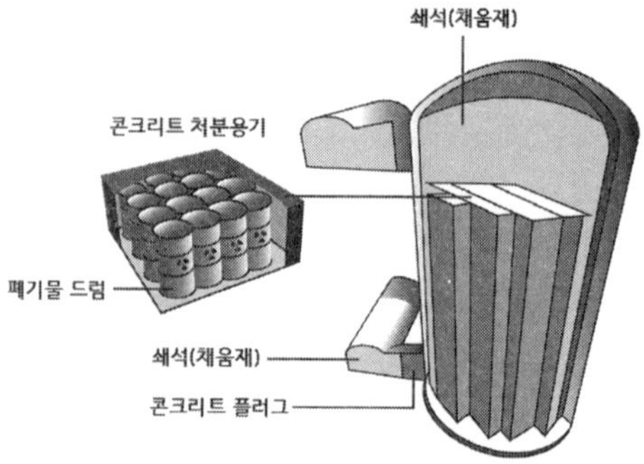


그림 5-32 방폐장 사일로의 구조

## 나. 폐기물의 운반

방사성 폐기물의 안전한 운송을 위해중·저준위 폐기물을 최대 1,520드럼(저장용기 190개)까지 선적할 수 있는 선박을 건조하였다. 이 배에는 사고에 대비하여 이중선체 및 이중엔진·충돌예방 레이더를 장착하였고, 위성통신망을 통해 실시간으로 이동상황이 추적된다. 표 5-6은 각 원전으로부터 폐기물 저장소까지의 거리와 운송시간을 보여준다.

표 5-6 발생지로부터 거리 및 운송시간

| 발생지 | 거리 | 운송 시간 |
|---|---|---|
| 울 진 | 197.5 km | 9 시간 |
| 고 리 | 66.5 km | 3 시간 |
| 영 광 | 671.3 km | 31 시간 |

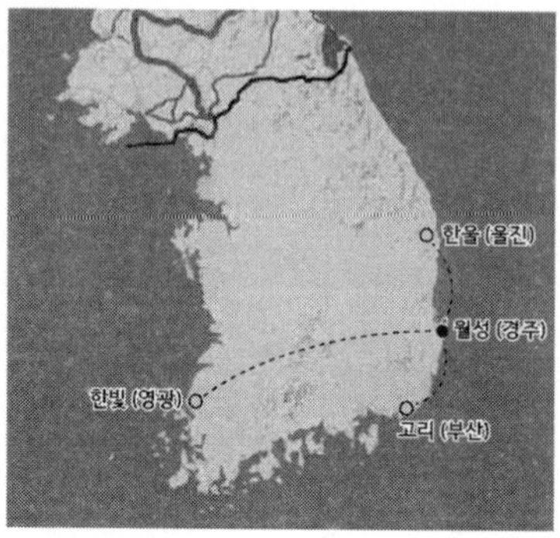


그림 5-33 원전부터 방폐장까지의 경로

# 용어정리 및 표준주기율표

원 자 : 물질을 구성하는 기본 입자, 더 이상 쪼갤 수 없다는 의미의 그리스어 "Atomos"에서 유래됨

원 자 핵 : 원자의 중심을 형성하고 있는 입자로 양(+)전기를 띠는 양자와 전기적으로 중성인 중성자가 결합되어 있음

양 성 자 : 원자핵을 구성하는 소립자의 하나로, 수소의 원자핵과 같다.

중 성 자 : 원자핵을 구성하는 소립자의 하나로, 양성자와 거의 같은 질량을 가지고 있으며 전기를 띠지 않는 중성이다.

전 자 : 원자를 구성하는 하전 입자의 하나로 음(-)의 전기를 띤다.

쿼 크 : 양성자나 중성자를 구성하는 소립자로 '강력'에 의해 지배를 받는 입자이다. Up, Down, Strang, Charm, Top, Bottom의 6가지가 존재한다.

렙 톤 : 핵자보다 가벼운 소립자의 총칭으로 전자, 뉴트리노, 뮤온, 타우온의 4가지가 존재한다.

원자질량 단 위 : Atomic Mass Unit으로 1u(u 또는 amu)는 탄소-12 원자 질량의 1/12이다. 실제 $1\,u = 1.6605655 \times 10^{-27}\,kg$

전자볼트 : 1개의 전자가 전위차 1V인 전극 사이에서 가속될 때 얻는 에너지의 양
$1\,eV = 1.60218 \times 10^{-19}\,J$

강 력 : 소립자 사이의 기본적 상호 작용 가운데 하나로 강한 상호 작용을 뜻함
주로 핵력(핵자 간에 작용하는 힘 중에서 전기적이 아닌 힘)을 의미

알 파 선 : 방사성원소의 $\alpha$붕괴시 방출되는 $\alpha$입자의 흐름으로 헬륨 원자핵과 같음

베 타 선 : 방사성원소의 $\beta$붕괴시 방출되는 $\beta$입자의 흐름으로 전자와 같음

감 마 선 : 방사성 물질에서 방출되는 방사선의 일종으로 빛이나 X선 같은 전자기파

중성자선 : 핵이 분열하거나 융합할 때 발생되는 중성자의 흐름

조사선량 : 표준온도와 압력에서 건조한 공기 단위질량당 흡수되는 방사선의 에너지

흡수선량 : 방사선의 종류나 물질의 종류에 관계없이 방사선을 받은 양

등가선량 : 공기나 물질이 아닌 인체가 받은 영향을 나타내기 위해 흡수선량에
방사선 가중치를 곱한 것

유효선량 : 신체 부위에 따라 다른 방사선의 영향을 나타내기 위해 신체 부위별 조직 가중치를 적용한 것

방 사 선 : 고속으로 움직이는 입자의 흐름

방 사 능 : 방사선을 방출시키는 능력

**방사성 물질** : 방사능을 지닌 물질

**자연방사선** : 자연방사성원소로부터 방출되는 $\alpha$, $\beta$, $\gamma$선과 우주선으로 지역에 따라 상이하다. 평균적으로 1년 동안 2.4mSv의 자연방사선에 노출

맨해튼프로젝트 : 인류역사상 최초로 실전에 사용된 핵무기 개발을 위해 2차 세계대전 중 미국 정부가 비밀리에 추진한 연구 프로젝트

리틀보이 : 인류역사상 최초로 실전에 사용된 핵무기, 1945년 8월 6일 히로시마에 투하되었다. 위력은 15 kT. 우라늄을 원료로 사용한 포신형 핵무기

팻 맨 : 1945년 8월 9일 나가사키에 투하된 핵무기. 위력은 20 kT. 플루토늄을 원료로 사용한 내폭형 핵무기

핵분열 연쇄 반응 : 핵분열에 의하여 방출된 중성자가 다음의 핵분열을 일으켜 연쇄적으로 핵분열 반응이 지속되는 현상

**핵분열 폭탄** : 핵분열 연쇄반응에 의해 발생하는 대량의 에너지를 이용한 폭탄

**포신형 폭탄** : 임계질량 이하의 핵물질 두 개를 분리시킨 상태에서 재래식 폭약을 이용하여 두 조각을 결합시킴으로써 임계질량에 도달하는 방법

**내폭형 폭탄** : 여러 개의 조각으로 나누어 둔 플루토늄을 외곽의 재래식 폭약을 이용하여 일시에 결합시켜 임계 질량을 넘겨 폭발시키는 방식

임계질량 : 무거운 원자핵을 중성자와 충돌시켜 분열시킨 뒤, 이로 인해 다시 생성된 중성자로 핵분열 연쇄반응을 유지할 수 있는 한계의 최소 질량
유효증배계수(k)를 이용하여 나타냄

아 임 계 : 유효증배계수(k)가 1보다 작은 상태로 핵분열반응시 생성되는 중성자수가 흡수·방출 등으로 사라져 핵분열 연쇄반응이 일어나지 못함

임 계 : 유효증배계수(k)가 1인 상태로 핵분열 연쇄반응이 일정한 비율로 유지되는 상태

초 임 계 : 유효증배계수(k)가 1보다 큰 상태로 핵분열 연쇄반응이 격화되고 출력이 증가되는 상태

**핵융합 폭탄** : 핵융합에 의해서 생긴 에너지를 이용하는 폭탄

증폭핵분열 폭탄 : 핵분열 효율을 높이기 위해 핵융합 연료를 첨가한 폭탄으로, 핵융합 물질인 중수소와 삼중수소의 혼합물이 내폭형 핵분열 장치의 중심에 위치하는 구조를 가지고 있다. 핵분열에 의해 충분한 열과 압력이 발생하면서 내부의 핵융합 물질이 폭발

**중성자폭탄** : 핵반응에 의해 발생된 중성자가 내부에 흡수되는 것이 아니라 외부로 방출되는 폭탄으로 강화 방사능무기(Enhanced Radiation Weapon, ER)라고 불림

폭 풍 : 핵폭발시 발생된 고온의 열이 주변 기체를 팽창시키면서 바깥쪽으로 발생하는 강한 충격파

열복사선 : 핵폭발에 의해서 발생한 열과 빛으로 구성되며 자외선, 가시광선, 적외선으로 구성됨

초기 핵방사선 : 핵폭발 직후부터 1분 이내 방출되는 방사선으로 중성자, 감마선, 알파 및 베타입자를 말함

감응방사선지대 : 핵폭발시 발생한 중성자를 흡수하여 방사능을 띠게 되는 지역

낙 진 : 핵폭발시 고온의 열에 녹은 물질들이 방사능을 띤채 공중으로 올라갔다가다시 떨어지는 것. 광범위한 지역을 오염시키는 특징이 있음

**전자기펄스** : EMP(Electro Magnetic Pulse)는 강력한 전기장과 자기장을 지닌 순간적인 전자기적 충격파로 안테나와 같은 금속물질을 통해 전자회로에 과다한 전류를 흐르게 하여 전자 장비를 파괴시킴

**콤프턴 산란** : 입사되는 광자가 원자로부터 가장 먼 전자(최외각전자)에 부분적으로 에너지를 전달하는 과정. 광자는 더 낮은 에너지로 산란되고 2차 전리를 일으킬 수 있는 반도전자가 생성됨

광전효과 : 입사되는 광자가 흡수하는원자의 궤도전자에 모든 에너지를 전달하는 과정

쌍 생 성 : 입사되는 광자가 강한 전기장을 형성하는 핵 주위에서 소멸되고 음전자와 양전자를 생성하는 과정

핵 겨 울 : 핵전쟁시 나타날 것으로 예상되는 저온현상. 핵폭발에 의한 낙진에 의해 태양으로부터 에너지가 차단되어 발생

**탄도미사일** : 로켓을 동력으로 하여 포물선 형태의 탄도궤적을 이루면서 표적까지 날아가는 미사일로 사거리에 따라 단거리, 준중거리, 중거리, 대륙간 탄도미사일로 구분

다탄두미사일 : MIRV(Multiple Independently Targetable Re-entry Vehicle)의 약자로 1기의 미사일에 복수의 탄두를 탑재하여 각각의 탄두가 서로 다른 목표를 공격할 수 있도록 고안된 장치

재진입체 : 중간 비행단계를 마친 미사일이 대기권으로 재진입할 수 있도록 제작된 장치

사 일 로 : 지하에 건출된 원통 모양의 미사일 발사시설. 적의 핵무기 공격으로부터 보호될 수 있도록 지하 깊숙한 곳에 수 미터 두께의 콘크리트 방벽과 방폭문으로 이루어짐

kT 핵무기의 위력을 나타내는 단위로 TNT 1톤이 폭발할 때의 위력을 뜻함

저 주 파 : 가청음파보다 낮은 진동수 영역인 진동수 20 Hz 이하의 소리

무 개 호 : 상부에 구조물을 씌우지 않은 전투진지

유 개 호 : 상부에 나무, 토사 등으로 보강한 전투진지

제 독 : 소독을 통하여 박멸하거나 오염 수준을 감소시키는 것

C P - 1 : 1942년 엔리코 페르미(Enrico Fermi)가 설계한 세계 최초의 원자로. Chichgo Pile-1을 뜻함

우 라 늄 : 방사선을 방출하는 방사성원소의 하나. 원자번호 92.

플루토늄 : 우라늄-238이 중성자를 흡수하여 원자로 내부에서 생성되는 원자번호 94의 방사성원소

제 어 봉 : 중성자를 흡수하여 핵분열 연쇄반응의 속도를 조절하는 설비 제어봉 삽입시 핵분열 감소, 제어봉 인출시 핵분열 증가

냉 각 재 : 원자력 발전소에 있는 원자로의 노심을 냉각하는 물질

감 속 재 : 중성자의 속도를 늦추어 주기 위한 물질로 경수, 중수, 흑연 등이 사용됨

가 압 기 : 노심을 고압으로 유지시켜 물이 고온에서 액체상태를 유지하도록 한다

**증기발생기** : 원자로에서 발생한 열을 이용하여 증기를 만드는 장치

**핵연료주기** : 우라늄의 채광으로부터 에너지 생산을 위한 핵연료 장전 및 운전, 최종 영구 처분까지 일련의 단계

열린 연료 주 기 : 재처리를 하지 않는 핵연료주기

닫힌 연료 주 기 : 재처리를 하는 핵연료주기

저농축 우라 늄 : 우라늄-235의 비율을 2~5%로 농축한 우라늄. 원자력발전소의 핵연료로 사용된다

고농축 우라 늄 : 우라늄-235의 비율을 90% 이상으로 농축한 우라늄. 무기급 우라늄으로도 불린다.

용액침출 채 광 법 : 탄안암모늄이나 황산 등의 침출용액을 주입시켜 지하의 우라늄을 녹임으로써 채굴하는 방법

육불화우라 늄 : 우라늄과 불소의 휘발성 화합물로 상온에서 고체지만 56.5℃에서 기체가 됨

옐로우 케이 크 : 우라늄 광석으로부터 불순물을 제거하고 얻어진 우라늄 정광

# 표 준 주 기 율 표

## Periodic Table of the Elements

표기법:

| 원자 번호 |
|---|
| **기호** |
| 원소명(국문) |
| 원소명(영문) |
| 표준 원자량 |

| 1 | 2 | 3 | 4 | 5 | 6 | 7 | 8 | 9 | 10 | 11 | 12 | 13 | 14 | 15 | 16 | 17 | 18 |
|---|---|---|---|---|---|---|---|---|---|---|---|---|---|---|---|---|---|
| 1<br>**H**<br>수소<br>hydrogen<br>[1.007; 1.009] | | | | | | | | | | | | | | | | | 2<br>**He**<br>헬륨<br>helium<br>4.003 |
| 3<br>**Li**<br>리튬<br>lithium<br>[6.938; 6.997] | 4<br>**Be**<br>베릴륨<br>beryllium<br>9.012 | | | | | | | | | | | 5<br>**B**<br>붕소<br>boron<br>[10.80; 10.83] | 6<br>**C**<br>탄소<br>carbon<br>[12.00; 12.02] | 7<br>**N**<br>질소<br>nitrogen<br>[14.00; 14.01] | 8<br>**O**<br>산소<br>oxygen<br>[15.99; 16.00] | 9<br>**F**<br>플루오린<br>fluorine<br>19.00 | 10<br>**Ne**<br>네온<br>neon<br>20.18 |
| 11<br>**Na**<br>소듐<br>sodium<br>22.99 | 12<br>**Mg**<br>마그네슘<br>magnesium<br>24.31 | | | | | | | | | | | 13<br>**Al**<br>알루미늄<br>aluminium<br>26.98 | 14<br>**Si**<br>규소<br>silicon<br>[28.08; 28.09] | 15<br>**P**<br>인<br>phosphorus<br>30.97 | 16<br>**S**<br>황<br>sulfur<br>[32.05; 32.08] | 17<br>**Cl**<br>염소<br>chlorine<br>[35.44; 35.46] | 18<br>**Ar**<br>아르곤<br>argon<br>39.95 |
| 19<br>**K**<br>포타슘<br>potassium<br>39.10 | 20<br>**Ca**<br>칼슘<br>calcium<br>40.08 | 21<br>**Sc**<br>스칸듐<br>scandium<br>44.96 | 22<br>**Ti**<br>타이타늄<br>titanium<br>47.87 | 23<br>**V**<br>바나듐<br>vanadium<br>50.94 | 24<br>**Cr**<br>크로뮴<br>chromium<br>52.00 | 25<br>**Mn**<br>망가니즈<br>manganese<br>54.94 | 26<br>**Fe**<br>철<br>iron<br>55.85 | 27<br>**Co**<br>코발트<br>cobalt<br>58.93 | 28<br>**Ni**<br>니켈<br>nickel<br>58.69 | 29<br>**Cu**<br>구리<br>copper<br>63.55 | 30<br>**Zn**<br>아연<br>zinc<br>65.38(2) | 31<br>**Ga**<br>갈륨<br>gallium<br>69.72 | 32<br>**Ge**<br>저마늄<br>germanium<br>72.63 | 33<br>**As**<br>비소<br>arsenic<br>74.92 | 34<br>**Se**<br>셀레늄<br>selenium<br>78.96(3) | 35<br>**Br**<br>브로민<br>bromine<br>79.90 | 36<br>**Kr**<br>크립톤<br>krypton<br>83.80 |
| 37<br>**Rb**<br>루비듐<br>rubidium<br>85.47 | 38<br>**Sr**<br>스트론튬<br>strontium<br>87.62 | 39<br>**Y**<br>이트륨<br>yttrium<br>88.91 | 40<br>**Zr**<br>지르코늄<br>zirconium<br>91.22 | 41<br>**Nb**<br>나이오븀<br>niobium<br>92.91 | 42<br>**Mo**<br>몰리브데넘<br>molybdenum<br>95.96(2) | 43<br>**Tc**<br>테크네튬<br>technetium | 44<br>**Ru**<br>루테늄<br>ruthenium<br>101.1 | 45<br>**Rh**<br>로듐<br>rhodium<br>102.9 | 46<br>**Pd**<br>팔라듐<br>palladium<br>106.4 | 47<br>**Ag**<br>은<br>silver<br>107.9 | 48<br>**Cd**<br>카드뮴<br>cadmium<br>112.4 | 49<br>**In**<br>인듐<br>indium<br>114.8 | 50<br>**Sn**<br>주석<br>tin<br>118.7 | 51<br>**Sb**<br>안티모니<br>antimony<br>121.8 | 52<br>**Te**<br>텔루륨<br>tellurium<br>127.6 | 53<br>**I**<br>아이오딘<br>iodine<br>126.9 | 54<br>**Xe**<br>제논<br>xenon<br>131.3 |
| 55<br>**Cs**<br>세슘<br>caesium<br>132.9 | 56<br>**Ba**<br>바륨<br>barium<br>137.3 | 57-71<br>란타넘족<br>lanthanoids | 72<br>**Hf**<br>하프늄<br>hafnium<br>178.5 | 73<br>**Ta**<br>탄탈럼<br>tantalum<br>180.9 | 74<br>**W**<br>텅스텐<br>tungsten<br>183.8 | 75<br>**Re**<br>레늄<br>rhenium<br>186.2 | 76<br>**Os**<br>오스뮴<br>osmium<br>190.2 | 77<br>**Ir**<br>이리듐<br>iridium<br>192.2 | 78<br>**Pt**<br>백금<br>platinum<br>195.1 | 79<br>**Au**<br>금<br>gold<br>197.0 | 80<br>**Hg**<br>수은<br>mercury<br>200.6 | 81<br>**Tl**<br>탈륨<br>thallium<br>[204.3; 204.4] | 82<br>**Pb**<br>납<br>lead<br>207.2 | 83<br>**Bi**<br>비스무트<br>bismuth<br>209.0 | 84<br>**Po**<br>폴로늄<br>polonium | 85<br>**At**<br>아스타틴<br>astatine | 86<br>**Rn**<br>라돈<br>radon |
| 87<br>**Fr**<br>프랑슘<br>francium | 88<br>**Ra**<br>라듐<br>radium | 89-103<br>악티늄족<br>actinoids | 104<br>**Rf**<br>러더포듐<br>rutherfordium | 105<br>**Db**<br>더브늄<br>dubnium | 106<br>**Sg**<br>시보귬<br>seaborgium | 107<br>**Bh**<br>보륨<br>bohrium | 108<br>**Hs**<br>하슘<br>hassium | 109<br>**Mt**<br>마이트너륨<br>meitnerium | 110<br>**Ds**<br>다름슈타튬<br>darmstadtium | 111<br>**Rg**<br>뢴트게늄<br>roentgenium | 112<br>**Cn**<br>코페르니슘<br>copernicium | | 114<br>**Fl**<br>플레로븀<br>flerovium | | 116<br>**Lv**<br>리버모륨<br>livermorium | | |

| | | | | | | | | | | | | | | |
|---|---|---|---|---|---|---|---|---|---|---|---|---|---|---|
| 57<br>**La**<br>란타넘<br>lanthanum<br>138.9 | 58<br>**Ce**<br>세륨<br>cerium<br>140.1 | 59<br>**Pr**<br>프라세오디뮴<br>praseodymium<br>140.9 | 60<br>**Nd**<br>네오디뮴<br>neodymium<br>144.2 | 61<br>**Pm**<br>프로메튬<br>promethium | 62<br>**Sm**<br>사마륨<br>samarium<br>150.4 | 63<br>**Eu**<br>유로퓸<br>europium<br>152.0 | 64<br>**Gd**<br>가돌리늄<br>gadolinium<br>157.3 | 65<br>**Tb**<br>터븀<br>terbium<br>158.9 | 66<br>**Dy**<br>디스프로슘<br>dysprosium<br>162.5 | 67<br>**Ho**<br>홀뮴<br>holmium<br>164.9 | 68<br>**Er**<br>어븀<br>erbium<br>167.3 | 69<br>**Tm**<br>툴륨<br>thulium<br>168.9 | 70<br>**Yb**<br>이터븀<br>ytterbium<br>173.1 | 71<br>**Lu**<br>루테튬<br>lutetium<br>175.0 |
| 89<br>**Ac**<br>악티늄<br>actinium | 90<br>**Th**<br>토륨<br>thorium<br>232.0 | 91<br>**Pa**<br>프로트악티늄<br>protactinium<br>231.0 | 92<br>**U**<br>우라늄<br>uranium<br>238.0 | 93<br>**Np**<br>넵투늄<br>neptunium | 94<br>**Pu**<br>플루토늄<br>plutonium | 95<br>**Am**<br>아메리슘<br>americium | 96<br>**Cm**<br>퀴륨<br>curium | 97<br>**Bk**<br>버클륨<br>berkelium | 98<br>**Cf**<br>캘리포늄<br>californium | 99<br>**Es**<br>아인슈타이늄<br>einsteinium | 100<br>**Fm**<br>페르뮴<br>fermium | 101<br>**Md**<br>멘델레븀<br>mendelevium | 102<br>**No**<br>노벨륨<br>nobelium | 103<br>**Lr**<br>로렌슘<br>lawrencium |

# 핵공학의 이해

**초판 발행** 2019년 8월 24일
**개정판 4쇄발행** 2020년 8월 5일

**정가** 29,000원
ISBN 978-89-5568-439-1
**저자** 한종훈 · 김대현 · 정종석 · 이준영 · 허남국

**발행인** 신대영
**발행처** 도서출판 양서각
**출판신고** 1992년 4월 30일 제3-412호
**주소** 서울시 도봉구 쌍문 2동 716-27호
TEL. 02-991-6234~5
FAX. 02-907-2114
E-Mail ysgbook@hanmail.net

**본문 편집** 신동해
**본문 그림** 정수진 · 조우경